TÉCNICAS DE PREPARAÇÃO DE AMOSTRAS METALOGRÁFICAS

abm
Associação Brasileira de
Metalurgia, Materiais e Mineração

Coleção de Livros ABM em
Metalurgia, Materiais e Mineração

Diretor de Operações
Valdomiro Roman da Silva

Analista Editorial
Luciane Genzano Cruz

Cássio Barbosa

TÉCNICAS DE PREPARAÇÃO DE AMOSTRAS METALOGRÁFICAS

Técnicas de preparação de amostras metalográficas

Editora Edgard Blücher Ltda.

Publisher Edgard Blücher
Editor Eduardo Blücher
Coordenação editorial Rafael Fulanetti
Coordenação de produção Ana Cristina Garcia
Produção editorial Rosemeire C. Pinto
Diagramação Know-how Editorial
Revisão de texto Vânia Cavalcanti
Capa Juliana Midori Horie
Imagem da capa iStockphoto

Blucher

Rua Pedroso Alvarenga, 1245, 4º andar
04531-934 – São Paulo – SP – Brasil
Tel.: 55 11 3078-5366
contato@blucher.com.br
www.blucher.com.br

Segundo o Novo Acordo Ortográfico, conforme 6. ed. do *Vocabulário Ortográfico da Língua Portuguesa*, Academia Brasileira de Letras, julho de 2021.

Dados Internacionais de Catalogação na Publicação (CIP)
Heytor Diniz Teixeira, CRB-8/10570

Barbosa, Cássio
Técnicas de preparação de amostras metalográficas / Cássio Barbosa. – São Paulo : Blucher, 2025.

224 p. : il. – (Série de livros ABM)

Bibliografia
ISBN 978-85-212-2608-6 (Impresso)

1. Metalografia. 2. Amostras metalográficas. 3. Metalurgia. 4. Materiais metálicos. 5. Metais – Processos de preparação. I. Título. II. Série.

CDU 620.18

Índice para catálogo sistemático:

1. Metalografia CDU 620.18

APRESENTAÇÃO DA COLEÇÃO DE LIVROS ABM

A Coleção de Livros ABM em Metalurgia, Materiais e Mineração, criada em 2005, tem por principais objetivos suprir lacunas de conhecimentos e estimular o desenvolvimento de pessoas.

De forma a ter uma abordagem mais didática, a coleção foi segmentada em quatro séries:

Livros de referência – apresentam-se como materiais para consulta rápida de informações úteis, gerais ou focalizadas em um determinado campo do conhecimento, abrangendo, normalmente, tabelas, estatísticas, definições, exemplos, históricos e outros tipos de conteúdo.

Obras de difusão – têm o propósito de levar a notícia e o conhecimento até o leitor comum, familiarizando-o com a natureza do progresso científico e tecnológico, bem como apresentar implicações econômicas, sociais e políticas, em uma sociedade exposta a constantes mudanças.

Livros de atualização – fornecem ao leitor mais experiente a abordagem de assuntos especializados que complementam o conhecimento técnico-científico, além de atualização sobre os progressos nas áreas de metalurgia, materiais e mineração.

Livros-texto – destinam-se a leitores iniciantes ou que queiram se aprofundar no assunto, abordando temas de Fundamentos, Matérias-primas e Processos, Produtos e Aplicações e Gestão, seguindo uma sequência lógica de assunto e grau progressivo de dificuldade, compatíveis com a finalidade didática do livro.

O livro *Técnicas de preparação de amostras metalográficas* é fruto de mais uma parceria entre ABM e Editora Blucher, e vem enriquecer a Coleção de Livros, contribuindo com a série Livros-texto.

abm Associação Brasileira de Metalurgia, Materiais e Mineração

Valdomiro Roman da Silva
Diretor de Operações

Dedico este trabalho a minha filha, Bruna;
a minha esposa, Flávia, à memória de meu pai
e a minha mãe, a meus irmãos, sobrinhos,
parentes e amigos, e a meus quatro gatos:
Theo, Mandachuva, Oliver e Lulu.

AGRADECIMENTOS

Muitas pessoas colaboraram de diferentes formas para a realização deste trabalho, mas eu gostaria de registrar meus agradecimentos em particular às contribuições das pessoas mencionadas a seguir.

Ibrahim de Cerqueira Abud, que durante vários anos foi chefe do Laboratório de Caracterização de Propriedades Mecânicas e Microestruturais (LACPM) e do Instituto Nacional de Tecnologia (INT), com quem interagi cotidianamente por muitos anos e a quem devo a grande ampliação de meus conhecimentos sobre análise microestrutural de materiais metálicos.

Iêda Maria Vieira Caminha, que também me recebeu muito bem quando comecei no mesmo Laboratório, onde também foi minha chefe e, depois, coordenadora e, finalmente, diretora do INT. Sempre me apoiando muito como na realização de cursos na ABM (Associação Brasileira de Metalurgia, Materiais e Mineração), nos de análise de falhas e em outros e na obtenção da licença de capacitação no BAM (Bundesamstalt für Materialsforschung und – prüfung: Instituto Federal para Pesquisa e Ensaios em Materiais), em Berlim, na Alemanha, que frequentei de março a maio de 2019.

Professor Fernando Cosme Rizzo Assunção, diretor anterior do INT, que também apoiou e incentivou minha licença de capacitação no BAM, assim como os colegas da Divisão de Materiais (Dimat) e da Divisão de Gestão de Pessoas (Digep) do INT.

Os colegas Robson Oliveira Centeno, Jôneo Lopes do Nascimento (em memória), Mauro Melo Rodrigues, Rafael de Abreu Vinhosa, Wellington Gilbert Fernandes, Gerson Ortiz Gallo, Sheyla Santana de Carvalho e Alan Menezes do Nascimento, com os quais interagi na preparação de amostras metalográficas e na obtenção de várias imagens de microscopia ótica no LACPM do INT, adicionalmente o Rafael, em especial por sua contribuição na descrição das etapas padronizadas de preparação de amostras.

Os colegas Sérgio Souto Maior Tavares, Claudio Teodoro dos Santos e Laercio Rosignoli Guzela pelas diversas trocas de ideias sobre preparação de amostras metalográficas.

Os professores da Universidade Federal do Rio de Janeiro (UFRJ), em particular Oscar Acselrad, João Marcos Alcoforado Rebello (em memória), Fernando Luiz Bastian (em memória), Juan Garcia de Blas, João Payão e Luiz Carlos Pereira, que tiveram grande influência na minha formação como engenheiro metalúrgico.

PREÂMBULO

A ideia inicial de escrever este livro veio a minha mente no início de 2015, quando percebi que vários colegas estavam próximos de se aposentar, inclusive alguns no laboratório onde exercemos as atividades de metalografia/microscopia ótica/análise microestrutural, desde a preparação das amostras até a obtenção de imagens, e que poderíamos ficar sem a retenção desse conhecimento acumulado por vários anos sobre o tema.

Naquela ocasião, pensava em escrever somente um texto mais abrangente do que os procedimentos operacionais/instruções de operação, que já existiam no Laboratório, mas com o tempo, percebendo que há pouca literatura razoavelmente atualizada sobre este tema no idioma português, pelo menos no Brasil, e considerando que eu já havia publicado, no ano anterior (2014), um livro sobre microestrutura, propriedades e aplicações de metais não ferrosos e suas ligas, resolvi considerar a ideia de escrever outro livro; desta vez, sobre este outro tema.

Entretando, após 2015, muitas reviravoltas aconteceram: em 2016, tive um problema de saúde que me tomou alguns meses. Em 2017, já plenamente recuperado, percebi a urgência de me dedicar a outro tema, análise fractográfica de falhas, que, em meio aos percalços da pandemia de coronavírus, acabou sendo o foco de meu segundo livro (2021). Então, a partir de 2022, pude me dedicar a retomar o trabalho sobre preparação de amostras metalográficas, tema do presente livro.

Este texto é simplesmente uma coletânea de informações sobre técnicas de preparação de amostras metalográficas, sem pretensão alguma de ser uma "receita de bolo" ou "mapa da mina", sendo tão somente uma fonte de informações, que pode ajudar a quem se dedica a essas atividades, reunindo práticas que foram bem-sucedidas na nossa experiência no laboratório, com algumas recomendações obtidas em livros e artigos escritos por grandes especialistas consagrados mundialmente.

Assim, a partir dessa perspectiva, espero que este texto possa ser útil para quem se dedica à verdadeira arte, que é a preparação de amostras metalográficas e obtenção de imagens de materiais metálicos por microscopia. Para alguns, pode parecer um exagero denominar essa atividade como arte, mas para quem vive, ou viveu, a experiência de preparar ou mesmo acompanhar a preparação de amostras metálicas, está claro que é uma atividade que requer não só alguma habilidade manual, como também uma evolução progressiva de conhecimento, com o acúmulo de experiências que, muitas vezes, requerem improviso, criatividade e capacidade de adaptação daquilo que se encontra na literatura para a prática experimental.

Maio de 2025

Cássio Barbosa

SUMÁRIO

Capítulo 1
INTRODUÇÃO

Este manual descreve conceitos gerais utilizados na preparação do corpo de prova para análise microscópica. Todos os materiais e produtos metálicos ferrosos podem ser preparados com este manual. Já os materiais e produtos não ferrosos exigem uma preparação mais detalhada, meticulosa, com total atenção uma vez que apresentam particularidades que dificultam sua preparação. Mas de modo geral, é necessário esclarecer que este texto não tem a pretensão de ser uma instrução normativa sobre o tema, e sim um conjunto de técnicas e práticas que utilizamos por vários anos em laboratório e que produziram resultados satisfatórios ou excelentes para os propósitos almejados.

1.1 METALOGRAFIA

Metalografia, como ciência, corresponde ao estudo da morfologia e microestrutura dos metais. Do ponto de vista de metodologia, a metalografia pode ser definida como um conjunto de práticas laboratoriais de preparação de amostras metálicas com o propósito de identificação e análise da microestrutura dos metais e suas ligas. Segundo registros históricos, surgiu em 1863, quando o precursor, o britânico Henry Clifton Sorby (1826-1908) pela primeira vez visualizou a estrutura interna de um material metálico em um microscópio ótico, o que possibilitou correlacioná-la a outras características, como composição química e propriedades físicas/

mecânicas. Sorby se dedicava primordialmente à geologia/mineralogia/petrografia, basicamente às análises de meteoritos, mas à época, passou a se interessar também por amostras de aços e outras ligas ferrosas fabricadas industrialmente, considerando certas semelhanças entre os meteoritos e os produtos metálicos industriais[1,2]. A importância do conhecimento sobre a microestrutura dos materiais metálicos deriva de sua grande influência sobre as propriedades desses materiais, sobretudo as propriedades mecânicas, muito importantes para as diversas aplicações de uma ampla variedade de produtos metálicos, fato frequentemente citado na literatura sobre o tema. A metalografia pode servir a diferentes propósitos relacionados com a caracterização microestrutural, como: controle de qualidade na indústria; pesquisa científica em laboratório; e como subsídio ou informação complementar à análise de falhas. Para a realização da análise, o plano de interesse da amostra é cortado, lixado, polido e atacado com reagente químico, de modo a revelar as características estruturais e diferentes constituintes que compõem o metal. As amostras metalográficas, assim preparadas, são, depois, observadas em diferentes tipos de microscópios adequados a essa finalidade.

Atualmente, existe o termo "materialografia", destinado a designar, de forma mais ampla, o estudo da microestrutura dos materiais em geral e das técnicas de preparação das amostras desses materiais. Assim, desdobrando esse conceito, além de metalografia, é possível utilizar expressões como "ceramografia", para materiais cerâmicos, e "plastografia", para materiais plásticos, mais bem-definidos como "poliméricos". Entretanto, o escopo deste texto se restringe à metalografia, ou seja, aos materiais metálicos.

É importante considerar que, embora as imagens obtidas diretamente, sem tratamento computacional, de microscópios em geral, tanto óticos como eletrônicos sejam bidimensionais (2D), na realidade os materiais metálicos são formados por microestruturas tridimensionais (3D), então as imagens que observamos e capturamos com esses microscópios são projeções bidimensionais de microestruturas tridimensionais[3].

Quanto ao tipo de observação desejada, a metalografia pode ser dividida em duas categorias: macrografia; e micrografia.

1.1.1 Macrografia

Na macrografia, a amostra é examinada a olho nu ou com o auxílio de um estéreo microscópio com baixa ampliação (3,5× até 67,5×). A amostra deve ser lixada, eventualmente polida e atacada para que a análise possa ser concluída. Na macrografia, são observados defeitos de fabricação no material, análises em juntas soldadas, observação de trincas, pites (*pitting*), poros, segregação, cordão de solda e outros tipos de análise que possam ser feitos em baixa ampliação.

1.1.2 Micrografia

Na micrografia, o corpo de prova é utilizado com o auxílio de um microscópio ótico (50 a 1.000×) para análise microestrutural, estudo de tamanho de grão, análise de fase e inclusões. A preparação é mais criteriosa quando relacionada à macrografia, sendo necessário um lixamento e um polimento com maior rigor de preparação.

1.1.3 Aplicações da metalografia/análise microestrutural

Além de ser uma ferramenta importante de caracterização de materiais metálicos em geral, a metalografia, ou seja, a metodologia que envolve a preparação de amostras e a observação destas em microscópios (óticos, eletrônicos de varredura e, eventualmente, outros tipos) também é uma técnica muito útil para a realização de projetos de pesquisa, análises de falhas e controle de qualidade na indústria metalúrgica.

Capítulo 2
CORTE

O corte de um material metálico costuma ser a primeira etapa de preparação de uma amostra para análise microestrutural. É realizado sempre que se deseja analisar parte de um material com massa e volume de tal ordem que suas dimensões ultrapassem os limites de acondicionamento no porta-amostra do microscópio utilizado para essa observação, seja este de qualquer tipo, estéreo, ótico, eletrônico ou de diferentes modalidades.

Entretanto, o corte a ser realizado não deve levar em consideração apenas as dimensões do porta-amostra, mas também ser essa amostra representativa do material que está sendo analisado, ou seja, em suas dimensões, e posicionamento no material recebido para corte, deve apresentar características microestruturais compatíveis com as do material recebido como um todo ou que, pelo menos, sejam suficientemente abrangentes no contexto da análise que será realizada[1].

A escolha e a localização da seção a ser estudada dependem basicamente da forma da peça e dos dados que se deseje obter ou analisar. Em geral, é efetuado o corte longitudinal ou o corte transversal na amostra.

A seção resultante do corte pode ser transversal ou longitudinal. A escolha do tipo de seção será direcionada pelos objetivos a serem alcançados na análise microestrutural do material. Em geral, é obtida uma seção transversal, quando o objetivo é observar o formato e o tamanho (diâmetro médio) dos grãos (cristais) que compõem a microestrutura do material, se é mais equiaxial ou mais alongado; a segregação (gradiente de composição química do interior para os contornos de grãos); a posição, a distribuição, a forma e as dimensões de poros e cavidades em geral; formato e dimensões de dendritas (estruturas típicas de solidificação, de formato ramificado); profundidade de têmpera, principalmente. A seção longitudinal, em geral, é preferida quando se deseja observar: o tipo de processo de fabricação escolhido para aquele material, como fundição, forjamento, laminação, estampagem, usinagem/torneamento, soldagem e outros; a extensão de camadas superficiais resultantes de resultantes de tratamentos termoquímicos, como cementação, nitretação, carbonitretação e outros; a presença de inclusões não metálicas[1,4].

Outro aspecto importante que deve ser considerado no corte de amostras metalográficas é a necessidade de não alterar a microestrutura do material durante a realização dessa etapa inicial de seccionamento. O corte pode ser realizado com diferentes máquinas e materiais consumíveis, mas é possível minimizar a extensão do dano: alteração do aspecto visual da amostra, como "queima" nas bordas da amostra, geralmente resultante do atrito excessivo entre o material de corte e a amostra causado por velocidade excessiva de corte, deve ter a mínima extensão possível, podendo variar em função do tipo de material de corte e da amostra metálica que está sendo cortada. Essa "queima" é um aquecimento excessivo que, além do atrito mecânico, também pode provocar alterações microestruturais na amostra metalográfica. Caso seja impossível evitar totalmente essa "queima", é necessário cuidar para que ela ocorra a uma distância significativa da área de interesse a ser analisada ao microscópio[5,6] (Figura 2.1) pelo corte com dano térmico.

Figura 2.1 Amostra metalográfica "queimada" (escurecida) pelo corte com dano térmico.
Fonte: Acervo do autor.

Além disso, a escolha da região da amostra original a ser cortada é de fundamental importância. Essa região, a ser separada do restante do material para ser analisada, deve ser representativa de toda a amostra original da qual está sendo removida por seccionamento. Essa é, geralmente, a etapa inicial de todo o processo de preparação de amostras metalográficas, ou seja, de amostras para observação da microestrutura, tendo, assim, grande impacto nas etapas posteriores[6].

2.1 EQUIPAMENTOS DE CORTE E DISCOS

Uma vez definidos o posicionamento e as dimensões da amostra que será cortada, escolhe-se a ferramenta de corte para a secção. O equipamento mais utilizado para o corte, em virtude de sua grande versatilidade, que permite cortar amostras com vários níveis diferentes de dureza, é conhecido como "policorte", a máquina de corte com discos abrasivos e rotativos. Entretanto, existem vários tipos de máquinas policorte, sendo essas diferenciadas pelo tipo de corte. Para cortes comuns em peças de dimensões grandes, é utilizada a policorte com discos abrasivos mais robustos. Se o corte for de precisão em razão de a peça ser estreita ou pequena, utiliza-se a policorte para cortes precisos, uma vez que esta usa discos mais finos que uma policorte comum. Em todo caso, geralmente os discos abrasivos de corte são considerados materiais consumíveis, pois, com o uso frequente, podem sofrer desgaste, deixando de ser suficientemente afiados e, até mesmo, podem ser quebrados após muito tempo de uso[1,5] (Figura 2.2).

As dimensões e os materiais com os quais os discos de corte metalográfico são fabricados variam de acordo as características do material que será cortado assim como o tipo de corte desejado.

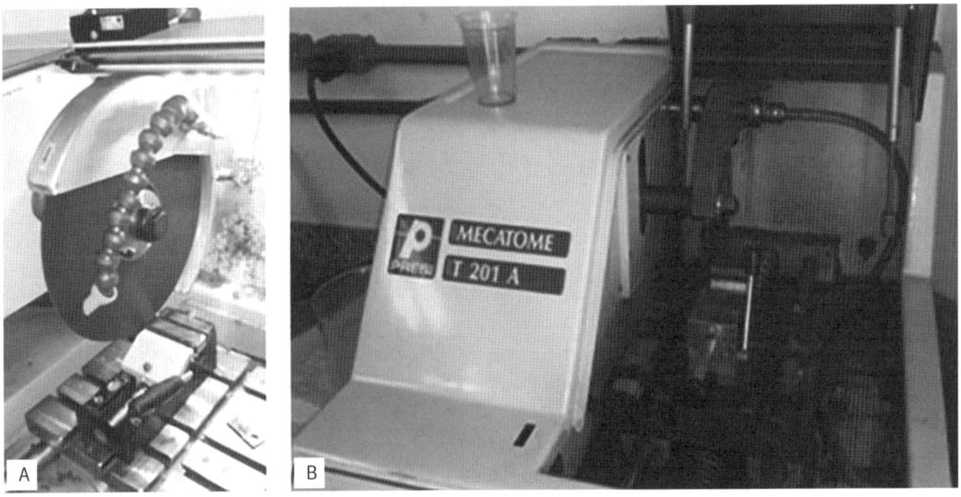

Figura 2.2 (a) Policorte e (b) policorte de precisão.
Fonte: Acervo do autor.

Em geral, cortes mais grosseiros são realizados com discos fabricados com carbeto de silício (SiC) aglomerado, ao passo que cortes finos, aqueles nos quais a perda de material na amostra cortada tem de ser mínima, devem ser realizados com discos metálicos diamantados de pequena espessura (Figura 2.3). Os discos de corte mais grosseiro contêm partículas abrasivas aleatoriamente orientadas que podem incidir sobre a amostra metálica em diferentes ângulos, alguns dos quais podem ser desfavoráveis para o corte. Os discos de corte mais fino são, geralmente, metálicos, de aço inoxidável ou de alguma liga de cobre, em cujas bordas são aderidas, com o uso de resinas ligantes específicas, partículas de diamante, de elevada dureza, que efetivamente garantem o corte da amostra por abrasão. Entre os discos diamantados para corte fino, existem dois tipos diferentes: os que são usados em baixa velocidade de rotação para o corte de amostras muito duras, como as de materiais cerâmicos e minerais (diamante para baixas velocidades); e os que são utilizados em velocidade mais alta para o corte de amostras menos duras, como a maioria dos materiais metálicos. Esses discos são mais caros e direcionados para cortes finos. No que se refere aos discos de SiC para corte mais grosseiro, alternativamente alumina (Al_2O_3) para o corte de materiais metálicos mais duros, como as ligas ferrosas, por exemplo, as partículas de abrasivo podem ser mais finas ou mais grosseiras. O abrasivo à base de alumina apresenta partículas mais arredondadas e compactas do que o abrasivo de carbeto de silício. Assim, os discos de corte de alumina se desgastam bem mais lentamente que os de carbeto de silício, proporcionando uma vida mais prolongada; sendo, desse modo, mais adequados para o seccionamento de amostras de ligas ferrosas. Por sua vez, o abrasivo de carbeto de silício

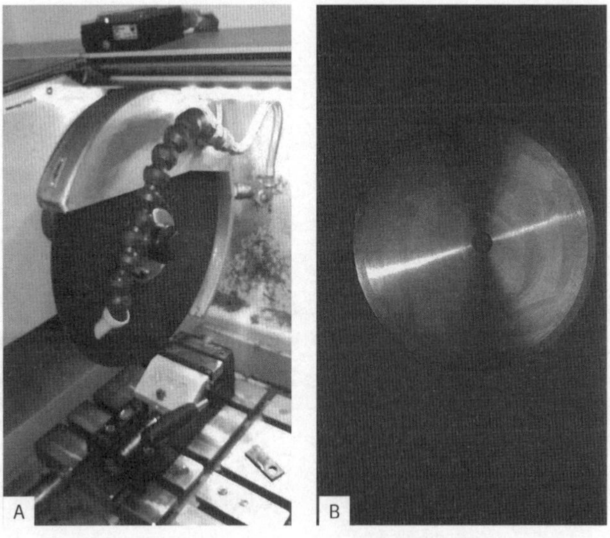

Figura 2.3 (a) Discos de corte grosseiro posicionado na máquina. (b) Disco de corte fino.
Fonte: Acervo do autor.

é muito frágil, quebradiço, então, as partículas de SiC, ao se fraturarem durante a realização do corte, geram novas arestas afiadas, que são mais indicadas para o seccionamento de materiais mais macios e dúcteis, como grande parte das ligas não ferrosas.

No que se refere ao tamanho das partículas abrasivas, por um lado, as partículas mais grosseiras permitem cortes rápidos e "limpos", enquanto as partículas mais finas produzem cortes mais suaves e são mais adequadas para trabalhos mais delicados. Por outro lado, quanto ao alinhamento, as partículas adequadamente alinhadas são capazes de garantir um corte efetivo e apropriado, enquanto as partículas inadequadamente alinhadas geram calor por atrito durante a operação de corte e podem causar arranhões e arrancamento de material na superfície da amostra metálica. Embora o calor gerado pelo atrito favoreça o corte, ele pode danificar a amostra e, por esse motivo, praticamente sempre é necessário o uso de um fluido lubrificante, em geral uma emulsão de óleo em água, conhecida popularmente como "óleo solúvel", que é despejado por meio de dutos sobre a amostra metálica que está sendo cortada[1,5,6].

Cada fabricante determina o tipo do disco relacionado à dureza do material a ser seccionado. Os discos de corte são produzidos com diferentes diâmetros e espessuras, porém, em laboratórios de metalografia, o diâmetro dos discos de corte geralmente não ultrapassa o limite de 300 mm (30 cm). Discos de maior espessura costumam produzir maior deformação (profundidade máxima de dano: 1 mm) em amostras metalográficas do que discos mais finos (máxima: 0,55 mm, na média: 0,20 mm). Esses discos mais finos removem uma quantidade mínima de material ao longo de uma dimensão da amostra. Isso é muito importante quando a amostra é pequena, ou quando é de um material precioso, de alto custo ou difícil obtenção. Quanto mais fino o corte, menor será a energia necessária para o seccionamento, o que se traduz em menor possibilidade de correr o dano térmico e a deformação/encruamento da amostra, o que possibilita, assim, reduzir o tempo de lixamento e de polimento subsequentes. Contudo, esses discos de corte fino, de alta precisão, necessitam de máquinas específicas, não podendo ser utilizados em máquinas de corte de maior porte, usadas com discos mais espessos. Outros métodos de corte, como a eletroerosão, podem proporcionar menores profundidades de deformação (danos). De modo geral, os discos de corte devem ser armazenados na posição vertical, e não horizontal, pois esta pode acarretar o surgimento de distorções ou empenamentos ao longo do tempo. Um fator que influi na dureza dos discos de corte abrasivos é o nível de porosidade que, quanto menor, proporciona maior dureza, o que implica no uso com menores velocidades de giro[1,5].

2.2 POSIÇÃO DO DISCO DE CORTE NA MÁQUINA

Outro aspecto importante do corte metalográfico é o posicionamento do disco em relação à amostra dentro da máquina de corte. O disco deve estar alinhado perpendicularmente (a 90°) da superfície da amostra que deve estar bem fixa na morsa da máquina de corte.

A amostra pode ter uma superfície plana ou curva, como no caso da superfície longitudinal de um cilindro, por exemplo. Quando a superfície é curva, é necessário, a princípio, mover suavemente o disco de corte de modo que este incida com toques suaves sobre a superfície curva, inicialmente marcando a amostra e prosseguir de modo a abrir gradativamente um sulco nessa superfície. Só então é possível descer o disco mais de forma mais vigoro e concluir o corte.

Em geral, os discos de corte metalográfico giram no sentido anti-horário, porém alguns discos metálicos diamantados apresentam em sua face metálica uma gravação mostrando o sentido de rotação durante o corte (Figura 2.4).

Figura 2.4 Posicionamento de corte.
Fonte: Acervo do autor.

2.3 PRECAUÇÕES COM O CORTE

Precauções de segurança devem ser tomadas pelo operador que executa o corte metalográfico, sobretudo o uso de equipamentos de proteção.

O corte deve ser realizado com o uso de óleo solúvel (emulsão de óleo em água) como lubrificante e refrigerante, evitando o superaquecimento da peça que está sendo cortada, que, nesse caso, apresentará aspecto visual escurecido e localizado, sendo corriqueiramente denominada "amostra com queima" ou "amostra queimada" pelo corte, ou seja, com dano térmico, resultante do aquecimento excessivo decorrente do atrito demasiado do disco com a amostra durante o corte (Figura 2.1). Isso pode ser evitado mediante aplicação de menores pressão e velocidade do disco durante o corte, além da vazão adequada e contínua de óleo solúvel. O fluxo da emulsão deve ser o mais uniforme possível, preferencialmente como corte submerso, garantindo a maior continuidade possível no contato com o disco de corte e a amostra. Outro cuidado consiste em evitar o excessivo encruamento superficial da amostra metálica que está sendo cortada[1,5].

Outro aspecto importante na realização do corte metalográfico é a fixação da amostra no policorte, que não pode apresentar nenhum tipo de instabilidade mecânica, ou seja, não pode ficar solta, nem mesmo parcialmente, pois isso poderia levar à quebra do disco e mesmo a acidentes bem mais graves.

A utilização de ferramentas adequadas, para a fixação da amostra a ser cortada, é de grande importância para evitar que a amostra fique solta e se mova durante o corte, com consequências indesejáveis, o que é ainda mais frequente quando a amostra tem grandes dimensões. Essa etapa de fixação da amostra para o corte pode ser demorada e, mesmo assim, caso não seja adequada, pode danificar a amostra, comprometendo todo o trabalho de preparação metalográfica. Se frequentemente é necessário cortar amostras com formato semelhante, recomenda-se o uso de ferramentas personalizadas ("customizadas"), não só para uma fixação mais eficiente, evitando problemas de instabilidade no corte, mas também propiciando maior rapidez e eficiência no corte, assim como reduzindo a probabilidade de quebra do disco abrasivo de corte.

Algumas máquinas de corte são programáveis/automatizadas, porém sua utilização depende do tipo de material que será cortado e das recomendações do fabricante do equipamento no que se refere aos discos que serão utilizados e ao encruamento que pode ser introduzido no material durante o corte, entre outros fatores.

A realização da operação de corte, se inadequada, pode acarretar problemas como: a quebra do disco; o aquecimento excessivo da amostra; o desgaste excessivo do disco de corte; e a formação de rebarbas nas amostras[1].

A quebra do disco pode ser causada por um ou mais dos seguintes fatores: velocidade excessiva no corte; pressão excessiva no corte; fixação inadequada da amostra; e refrigeração inadequada[1,5].

O aquecimento excessivo ("queima") pode ser causado por: refrigeração insuficiente; velocidade de corte inadequada; ou uso de disco de corte inadequado. Um tipo de disco que serve para um determinado material, pode não servir para outro[1].

O desgaste excessivo do disco de corte pode ser provocado pela insuficiente dureza do disco, pela refrigeração irregular: em geral, acarretada pelo entupimento dos dutos que conduzem o líquido refrigerante, pela presença de rolamentos defeituosos na máquina de corte e pela instalação inadequada do disco de corte na máquina[1].

A formação de rebarbas no material cortado pode resultar de: dureza muito elevada do disco de corte em comparação com o material; utilização de um disco de corte com granulometria muito grosseira; e velocidade excessiva no corte[1].

Assim, é muito importante selecionar o disco de corte mais adequado para o tamanho e o material da amostra, de modo a garantir a eficiência do corte, bem como reduzir o tempo e o consumo de outros recursos dedicados a essa operação. Geralmente, amostras com maiores dimensões acarretam maior desgaste no disco abrasivo durante a operação de corte, em comparação com amostras menores. O mesmo ocorre com amostras mais duras, que levam muito mais tempo para serem cortadas, em comparação com amostras mais macias, que também podem ser cortadas com velocidades muito maiores.

Outro aspecto importante que deve ser considerado no corte de amostras metalográficas é a utilização de uma máquina específica para cada tipo de corte. Existem máquinas de corte mais adequadas para cortes com mais discos grosseiros (espessos) em amostras com maiores dimensões e outras máquinas mais adequadas para cortes mais finos em amostras com menores dimensões. Porém, além disso, é necessário considerar que, cortando amostras maiores, existe uma grande área superficial de contato entre o material e o disco de corte, o que resulta em maior risco de geração de calor excessivo por atrito durante o corte. Então, além de "queimar" a superfície da amostra, esse calor assim gerado pode alterar a microestrutura do material que está sendo cortado. Esse dano poderia ser eliminado durante o lixamento/desbaste, mas isso acarretaria considerável aumento de tempo na execução do processo de preparação da amostra metalográfica. Assim, para tentar evitar, ou pelo menos minimizar a ocorrência desse tipo de problema, é necessária uma adequada combinação de uso de máquinas de corte, acessórios e material de consumo (discos de corte, fluidos de refrigeração, ferramentas de fixação e máquinas de corte).

2.4 PROCEDIMENTOS QUE AUMENTAM A EFICIÊNCIA, A RAPIDEZ E A QUALIDADE DO CORTE

O corte da amostra metalográfica é uma etapa muito importante para proporcionar eficiência e rapidez nas etapas seguintes da preparação dessas amostras. Algumas recomendações simples, ao serem seguidas, podem viabilizar ganhos de precisão, reprodutibilidade e rapidez durante a operação de corte. Nesse sentido, alguns cuidados são necessários para evitar, ou pelo menos minimizar erros, e são descritos a seguir.

2.4.1 Eliminação de rebarbas

Rebarba é definida como uma pequena protuberância existente no material, geralmente após o corte. Essas rebarbas precisam ser eliminadas antes das etapas seguintes da preparação de amostras metalográficas, pois do contrário acarretariam um aumento significativo no tempo de lixamento/desbaste e polimento dessas amostras. Assim, é possível evitar o surgimento dessas rebarbas durante a operação de corte, seguindo alguns procedimentos básicos descritos na sequência.

2.4.1.1 Fixação das amostras em ambos os lados

Um corte bem-executado começa com uma boa fixação das amostras na máquina. Quando apenas um dos lados da amostra está bem-fixado, quando o material é separado em partes cortadas, frequentemente serão formadas uma ou mais rebarbas. A fixação de ambos os lados da amostra resolve esse problema.

2.4.1.2 Redução da velocidade de avanço do corte

Ao executar o corte manual, pode ser difícil manter adequadamente baixa a velocidade de avanço, sobretudo pouco antes de deixar a amostra, o que pode acarretar a formação de rebarbas. Uma possível solução seria usar uma máquina de corte totalmente automática, com controle de avanço de corte.

2.4.2 Como evitar o dano térmico ("queima": oxidação superficial)

O dano térmico é conhecido como "queima" da superfície do material causada por operação incorreta de corte, o que gera oxidação superficial localizada na região do corte e adjacências. Quando isso acontece, adjacente à região cortada surge uma descoloração visível e também ocorre uma alteração microestrutural até certa profundidade. Para o dano térmico ser removido, é necessário um lixamento muito demorado; por vezes, até mesmo um polimento também prolongado, antes do ataque e da observação ao microscópio.

2.4.2.1 Uso do disco de corte adequado

Uma das causas mais comuns de dano térmico é a utilização de disco de corte errado, inadequado. A escolha do disco de corte mais adequado, além de melhorar a qualidade na preparação das amostras, permitirá maior rapidez e menor gasto de consumíveis nas etapas seguintes, principalmente no lixamento/desbaste, também de modo a assegurar maior número de cortes por disco. Como consequência, será possível preparar mais amostras num tempo mais curto e com menor custo por amostra.

A escolha do disco de corte mais adequado requer algumas considerações, incluindo o tipo de material a ser cortado e o tamanho da amostra, mas uma consulta aos catálogos dos fornecedores pode ajudar nessa seleção.

2.4.2.2 Uso de máquinas de corte totalmente automatizadas

Assim como no caso das rebarbas, o dano térmico é frequentemente causado por elevadas velocidades de avanço no corte. É possível resolver esse problema com o uso de máquinas de corte automáticas que permitem ajustar a velocidade de avanço. Assim é possível reduzir mais facilmente a velocidade de avanço de corte, evitando ou minimizando o dano térmico.

2.4.2.3 Controle da vazão de fluidos de refrigeração/lubrificação

É muito importante manter a mostra razoavelmente fria durante o corte. Assim, é necessário verificar regularmente o sistema de resfriamento e o nível do fluido de resfriamento, também de modo a assegurar o posicionamento correto/adequado do bocal de saída desse líquido em relação à amostra que está sendo cortada.

2.4.2.4 Informação importante para tentar minimizar a ocorrência de dano térmico

Se mesmo com o uso de uma máquina automática de corte, com ajuste regulável de avanço, ainda ocorrer com certa frequência o dano térmico, alguns desses equipamentos possibilitam um movimento oscilatório do disco de corte, o que permite reduzir a área de contato entre o disco e a amostra. Desse modo, é possível cortar materiais muito duros sem a ocorrência do dano térmico e, simultaneamente, usar discos de corte mais duros, que duram mais tempo, assim reduzindo os custos.

Como aumentar a reprodutibilidade ao evitar o surgimento de trincas em materiais frágeis ou revestimentos?

É bastante comum o surgimento de trincas em amostras de materiais frágeis ou com revestimentos, o que geralmente torna necessário cortar outro corpo de prova na mesma região, atrasando o processo de corte. Mas é possível evitar esse atraso, seguindo alguns procedimentos básicos.

2.4.2.5 Ajustar a técnica de corte

Quando se corta um material metálico revestido, o material de base age como suporte, então é recomendável começar o corte pelo lado revestido da amostra. Caso o operador comece pelo material de base, pode levar a um corte irregular e dificultar o processo de corte, além de potencialmente danificar o revestimento, formando lascas ou desprendimento do revestimento, que inviabilizariam um corte limpo e preciso.

2.4.2.6 Apoiar bem a amostra que será cortada

Apoiar a amostra é muito importante para parar o trincamento. Se a amostra for muito pequena, é necessário embuti-la. Para melhorar o apoio, pode ser aplicada resina epóxi durante o embutimento a vácuo. Isso garantirá que a resina epóxi penetre em todos os poros, trincas e aberturas do revestimento, proporcionando apoio completo durante o corte.

2.4.2.7 Uso de uma máquina de corte automática

A velocidade excessiva de corte é uma causa muito comum do surgimento de trincas. É muito difícil obter e manter a velocidade de corte adequada em materiais frágeis e revestidos quando se utiliza uma máquina de corte manual. Assim, a melhor solução é usar uma máquina de corte automática com velocidade ajustável.

2.4.2.8 Seleção do disco de corte adequado

Em menos de 10 a 20% das amostras revestidas, o mesmo disco de corte usado para o substrato também pode ser utilizado para o corte da área revestida; na maioria dos casos, é necessário usar um disco de corte diferente.

2.4.2.9 Como proteger o disco de corte ao evitar a "pinçagem"

Amostras de aços endurecidos tendem a provocar o surgimento e aumento das tensões internas durante os cortes longitudinais. Assim, a amostra tende a prender ("pinçar") o disco de corte, o que levaria este a ficar preso ou a se quebrar. No pior dos casos, essa "pinçagem" deformaria a amostra, o que poderia até causar o surgimento de tensões e mudanças microestruturais, o que eliminaria a representatividade da amostra e invalidaria toda a análise. Mas há um modo simples de evitar todos esses problemas.

2.4.2.10 Uso de ferramentas como braçadeiras e tornos para fixar as amostras a serem cortadas

O uso de ferramentas simples, ajustáveis e compactas, como braçadeiras e tornos, minimiza tensões, deformações, deslocamentos e a "pinçagem" de modo a protegera amostra e o disco de corte (Figura 2.5).

Figura 2.5 Exemplo de ferramenta de fixação (torno) que pode ser usada para evitar a "pinçagem" e deslocamentos no corte de uma amostra com uma ferramenta manual.
Fonte: Acervo do autor.

2.4.2.11 Como fixar corretamente amostras com formato irregular

Uma amostra com formato irregular pode dificultar a fixação necessária para o corte, o que dificulta e atrasa essa importante operação. Se essa amostra não for adequadamente fixada, os movimentos durante o corte podem inviabilizar a operação, que precisará ser refeita. Mas alguns procedimentos básicos podem resolver esse problema como os três citados a seguir.

2.4.2.12 Uso de blocos de suporte

Para amostras com maiores dimensões, pode ser bastante útil usar blocos de apoio para a amostra durante o corte de modo a evitar que esta se desloque indevidamente, ou mesmo seja derrubada ou virada durante essa etapa da preparação metalográfica.

Outras providências podem facilitar o corte: o embutimento de amostras muito pequenas; a utilização de ferramentas de fixação customizadas; e a realização do corte com velocidades mais baixas. Se o disco de corte for muito duro para o material da mostra, deve ser substituído por um menos duro.

2.5 OUTROS TIPOS DE CORTE

Além do equipamento conhecido como máquina de corte com disco abrasivo, ou policorte, o corte de amostras metalográficas pode ser realizado por outros meios, como[1,5]:

- **Maçarico oxiacetilênico/oxicorte:** processo de corte que utiliza a chama oxiacetilência, resultante da oxidação (exotérmica, podendo chegar a 3.100 °C) do acetileno (C_2H_2) para cortar amostras metálicas, com um equipamento relativamente simples, denominado "maçarico", que direciona a chama para a região da amostra onde deve ser realizado o corte[7]. Esse processo só é indicado no início da etapa de corte, quando é necessário cortar alguma peça de grandes dimensões para, depois, efetuar cortes de amostras menores com outros processos, como os que utilizam discos abrasivos de corte. Embora seja muito eficiente para o corte de peças grandes, não é indicado para cortes de maior precisão, necessários em peças menores.

  Além do corte, o processo oxiacetilênico também pode ser usado para soldar amostras de algumas ligas metálicas, mas existe certa diferença entre o maçarico de corte e o maçarico de solda: além dos componentes existentes no maçarico de solda, o maçarico de corte tem uma tubulação de oxigênio para corte que dispõe de uma válvula de comando. O maçarico de corte tem uma extremidade funcional com peças removíveis, formando um conjunto denominado "cabeça" no qual também estão os orifícios da chama de aquecimento e do jato de corte. Essas cabeças são de diferentes tipos no que se refere à posição dos orifícios de aquecimento/corte, e ao nível de pressão, alta ou baixa. Outra diferença entre os maçaricos de corte está no tipo de operação: manual; e automático. De modo geral, o controle das pressões e velocidades de aquecimento e de corte é muito importante para evitar problemas/defeitos na peça cortada. Isso é mais fácil com maçaricos automáticos, embora seu custo de aquisição seja maior. Outro aspecto importante, nesse contexto, é o uso de cabeças cortadoras em boas condições e adequadas à espessura da amostra que será cortada, assim como a pureza do oxigênio utilizado, que deve ser de, pelo menos, 99,5%[7].

- **Eletroerosão:** processo de corte baseado na existência de dois eletrodos, sendo um deles a própria amostra a ser cortada. Então, uma descarga elétrica é aplicada, porém com intensidade e duração controladas. A depender das propriedades térmicas da centelha do metal que está sendo fundido e da intensidade da vaporização localizada, é possível obter uma camada superficial menos afetada do que a obtida pelos processos de corte por abrasão[4].
  Durante o processo de corte por eletroerosão, o conjunto formado pela amostra e pela ferramenta é mergulhado em um tanque contendo líquidos isolantes e com constante dielétrica elevada (alta capacidade de armazenar carga elétrica) e baixa viscosidade, por exemplo, querosene, óleo para transformador e óleo parafínico[4].
  No início do processo, é utilizada uma lâmina que corta uma seção superficial ou um disco rotativo, usada como ferramenta para planificar o acabamento do plano de corte. É importante garantir um controle automático do espaço entre a ferramenta e a amostra e essencial assegurar que não seja fechado totalmente este espaço. As características elétricas favorecem a rapidez do corte, com superfície mais irregular, porém com maior planicidade no corte mais lento[4].

As principais características do processo de corte por eletroerosão são:

- A superfície apresenta crateras, que são pequenas, quando a energia de centelhamento é baixa.
- Em vários metais, como latões, zinco, cromo, antimônio, molibdênio e tungstênio, ocorre extensa formação de crateras superficiais.
- É possível a ocorrência de transformações de fase, na região adjacente à zona fundida.
- Podem ocorrer alterações de composição química nas camadas mais externas, por algum tipo de contaminação.
- É possível surgir algum tipo de camada superficial deformada, encruada, até certo ponto, porém muito menos profunda do que a camada encruada resultante do corte abrasivo.
- Uma desvantagem significativa do processo de corte por eletroerosão é o alto custo de aquisição do equipamento, assim como seu alto custo operacional.
- Eletroquímico (com jato ou outras formas de aplicação de ácido): embora produza muito menor deformação (encruamento), praticamente inexistente, é um processo lento, a solução ácida utilizada é muito corrosiva, gerando problemas de manutenção no equipamento, além de gerar superfícies onduladas, não planas, apesar de livre de deformações[4].

- **Mecânico:** com outro tipo de ferramenta, como tesouras/guilhotinas, que corta por cisalhamento e não abrasão, ou serras/serrotes (manuais ou mecanizados). Essas ferramentas de corte são aplicadas a materiais relativamente macios, propiciando relativa rapidez ao corte; mesmo assim, produzem deformação extensa, aspereza excessiva, atrito e calor, gerando danos que requerem lixamento considerável para produzir uma superfície livre de encruamento e com microestrutura autêntica do material.
- **Fratura:** mais indicada para materiais muito duros e relativamente frágeis, porém requer adequado lixamento ou polimento posterior para remoção da superfície artificialmente fraturada com esse propósito.
- **Cortes por microtomia:** utiliza um sistema mecânico com navalhas finas e afiadas no qual a amostra colocada em suportes para deslocamentos micrométricos ou com ângulos de corte muito pequenos, havendo também a possibilidade de o porta-amostra realizar deslocamentos micrométricos, o que permite baixas pressões e pequenos avanços de corte. O processo é utilizado para metais muito dúcteis como chumbo, índio e cádmio, geralmente como metais comercialmente puros[4].

Uma versão desse equipamento de corte, porém operando em baixas temperaturas, denominado "criomicrótomo", é empregado no corte de materiais ainda mais sensíveis, como amostras poliméricas e biológicas para observação em microscópio eletrônico de varredura (MEV). Um exemplo é mostrado na Figura 2.6.

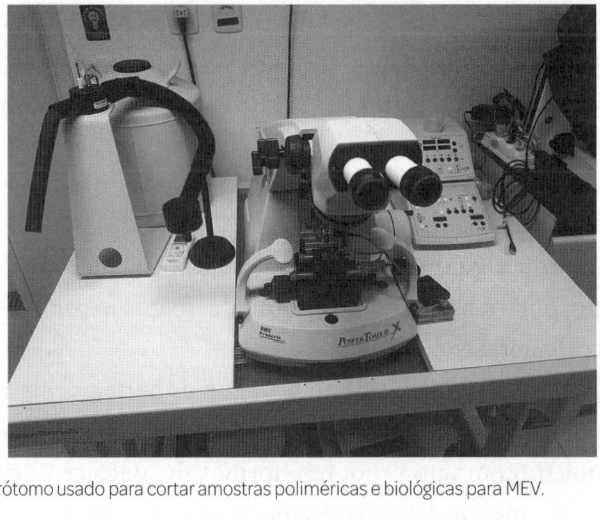

Figura 2.6 Criomicrótomo usado para cortar amostras poliméricas e biológicas para MEV.
Fonte: Acervo do autor.

Entretanto, o equipamento de corte mais comumente utilizado para o seccionamento de amostras metalográficas, é o policorte com disco abrasivo.

Capítulo 3
EMBUTIMENTO

O embutimento, também conhecido como "montagem" (*mounting* em inglês), é uma operação que, geralmente, se segue ao corte, na qual a amostra metálica cortada é inserida numa massa polimérica que a circunda formando um corpo único, o que facilita seu manuseio de peças pequenas e, assim, evita-se danificar a lixa ou o pano de polimento e o abaulamento da superfície da amostra; esse último traz sérias dificuldades ao observador. O embutimento é particularmente importante no caso de amostras muito pequenas, muito finas ou com formato muito irregular, características que dificultam o manuseio durante as operações subsequentes de lixamento e polimento. Além disso, amostras porosas, muito macias, frágeis ou que necessitam de retenção de borda configuram-se em casos nos quais o embutimento é muito necessário. De certo modo, o tamanho (diâmetro) e a forma da amostra influenciam o tamanho (diâmetro), a espessura e a forma do embutimento. Geralmente, este é circular, porém, às vezes, pode ser elíptico, se o tamanho variar entre 20 e 40 mm (2 e 4 cm), e a espessura, entre 10 e 20 mm (1 e 2 cm), a depender da amostra. O objetivo principal do embutimento, além de conter adequadamente a amostra e favorecer o manuseio nas etapas posteriores, é permitir que a amostra possa ser colocada no porta-amostra dos diversos microscópios sem dificuldades. Outra característica importante do embutimento é que deve apresentar boa adesão à amostra, sem incorrer no surgimento de vazios na interface entre a amostra e o embutimento. Entretanto, além do tamanho da amostra, ao se selecionar o método de embutimento outros fatores também devem ser considerados[1-3].

Quanto ao método de obtenção, existem basicamente dois tipos de embutimento: a quente; e a frio. O embutimento a frio permite trabalhar com amostras maiores, pois a variedade de formas, em tamanho e forma, é considerável, ao contrário do embutimento a quente, realizado dentro de uma máquina, na qual o molde tem tamanho e forma padronizados e fixos, não variam. Para amostras sensíveis ao aquecimento, que podem sofrer transformações microestruturais em temperaturas não muito elevadas, da ordem de 150 °C, o embutimento a frio também é preferível, o que também ocorre quando a amostra apresenta revestimentos frágeis, que possam ser danificados pela aplicação de pressão e temperatura inerente ao embutimento a quente. Por outro lado, quando a amostra não apresenta esse tipo de limitação térmica, e o aspecto mais importante é a rapidez do embutimento, o método mais adequado, rápido e produtivo é o embutimento a quente, que termina em cerca de 15 minutos, ao passo que o processo de cura a frio da resina de embutimento é muito longo, durando algumas horas, mesmo com o uso de um catalisador. Outro aspecto importante diz respeito às propriedades do embutimento obtido: o embutimento a quente permite o uso de material condutor, uma mistura de partículas metálicas e poliméricas, e é o ideal para observação em microscopia eletrônica de varredura (MEV), na qual a condutividade elétrica é importante. No polimento e no ataque eletrolítico, a condutividade elétrica também é importante. De modo geral, também é importante a resistência, física e química (à ação dos reagentes de ataque e solventes utilizados posteriormente) do material do embutimento nas etapas posteriores da preparação metalográfica e da observação a diferentes microscópios.[1,5-6].

Outro aspecto importante é a limpeza da amostra após a operação de corte e antes do embutimento, com a finalidade de remover todo tipo de sujeira presente na amostra, como fragmentos metálicos resultantes do corte, resíduo de lubrificantes usados na operação de corte, graxa, gordura, diversos contaminantes provenientes do ambiente. Para a obtenção de um embutimento de boa qualidade, sem absorção significativa de gases resultantes da retenção de sujeira e contaminantes em geral, é importante realizar uma limpeza cuidadosa, com todos os recursos disponíveis, como água, detergentes, acetona e, até mesmo, um banho num sistema de limpeza por ultrassom[5].

3.1 EMBUTIMENTO A QUENTE

No embutimento a quente, a amostra metálica é colocada na forma (cavidade) existente no interior da embutidora a quente. Em torno da amostra, é despejada uma quantidade suficiente de pó de baquelite ou qualquer outro tipo de resina polimérica particulada, que pode ser aglomerada com a aplicação de temperatura (aquecimento) e pressão (compressiva).

Uma vez depositada a baquelite na forma em torno da amostra, é necessário configurar a máquina para o processo de embutimento: definir e ajustar a temperatura e o tempo de aquecimento, a pressão e o tempo de resfriamento. O sistema de embutimento, geralmente, é hidráulico[1]. Por um lado, o embutimento a quente proporciona baixa contração e boa adesão à amostra, com viscosidade adequada e praticamente ausência de bolhas[1], além de ser relativamente rápido, com duração média de cerca de 15 minutos entre o início da aplicação de pressão e temperatura e a ocasião adequada para a extração da amostra. Por outro lado, o embutimento a quente não é recomendado para amostras de ligas que possam sofrer transformações de fase/microestruturais em temperaturas da ordem de 150 °C, como muitas ligas de alumínio, por exemplo.

3.1.1 Resina ou baquelite

Para cada tipo de baquelite é adotada uma configuração diferente de parâmetros de embutimento, geralmente recomendada pelo fabricante da baquelite.

Essas resinas (baquelite) apresentam-se em diferentes cores (vermelha, verde, preta e etc.), diferentes tamanhos de partículas, com uma funcionalidade diferente para cada tipo relacionado a uma cor, por exemplo, existe a resina preta para uso comum e uma preta para retenção de borda e utilização em microscópio de varredura, existe também a marrom que também pode ser utilizada com qualquer tipo de metal, ou seja, deve-se ficar atento ao tipo de resina e sua aplicação. Embora seja um material de grande simplicidade de uso, capacidade de produzir bons resultados e com baixo custo, um aspecto importante é a contração da baquelite durante o processo de embutimento a quente, com aplicação de pressão e temperatura. Esse tipo de contração pode causar o fenômeno conhecido como "perda de retenção de borda" (*edgeretention*), que acarreta a perda de foco na imagem obtida com o microscópio na região da borda da amostra, até certa profundidade para dentro desta. Mais recentemente, foram desenvolvidos materiais para embutimento que permitem diminuir essa profundidade, ou seja, reduzir o efeito de retenção de borda[5,6].

A retenção de borda é muito importante, principalmente no caso de amostras com camadas finas ou com defeitos superficiais que precisam ser visualizados, mesmo após a realização do embutimento, ou seja, a amostra embutida precisa ter uma boa retenção de borda. Nesse caso, o contato entre a amostra e o material do embutimento precisa ser ótimo. Esse contato pode ser melhorado mediante a realização de alguns procedimentos. Um deles consiste em rinsar a amostra com um agente de molhamento. Uma alternativa é o uso de um material para embutimento (resina polimérica) com baixo coeficiente de contração térmica durante o ciclo de cura. Outra técnica que pode ser utilizada com esse mesmo propósito é a colocação de uma camada de reforço adicional sobre a superfície externa da amostra. Essa camada pode ser colocada por diferentes métodos, desde uma folha fina de alumínio fisicamente aderida até uma galvanização ou deposição de revestimento não eletrolítico, como por imersão. Essa deposição pode ser de materiais não condutores, a exemplo de partículas cerâmicas e poliméricas[5,6] (Figura 3.1).

Figura 3.1 Baquelite para embutimento a quente.
Fonte: Acervo do autor.

3.1.2 Embutidoras

O embutimento pode ser realizado em dois tipos de embutidoras: a manual (Figura 3.2); e a automática (Figura 3.3).

Figura 3.2 Embutidora a quente manual.
Fonte: Acervo do autor.

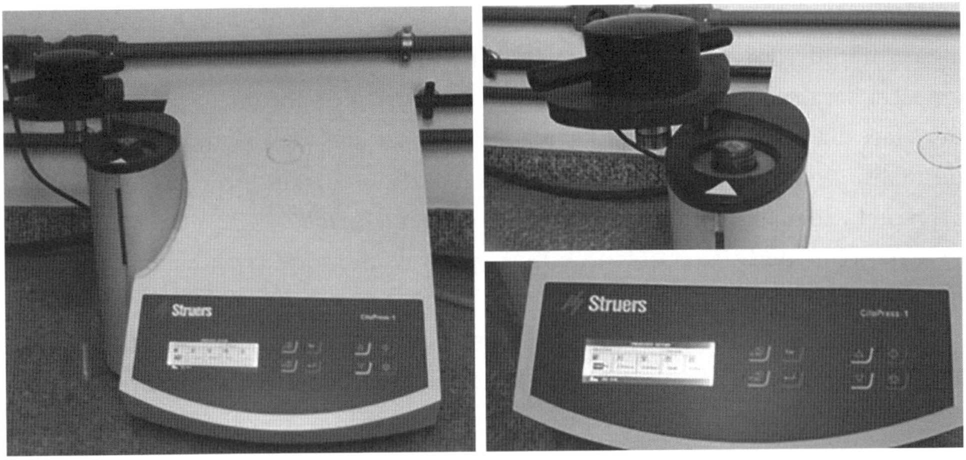

Figura 3.3 Embutidora a quente automática.
Fonte: Acervo do autor.

Na embutidora manual, os parâmetros são ajustados com um seletor, enquanto na embutidora automática os parâmetros são ajustados com o uso de um programa mostrado num painel eletrônico existente na máquina.

3.1.3 Embutidora manual

Nas embutidoras manuais, geralmente, levanta-se a forma pressionando-se a alavanca para baixo, o que a faz subir.

Em seguida, unta-se somente a base da forma com desmoldante em pó, mas não sua superfície lateral interna. Então, a base é abaixada ao ser acionado o botão. Depois, a baquelite em pó é colocada dentro da forma, em torno da amostra metálica, ajustando-se, assim, a espessura do embutimento que será obtido, que deve ser menor em alguns tipos de análise, a depender do espaço disponível no porta-amostra do microscópio.

Recomenda-se uma distância mínima de 5 mm entre cada extremidade da amostra e a extremidade do embutimento correspondente, ou seja, é recomendado que as dimensões da amostra sejam pelo menos 10 mm menores que o diâmetro do embutimento. Também é necessário que a amostra esteja limpa, livre de contaminantes, sujeira e oleosidade de todo tipo, assim como é importante que as arestas não sejam protuberantes[1].

Geralmente, essa dosagem é ajustada com o uso de um pequeno recipiente: 20 a 25 mL de pó resultam em aproximadamente 15 mm de espessura, a depender do volume da amostra metálica -se esse volume for grande, a espessura do embutimento será maior em alguns mm (em até 2 mm). Após a colocação do pó de baquelite, pressiona-se novamente a alavanca, levando-se a base 10 a 15 mm abaixo da superfície da borda superior da cavidade onde fica a forma (Figura 3.2).

Normalmente, a amostra deve estar centralizada dentro da forma, a não ser que algum tipo de análise específica determine um posicionamento diferente com a amostra deslocada em relação ao centro geométrico da forma. O pó de baquelite deve facear a borda superior da cavidade, a não ser que, para algum tipo específico de análise, seja desejável um embutimento mais fino. Ao contrário, caso necessário, acrescenta-se mais pó de baquelite até preencher a forma.

Para isso, aperta-se o botão de liberação (*release*), que faz a base descer sem descentralizar a amostra.

Dando prosseguimento ao processo de embutimento, coloca-se o tampão (Figura 3.2). Em seguida, ajusta-se o tempo de aquecimento e de resfriamento, em geral de 7 e 5 minutos, respectivamente. Após esse ajuste, aperta-se o botão de ligar/desligar (*on/off*) e, em seguida, o botão de iniciação (*start*), que inicia automaticamente o ciclo de embutimento, concluído quando o *timer* (cronômetro da embutidora) é zerado. Em seguida, a tampa externa deve ser removida manualmente, e a alavanca acionada para elevar a base (com a amostra já embutida em seu interior). Com a base na posição mais elevada, tira-se a pequena tampa interna da base e remove-se a amostra. Então, abaixa-se a amostra ao acionar o botão de liberação (*release*) e, em seguida, aperta-se o botão *on/off* para desligar a embutidora. Finalmente, coloca-se a tampa interna e, depois, a tampa externa para fechar a máquina.

A pressão, a temperatura e o tempo de embutimento são parâmetros importantes para a obtenção de uma boa qualidade de embutimento a quente. Valores de referência situam-se na ordem de 1 a 1,5 t, 150 °C e 15 minutos, podendo, porém, variar de acordo com o tipo de equipamento utilizado para embutir a amostra metalográfica[1].

3.1.4 Embutidora automática

Liga-se a embutidora, acionando-se o botão liga/desliga. Ajustam-se os parâmetros de embutimento no painel, em função do tipo de pó de baquelite: pressão e temperatura de embutimento; e o tempo de aquecimento e de resfriamento. Ergue-se a base acionando-se a tecla (triângulo) e parar rente ao parafuso (rosca). Aplica-se o desmoldante em pó branco. Posiciona-se a amostra centralizada (Figura 3.3).

Aperta-se a tecla (triângulo invertido amarelo) para abaixar a base em até 10 a 15 mm e aperta-se a tecla vermelha (triângulo invertido dentro de círculo) para parar. Então, enche-se a forma de pó de baquelite com 20 a 25 mL, até facear a borda, podendo restar pó de baquelite no recipiente. Aperta-se a tecla para abaixar (triângulo invertido amarelo) a base até parar, automaticamente, embaixo. Então, joga-se o resto do pó de baquelite do recipiente na cavidade da forma sobre a amostra, em função do volume desta: quanto maior esse volume, maior deve ser a altura do pó de baquelite depositado na forma. Então, encaixa-se a tampa e aperta-se a rosca até o final desta/da mesma (da rosca). O certo é fim da rosca e não fim da tampa. Aciona-se a tecla (verde) para iniciar o ciclo de embutimento. Quando este se completa, o equipamento emite um sinal sonoro. Então, a tampa pode ser aberta. Aperta-se uma tecla (triângulo amarelo) que faz a base ficar rente à borda do parafuso. Retira-se a amostra. Aperta-se uma outra tecla (triângulo amarelo invertido) para que a base desça automaticamente. Fecha-se a tampa. Desliga-se o botão atrás.

3.2 EMBUTIMENTO A FRIO

Esse embutimento é feito com resinas autopolimerizantes que consistem, geralmente, em duas substâncias formando um líquido viscoso quando misturadas, ou com resina acrílica que consiste em um pó e um líquido que reagem ao se misturarem. Uma substância é a resina propriamente dita e a outra é o catalisador (endurecedor). Em geral, ambas as substâncias estão no estado líquido em temperatura e pressão ambientes, mas é possível que uma seja líquida e a outra, um pó. A resina pode ser de diferentes tipos: acrílica; epóxi; ou poliéster[1,5].

Essa reação de polimerização é fortemente exotérmica, atingindo temperaturas entre 50 e 120 °C, com um tempo de endurecimento que varia de 15 minutos a 24 horas, a depender do tipo de resina empregada e do catalisador[1].

3.2.1 Embutimento a frio com pressão atmosférica

Utiliza-se um molde (Figura 3.4), em geral fabricado em material polimérico, com formato circular ou eventualmente elíptico, uma resina líquida de cura em temperatura ambiente (cura "a frio") e um catalisador (Figura 3.5). Mistura-se a resina com o catalisador de modo bastante lento (na proporção de 2 para 1, em massa ou volume), para evitar a formação de bolhas, geralmente misturando-os com um bastão fino de vidro. Após alguns poucos minutos, garantindo-se uma boa homogeneização da mistura, esta é depositada no interior da forma que contém a amostra metálica, estando sobre alguma superfície lisa, quase sempre uma bancada. Quando a forma está totalmente preenchida, interrompe-se a deposição da mistura. O tempo de cura varia em função da qualidade e do tipo da resina. Em geral, por um lado, as resinas acrílicas têm um tempo de cura mais rápida (15 minutos), apresentam menor qualidade, têm mais bolhas, não são adequadas para retenção de borda e são usadas quando necessária alguma preparação urgente. Por outro lado, são mais facilmente desmoldáveis. Embora consideradas resinas de embutimento a frio, sua reação de cura (endurecimento) é fortemente exotérmica, podendo atingir temperaturas da ordem de 130 °C, pouco inferior à temperatura usual de embutimento a quente (150 °C aproximadamente), enquanto a elevação de temperatura na reação de cura da resina epóxi chega a cerca de 7° C acima da temperatura ambiente. Entretanto, a resina do tipo epóxi tem cura mais lenta (6 ou 24 horas), sendo mais indicada para trabalhos de metalografia, uma vez que requer tempo de cura mais lento e seu acabamento quase não gera bolhas que possam atrapalhar a preparação. Algumas resinas podem causar danos à pele humana quando usadas com muita frequência, então é recomendável o uso de luvas ao manipulá-las[1,5].

Figura 3.4 Moldes para embutimento a frio.
Fonte: Acervo do autor.

Figura 3.5 Resina epóxi e resina acrílica.
Fonte: Acervo do autor.

3.2.2 Embutimento a vácuo (exemplo de procedimento)

Quando é realizado o embutimento a frio, muitas vezes, de modo espontâneo, surgem poros que, eventualmente, podem ficar retidos na resina solidificada e essa porosidade, além do aspecto ruim, pode acarretar fragilidade nesse embutimento, de modo a dificultar ou mesmo inviabilizar o desenrolar das etapas posteriores de lixamento e polimento e pode causar o trincamento do embutimento ou a retenção de resíduos resultantes das etapas de polimento anteriores, o que prejudica significativamente a preparação das amostras metalográficas. Além dos cuidados tradicionais para evitar agitação na resina ainda líquida, quando é de fundamental importância que o nível de porosidade no embutimento seja o mais baixo possível, ou praticamente inexistente, torna-se necessária a realização do embutimento (a frio) a vácuo[5].

Nesse tipo de procedimento, a amostra é acondicionada dentro de uma pequena câmara, na qual é obtido vácuo mediante o uso de algum tipo de bomba ou compressor, que promove a extração do ar existente dentro dessa câmara, produzindo o vácuo que evita a formação de bolhas e poros no embutimento em processo de solidificação. Desse modo, obtém-se um embutimento praticamente isento de poros, eliminando-se, ou minimizando-se a probabilidade de ocorrência, nas etapas posteriores da preparação de amostras metalográficas, dos problemas operacionais supramencionados. No caso de algumas amostras muito específicas, como amostras frágeis, amostras com camadas, ou obtidas por metalurgia do pó, o uso do embutimento a frio a vácuo é particularmente importante ou mesmo muito necessário[5-6].

Prepara-se a resina epóxi, usada no embutimento a frio (em temperatura ambiente), com o catalisador. Mistura-se a resina lentamente para evitar o surgimento de bolhas. Despeja-se a mistura no molde polimérico (Figura 3.4) com a amostra dentro, geralmente centralizada.

Se a amostra for muito fina, ela pode ser posicionada dentro do molde com grampos para evitar sua queda ao se despejar a resina, por exemplo, uma moeda cortada na longitudinal. Despeja-se a resina lentamente no molde para evitar o surgimento de bolhas e o deslocamento da amostra.

Coloca-se o molde na embutidora a vácuo (Figura 3.6), embora o vazamento possa ser feito também com o uso de um recipiente ("copo"). Após colocar tudo dentro da embutidora, fecha-se esta com a tampa e posiciona-se o manômetro: há um furo onde se coloca a tampa e um corte na ponta inferior do manômetro, que corresponde à válvula (Figura 3.7). Ligar a bomba de vácuo até que atinja a pressão de -25 in.Hg (-635 mmHg). Assim que atingir a pressão indicada, abrir a válvula para que o ar entre novamente. Repetir esse processo por pelo menos três vezes. Dessa forma, após o tempo de cura da resina, poderá ser verificado que não haverá mais bolhas, o que ajudará muito na preparação da amostra.

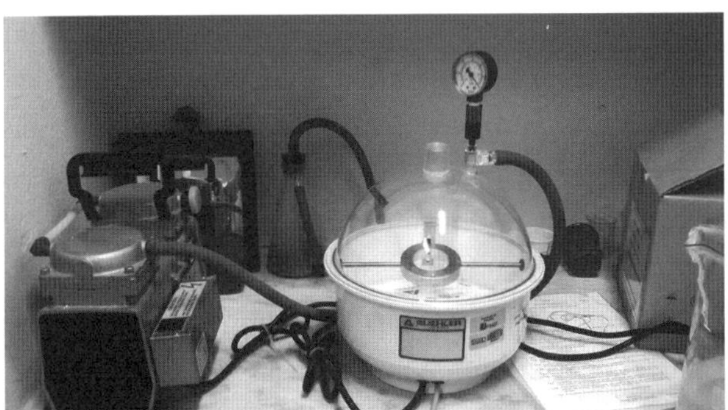

Figura 3.6 Embutidora a vácuo.
Fonte: Acervo do autor.

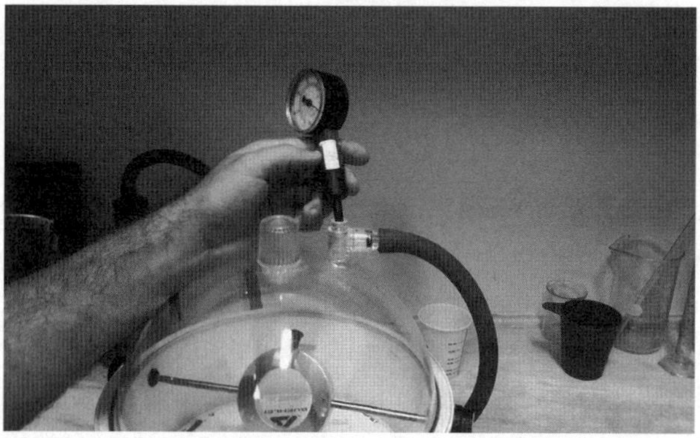

Figura 3.7 Manômetro.
Fonte: Acervo do autor.

O embutimento obtido, a frio ou a quente, para amostras metalográficas, deve apresentar as características[1]:

- baixa contração e boa adesão à amostra;
- ausência de bolhas (poros);
- viscosidade adequada;
- resistência à abrasão acarretada pelo lixamento e pelo polimento;
- resistência mecânica/dureza adequada;
- resistência química ao ataque metalográfico;
- ausência de reação galvânica com a amostra;
- ausência de reação química com a amostra e o molde;
- boa condutividade elétrica (pode ser aumentada com a presença de partículas metálicas misturadas com a baquelite/resina polimérica: embutimento condutor) principalmente para análises em um microscópio eletrônico de varredura (MEV), com custo relativamente baixo[1].

3.3 EMBUTIMENTO CONDUTOR

A microscopia eletrônica de varredura é uma técnica analítica que requer amostras com boa condutividade elétrica. Isso resulta do fato de que um feixe de elétrons primários incide sobre a amostra que, se tiver baixa condutividade elétrica, em pouco tempo acumula essas cargas elétricas provenientes do feixe primário em sua superfície, que por este motivo, fica excessivamente brilhante, muito clara, inviabilizando a observação de qualquer característica visual baseada em contraste de imagem. Assim, nessas situações, popularmente diz-se que a amostra está "carregada"[5,8].

Via de regra, materiais totalmente metálicos apresentam elevada condutividade elétrica, ao contrário de outros tipos de materiais, considerados "não condutores", como cerâmicos, óxidos, sulfetos e polímeros. Quando uma amostra metálica está embutida de modo que o embutimento polimérico a envolva integralmente, este funciona como isolante, anulando sua condutividade elétrica para efeitos práticos na análise no MEV. Nesse caso, para "recuperar" essa condutividade, algumas alternativas podem ser adotadas.

Uma delas, a mais imediata, é utilizar uma fita condutora ou uma tinta condutora para introduzir uma "ponte" metálica/condutora que promove uma ligação física entre a amostra metálica e o porta-amostras também metálico, estendendo-se por sobre o embutimento polimérico[5,6,8].

Entretanto, dependendo do tipo de análise a ser realizada, que pode exigir a obtenção de um sinal de elétrons coletados, secundários ou retroespalhados, mais intenso, essa "ponte" pode ser insuficiente para garantir a condutividade necessária. Recobrir o embutimento como um todo, embora possa melhorar a condutividade, pode ser ainda insuficiente e representar um consumo excessivo de materiais caros, como a tinta de prata (ou de carbono).

Embora também represente certo custo de aquisição, o uso de embutimentos condutores pode garantir condutividade satisfatória para a análise em MEV, principalmente nessas situações específicas.

O embutimento condutor consiste em uma mistura de partículas poliméricas e partículas metálicas, ou à base de algum metal, como o cobre, condutoras. Esse tipo de embutimento costuma ser o mais adequado quando é necessário realizar no MEV análises mais específicas que requerem melhor sinal de elétrons, secundários ou retroespalhados, para a obtenção de imagens satisfatórias para este tipo de análise, pois a melhor condutividade elétrica minimiza a ocorrência do fenômeno de "carregamento" na amostra[5].

3.4 AMOSTRAS SEM EMBUTIMENTO

Existe, ainda, o caso em que não se faz necessário o embutimento da amostra, geralmente quando a peça tem seu comprimento e sua largura que permitam que o técnico a manuseie de forma adequada, sem causar dano algum às lixas e ao pano de polimento (Figura 3.8). Na Figura 3.8, podem ser observadas, à esquerda (a), amostras embutidas a quente; no centro (b), uma amostra embutida a frio (embutimento transparente); e, à direita (c), uma amostra não embutida. Verifica-se que a amostra embutida a frio (b) apresenta dois grampos (*clamps*, em inglês) em suas extremidades, com a finalidade de evitar que essa amostra muito fina (com espessura de poucos milímetros) seja deslocada ou mesmo caia durante o embutimento, quando a resina polimérica desce sobre a forma pela ação da gravidade. Os grampos também podem ser utilizados no embutimento a quente, com a mesma finalidade. Geralmente, esses grampos são fabricados com aço inoxidável, mas materiais alternativos nessa aplicação podem ser ligas de alumínio, ligas de cobre ou mesmo aços de baixa dureza. Em todo caso, preferencialmente o grampo deve ter dureza compatível com a amostra a ser analisada, favorecendo uma remoção homogênea de material durante as etapas seguintes, de lixamento (desbaste) e polimento. Basicamente por esse motivo, materiais poliméricos não são adequados para essa aplicação quando a amostra é metálica, ou seja, bem mais dura[6].

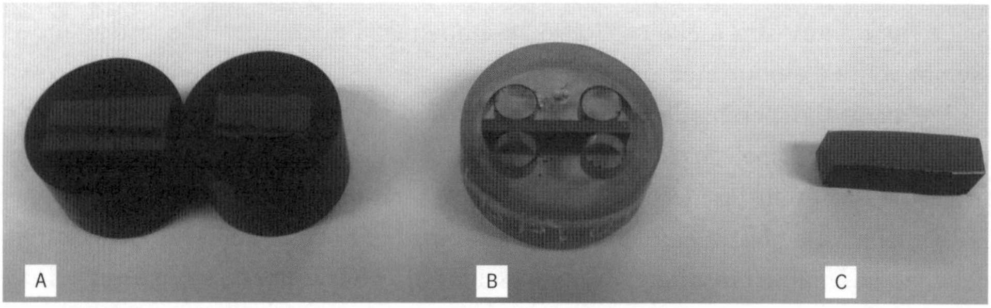

Figura 3.8 Embutimento a quente (a), a frio (b) e sem embutimento (c).
Fonte: Acervo do autor.

Capítulo 4

MARCAÇÃO/IDENTIFICAÇÃO DA AMOSTRA

Após o embutimento, tanto a quente como a frio, com ou sem vácuo, é necessário identificar as amostras metalográficas por meio de uma marcação, geralmente com o uso de um marcador elétrico com ponteira dura (Figura 4.1) que vibra e com o qual se escrevem letras e/ou algarismos na superfície lateral ou inferior (oposta à superfície da amostra onde será realizada a observação ao microscópio) do embutimento.

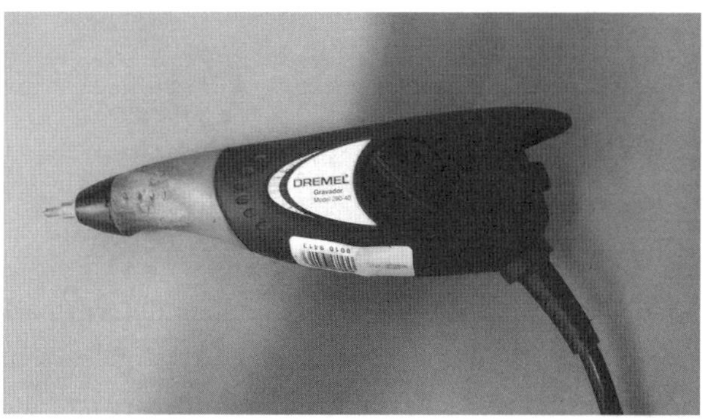

Figura 4.1 Marcador de amostras.
Fonte: Acervo do autor.

Essa marcação/identificação é muito necessária para evitar a possibilidade de confundir uma amostra com outra, principalmente quando o aspecto dessas amostras for semelhante, mas o processamento, as condições de obtenção, o histórico de cada amostra e demais tipos de diferença no contexto de determinado trabalho tornarem imprescindível diferenciá-las com essa marcação.

No geral, essas marcações são definidas previamente pelo técnico responsável, de forma que nunca haja uma amostra com o mesmo nome, garantindo, assim, que ela seja única. Devem ser legíveis e apresentar algum significado correspondente à análise microestrutural que será realizada posteriormente, podendo se referir ao material, a alguma condição de tratamento térmico ou processamento termomecânico, ou a algum outro dado referente ao projeto de pesquisa ou serviço técnico/tecnológico que prevê a análise dessas amostras.

A Figura 4.2 exemplifica marcações realizadas no embutimento de algumas amostras metalográficas. Geralmente, as amostras são marcadas na superfície lateral circular ou na superfície do embutimento oposta àquela onde é visualizada a amostra metálica e, evidentemente, o espaço disponível para a marcação é bastante limitado, tornando necessárias marcações sucintas, resumidas, que contenham apenas as informações estritamente necessárias para a identificação das amostras[5].

Figura 4.2 Marcações realizadas no embutimento de algumas amostras metalográficas.
Fonte: Acervo do autor.

Geralmente, apenas uma amostra é posicionada em determinado embutimento, mas se for necessário embutir duas ou mais amostras, quase sempre pequenas e finas, num mesmo embutimento, se essas amostras apresentarem diferenças significativas no contexto do trabalho, pode ser necessário identificá-las separadamente, porém dentro do mesmo embutimento, com marcações isoladas mais próximas de cada amostra[5].

Se a marcação produzir rebarbas que possam afetar o embutimento a ponto de causar problemas operacionais nas etapas posteriores de lixamento e polimento, essas rebarbas devem ser eliminadas por um lixamento específico localizado, anterior às etapas seguintes de preparação metalográfica[1].

No processo de embutimento a frio, transparente, também existe a opção de inserir a marcação sob a forma de pequenos pedaços de papel, com inscrições feitas à caneta, dentro da forma, e, depois, despejar a resina líquida com o catalisador que, após a cura, produz o embutimento transparente com a marcação em papel e caneta visível pelo lado de fora[5].

Depois de realizada as marcações, as amostras embutidas, parcial ou totalmente preparadas, são armazenadas, em geral, em um dessecador, que é um recipiente, quase sempre de vidro, em cujo fundo são depositadas partículas de sílica gel, de coloração azul, quando secas, e rosadas, quando têm muita umidade armazenada, ocasião em que devem ser descartadas e substituídas por novas partículas secas, ou submetidas à secagem em estufa, em cerca de 150 °C. As amostras também podem ser protegidas contra a oxidação por meio da aplicação superficial de substâncias como vaselina ou laca, que podem ser facilmente removidas com o uso de acetona[5].

Capítulo 5
LIXAMENTO

Na sequência tradicional de preparação de amostras metalográficas, após o corte e o embutimento, vêm as etapas de adequação da qualidade da superfície das amostras, que são o lixamento, também conhecido como "desbaste", geralmente realizado com lixas ou outros abrasivos mais grosseiros, e o polimento, que pode ser realizado pelo método mecânico, mais comum, com abrasivos menos grosseiros, como alumina ou pasta de diamante, ou por outros métodos, alternativos; por exemplo, o polimento eletrolítico. Essas outras possibilidades serão descritas mais adiante neste texto; por ora, o foco estará no lixamento/desbaste, nesta parte do texto; e, no polimento mecânico, no início da próxima parte.

Na preparação mecânica de amostras metalográficas, que é o método mais comum, o objetivo é a obtenção de uma superfície plana e com excelente acabamento superficial ("espelhada" após a última etapa de polimento mais fino), adequada para a observação ao microscópio, geralmente submetida a algum tipo de ataque (descrito posteriormente), que favoreça a observação de determinadas características microestruturais. Este processo de aprimoramento da qualidade superficial da amostra envolve a aplicação de abrasivos cada vez mais finos em etapas sucessivas, tanto no lixamento/desbaste como no polimento mecânico. Esses abrasivos removem parte do material metálico da superfície da amostra, sob a forma de minúsculos fragmentos que, periodicamente, devem ser eliminados dessa superfície pelos métodos de limpeza também descritos mais adiante neste texto.

5.1 PROCESSO DE LIXAMENTO

No processo convencional de preparação de amostras metalográficas, o lixamento/desbaste é a primeira etapa de remoção mecânica de material, por abrasão. O lixamento, quando feito de maneira adequada, remove o material danificado ou deformado da superfície da amostra. O objetivo é a obtenção de uma superfície plana com o mínimo possível de dano passível de fácil eliminação, no tempo mais curto possível, durante o polimento posterior. O lixamento remove o material por meio de partículas fixas de abrasivo que produzem fragmentos do material da amostra. Esse mecanismo de produção de fragmentos, por meio de partículas abrasivas agudas, gera o menor grau possível de deformação na superfície da amostra, simultaneamente proporcionando a remoção mais rápida de material.

Esse processo busca eliminar os riscos e marcas mais profundas da superfície da amostra, geralmente resultantes da operação prévia de corte, dando um acabamento a essa superfície, preparando-a para o polimento. Em virtude do grau de perfeição requerida no acabamento de uma amostra metalográfica, é necessário que cada etapa da preparação seja executada de forma cuidadosa, já que esse é um dos processos mais importante da preparação da amostra uma vez que uma amostra bem-lixada dificilmente terá um polimento bem-feito. Para observação adequada e proveitosa ao microscópio ótico ou a outros microscópios, como o eletrônico de varredura (MEV), é importante que a superfície observada seja a mais plana possível, com pouca ou nenhuma irregularidade topográfica, sobretudo amassamentos, deformação excessiva e muitas cavidades relativamente profundas. Outro problema que dificilmente será eliminado na etapa de lixamento é a "queima" na superfície da amostra, resultante de corte muito rápido ou inadequado. O ideal é que, no decorrer de uma etapa de lixamento, o único tipo de dano a ser eliminado seja o risco gerado na etapa de lixamento anterior. Por sua vez, riscamento e outros danos semelhantes de lixamento, muito profundos, não podem ser removidos pelos materiais abrasivos geralmente usados na etapa posterior de polimento, como pasta de diamante e alumina, por exemplo[1,5].

Esse processo de lixamento promove a remoção de material metálico excessivo da superfície da amostra metalográfica e, nesse sentido, apresenta alguma semelhança com processos de corte/usinagem. Entretanto, ao contrário destes, em vez de ferramentas de corte, a remoção do material metálico superficial excessivo é feita por intermédio de abrasão/atrito da amostra com uma lixa, normalmente fabricada a partir de uma folha de papel, sobre a qual são depositadas e aderidas partículas muito abrasivas, por meio de um material aglutinante. Essas partículas devem ser duras e agudas o suficiente para promover o corte localizado do material metálico (amostra), como se fossem pequenas ferramentas de corte. O carbeto de silício (SiC) é o material mais comum empregado para essa finalidade, mas existem outros. Mais importante do que o tipo de material é sua granulometria que pode variar desde partículas mais grosseiras, como 100 e 220 malhas, até partículas bem mais finas, como 600 a 1.200 malhas. O material abrasivo apresenta um poder de desbaste determinado não somente por sua dureza, mas também por sua granulometria. Além do poder de desbaste, outra característica importante do material abrasivo é seu custo. Sua granulometria é determinada em um número (malhas) que corresponde a determinado número de partículas abrasivas que podem caber em determinada área, definida em polegadas quadradas. Assim, quando as partículas são grosseiras (muitos micrometros), poucas cabem dentro dessa pequena área; portanto, quando o número de malhas é menor, a granulometria é maior, ou seja, a lixa é mais grosseira. Quando, ao contrário, as partículas são muito pequenas (poucos micrometros), muitas dessas partículas cabem dentro da mesma pequena área; portanto, nesse caso, o número de malhas será maior[1,2]. Nos últimos anos, tem se desenvolvido a realização do desbaste com discos contendo partículas de diamante, também em etapas sucessivas de desbaste com granulometrias gradativamente mais finas, em equipamentos automáticos de preparação metalográfica. A Figura 5.1 apresenta algumas lixas (a) com a granulometria expressa no verso (a 500 é mais fina que a 100) (b) e um disco usado no desbaste (c).

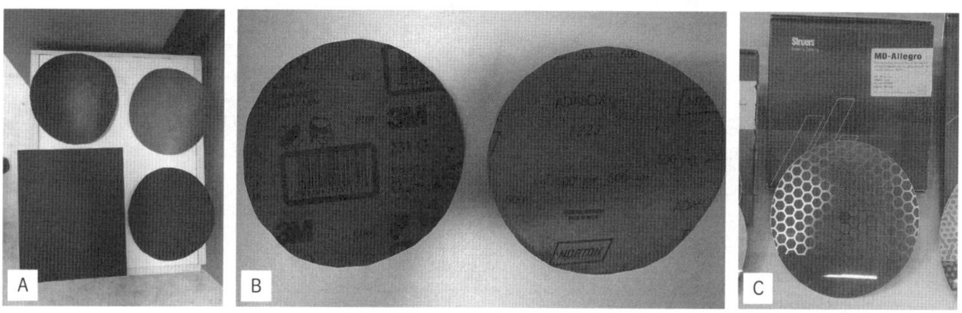

Figura 5.1 Lixas: frente (a), verso (b) e disco usado no desbaste (c).
Fonte: Acervo do autor.

Esse processo pode ser realizado de forma manual (Figura 5.2) ou automático (Figura 5.3 (a), (b) e (c)). No método manual, a lixa fica estática sobre uma mesa onde o técnico realizará o lixamento pressionando e deslizando a amostra sobre a lixa. No método automático, as amostras são preparadas em uma lixadeira de fita ou em uma lixadeira rotativa, também conhecida como "politriz", ambas com rotação automática, ficando a amostra estática e a lixa, em movimento. Em geral, o lixamento é realizado com o uso de água corrente que flui por meio de dutos, molhando a amostra e o "prato" (disco) rotativo, revestido pela lixa, que suporta a amostra.

No lixamento, a água tem dupla função: com sua capacidade de refrigeração, por um lado, minimiza o dano causado na amostra pelo calor gerado pelo atrito com a lixa; e, por outro lado, maximiza a vida útil desta, reduzindo seu desgaste e a probabilidade de seu rasgamento precoce. Além disso, o lixamento úmido minimiza a possibilidade de que as partículas de metal, provenientes da amostra e liberadas durante o lixamento, fiquem "agarradas" às partículas abrasivas da lixa que, assim, ficam mais expostas ao contato com a amostra, atuando mais no sentido de cortar do que no de "esfregar"/deslizar/atritar. Esse corte agudo, ao mesmo tempo que minimiza os dados associados ao lixamento (p. ex., "encruamento" superficial), maximiza a taxa de remoção de metal. Assim, o lixamento a seco atualmente é restrito a poucos casos, como o desbaste de amostras muito rugosas (Figura 5.3-a). A água é o lubrificante mais comum no lixamento, só sendo evitada quando no uso de materiais/amostras muito reativos ao contato, a ponto de haver risco de danos. Nessas raras situações, outros lubrificantes, como o querosene, devem ser usados. O lubrificante/água também proporciona a remoção dos resíduos de abrasivos da amostra metálica que, de outro modo, ficariam depositados nesta e também na lixa. Partículas de abrasivo provenientes da lixa devem ser removidos durante o lixamento ou polimento, pois, caso contrário, podem ficar retidos na amostra e ser consideradas, erroneamente, inclusões não metálicas[2].

Figura 5.2 Lixadeira manual.
Fonte: Acervo do autor.

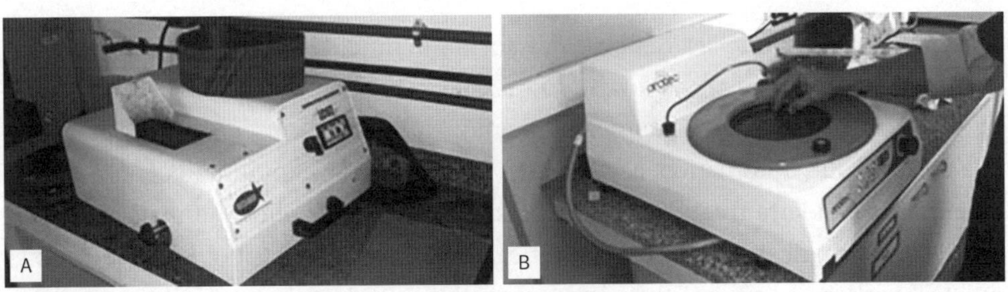

Figura 5.3 Lixadeira automática: de fita (a) e rotativa "politriz" (b).
Fonte: Acervo do autor.

O processo de lixamento é realizado, geralmente, depois do embutimento, quando se faz necessário, uma vez que existem situações em que pode ser necessário um lixamento mais grosseiro (lixa de fita com grana/malha 100 ou grana 180), logo após o corte, para remoção de rebarbas, quando corte estiver muito irregular, como aquele realizado com arco de serra, que deixa a superfície da amostra muito rugosa.

Quando o corte se apresentar menos irregular, com discos de corte, por exemplo, a superfície menos rugosa possibilita o lixamento inicial após o embutimento com lixa menos grosseira (grana/malha 220, por exemplo). Esse tipo de lixamento deve ser realizado em lixadeiras rotativas.

A amostra é posicionada na lixadeira rotativa (politriz) com a superfície de análise em contato com a lixa circular e é mantida estática, ou seja, não se movimenta a amostra sobre a lixa. Verifica-se, periodicamente, se todos os riscos acarretados pela lixa estão no mesmo sentido, ou seja, paralelos. A pressão com os dedos do metalógrafo sobre a amostra deve ser distribuída, intuitivamente, de modo uniforme, para não criar abaulamentos ("planos"). Quando os riscos ficam todos paralelos e não ocorrem abaulamentos, considera-se que foi concluído o lixamento naquela lixa com determinada granulometria. Então, a amostra é submetida a uma limpeza simples, com água e algodão umedecido para remoção dos resíduos da lixa anterior. Deve-se dar prioridade a lixas novas, mas não descartar a lixa se nela ainda restar grão de abrasivos. A lixa usada pode ser reutilizada para um desbaste menos agressivo.

A amostra, uma vez limpa, é submetida ao lixamento numa lixa com granulometria mais fina (p. ex., grana 320), sendo, então, posicionada com um giro de aproximadamente 90° em relação à posição adotada no lixamento anterior (nesse caso, lixa grana 220).

Para cada troca de lixa, deve-se ter o cuidado com a limpeza da amostra e com o posicionamento a 90° em relação à lixa anterior. Geralmente, a sequência de lixas se inicia com grana 220, seguindo pelas granas 320, 400 e 600.

As lixas de grana 800, 1.000 e 1.200, geralmente, são utilizadas para materiais metálicos específicos, que necessitem de melhor acabamento antes do polimento, por serem mais difíceis de polir, mais propensos ao surgimento de riscos; e para outros tipos de artefatos, como o alumínio, o cobre, o titânio e suas ligas.

Durante o lixamento, devem ser evitadas pressão e velocidade excessivas, que poderiam causar deformação plástica superficial, conhecida como "encruamento", em geral acarretada por amassamento ou aumento brusco de temperatura por atrito excessivo. A pressão varia um pouco em função da dureza do material da amostra: se a amostra for mais dura, a pressão deverá ser um pouco maior do que se a amostra for mais macia. De todo modo, a pressão não deve ser muito baixa, ou resultará em atrito/calor sem corte/remoção de material. Entretanto, se a pressão for excessiva, pode acarretar incrustação de partículas abrasivas e arrancamento, de partículas de segunda fase, inclusões não metálicas e outras porções pouco aderidas do material da amostra. No lixamento manual, esse controle da pressão é mais sensível e complicado do que no lixamento automático, no qual a pressão é ajustada previamente por um dispositivo específico para essa finalidade. Além do controle da pressão, que deve ser mantida em nível contínuo, deve ser evitada a observação frequente da amostra, que poderia levar ao descontrole dessa pressão, correndo-se o risco de introduzir irregularidades na superfície, conhecidas como "planos" porque formam ângulos entre si, como consequência desse desnivelamento superficial[5].

Além do controle da pressão e da temperatura, outros aspectos importantes do lixamento devem ser considerados: o uso de fluidos lubrificantes adequados, geralmente a água, no caso do lixamento, que, ao mesmo tempo que reduzem/controlam o atrito ente a amostra e a lixa, também refrigeram a amostra, evitando o aquecimento excessivo gerado pelo atrito; e velocidade de rotação do prato da lixadeira (velocidade de lixamento), que deve ser ajustada para um valor adequado ao tipo de material da amostra que está sendo lixada, principalmente no que se refere à dureza desse material: em geral, os materiais mais duros, com lixas mais grosseiras, podem ser lixados com maior velocidade, ao contrário de materiais mais moles ou no lixamento mais fino.

Outro objetivo do lixamento é, além de proporcionar uma superfície mais plana, remover os danos introduzidos pela operação de corte no material, então o uso de velocidade de lixamento excessiva pode, ao contrário, agravar esse dano, principalmente em materiais mais suscetíveis. Assim, é muito importante ajustar a velocidade de lixamento conforme a dureza e o tipo de material da amostra, equilibrando a rapidez/eficiência do processo de lixamento com o controle térmico, evitando o superaquecimento. Para a maioria dos materiais metálicos, a velocidade de lixamento varia entre 150 e 300 rpm, embora possa ser ajustada fora dessa faixa para materiais metálicos específicos.

A cada troca de lixa, o objetivo da etapa subsequente de lixamento deve ser eliminar totalmente os riscos gerados pela etapa de lixamento anterior. O tempo de duração de cada etapa de lixamento pode variar em função da dureza de cada tipo de material (amostra) que está sendo lixado, pois depende essencialmente do tempo necessário para eliminar os riscos deixados pela etapa anterior, mas, em geral, varia entre 1 e 2 minutos para materiais não muito duros[5].

Se o material metálico apresentar partículas mais duras, como inclusões não metálicas, estas se desgastam menos, porém, após certo tempo, são arrancadas da superfície. A cavidade em torno delas pode ser preenchida por resíduos do polimento, ou ampliada excessivamente quando a amostra é observada ao microscópio. Por isso, os seguintes cuidados devem ser tomados durante a etapa de lixamento[1]:

- Escolha adequada do material abrasivo de lixamento, em relação à amostra e ao tipo de observação posterior ao microscópio.
- A superfície da amostra deve estar cuidadosamente limpa, sem líquidos, graxas ou outros contaminantes que possam causar reações químicas indesejáveis nessa superfície.
- É necessário eliminar os riscos mais profundos, surgidos durante o lixamento, no lixamento seguinte, por meio da lixa subsequente, pois a dificuldade de eliminá-los em um lixamento posterior é muito maior, e isso acarretaria aumento excessivo do tempo de preparação metalográfica, o que não é adequado por vários motivos, inclusive pela maior possibilidade de "encruamento" (deformação superficial excessiva) da amostra[1].
- Recomenda-se não usar a mesma lixa para materiais diferentes, pois os resíduos do material mais duro, acumulados na superfície da lixa, poderiam riscar o material mais mole.

Também é recomendável manter, ao longo de todas as etapas de lixamento, o uso do mesmo material abrasivo, ou seja, lixas do mesmo fabricante, pois pode haver alguma diferença entre os materiais produzidos por fabricantes diferentes, mesmo que a granulometria seja idêntica[1].

Após finalizar o processo de lixamento, deve-se lavar a amostra com algodão e detergente para eliminar qualquer resíduo de lixa e secar a amostra com auxílio de álcool e de um secador de amostra. O álcool deve ser despejado sobre a superfície lixada, removendo-se a água e, em seguida, proceder à secagem da superfície com um secador. Dessa forma, impede-se a oxidação da amostra antes do processo de polimento. Caso o polimento não seja realizado no mesmo dia, as amostras, após a secagem, devem ser armazenadas em dessecadores com sílica gel na cor azul. Se essa sílica gel estiver rosada, deve-se desidratá-la em estufa ou em vácuo; se não estiver enegrecida, quando a única opção é o descarte. É importante evitar a contaminação das amostras e das lixas pela poeira ambiental e, para isso, devem ser cuidadosamente armazenadas[2].

5.1.1 Lixamento grosseiro e fino

5.1.1.1 Principais características de cada lixamento grosseiro

Geralmente o lixamento grosseiro é a primeira etapa do processo de lixamento/desbaste. Nessa etapa, é fundamental garantir que a superfície de cada amostra fique semelhante às de outras amostras, independentemente de sua condição inicial, como os tratamentos térmicos ou termomecânicos prévios. Adicionalmente, é necessário assegurar que as amostras apresentem planicidade adequada antes de se prosseguir para o lixamento fino. Para obter uma alta e consistente taxa de remoção de material, é fundamental lixar a amostra em tempos relativamente curtos e obter superfícies consideravelmente planas, o que pode ser favorecido quando as partículas abrasivas permanecem totalmente fixas e com grande tamanho médio. Além de proporcionar redução do tempo de preparação de amostras, o lixamento grosseiro bem-sucedido, com superfícies totalmente planas nas amostras, também favorece boa retenção de borda. Durante o processo de lixamento, em virtude do desgaste das partículas abrasivas iniciais, a lixa pode revelar novas partículas desse tipo, assegurando, assim, uma taxa consistente de remoção de material.

5.1.1.2 *Principais características de cada lixamento fino*

O lixamento fino produz uma superfície com pouca deformação que pode ser facilmente removida durante o polimento posterior. Por causa de algumas desvantagens acarretadas pelas lixas, foram desenvolvidas alternativas na forma de discos usados com partículas de diamantes com granulometrias de 15, 9 e 6 μm. Esses discos são fabricados com material compósito, apresentando alta rigidez e dureza considerável, de modo a proporcionar elevada taxa de remoção de material aliada à baixa deformação na superfície do material. Desse modo, as partículas de diamante, continuamente fornecidas durante o "lixamento" (desbaste), são retidas na superfície do disco, o que proporciona uma ação de desbaste fino. Assim, com esses discos, é possível garantir planicidade na superfície da amostra. A utilização dessas partículas abrasivas de diamante no desbaste fino assegura a remoção uniforme de material da amostra, ao mesmo tempo das fases mais duras e mais macias. Assim, não ocorre amassamento nas fases mais maciais e nem lascamento nas fases mais frágeis, o que possibilitando a obtenção de uma superfície perfeitamente plana na amostra. Tudo isso viabiliza a realização do polimento posterior em tempo consideravelmente mais curto.

5.1.2 Tipos de lixas

Sobre as lixas, podemos separá-las por seus tipos de componente abrasivo, que são carbeto de silício (SiC) e óxido de alumínio (Al_2O_3). A mais utilizada atualmente é a de carbeto de silício, embora possa causar alguma contaminação em aços/ligas ferrosas em decorrência da afinidade natural entre o carbono e o ferro. A lixa de óxido de alumínio era mais utilizada antigamente, sobretudo por ser mais barata, mas a qualidade do lixamento obtido com esse tipo de lixa é considerada um pouco inferior à que se obtém com a lixa de carbeto de silício. Outros tipos de abrasivo usados para o lixamento de amostras metalográficas: diamante com granulometrias mais grosseira do que a do polimento (acima de 6 μm), carbeto de boro e esmeril[5].

A lixas de alumina (óxido de alumínio: Al_2O_3) também são fabricadas e usadas no lixamento de amostras metalográficas, mas não estão tão prontamente disponíveis no mercado quanto as lixas de carbeto de silício. A dureza da alumina é um pouco mais baixa do que a do carbeto de silício, mas o comportamento no lixamento não é muito diferente, embora seja preferível para lixar amostras com dureza mais baixa, pois, nesse caso, apresenta menor tendência à retenção (encapsulamento) de partículas abrasivas no material relativamente macio da amostra. Esse fenômeno é mais frequente em lixas com granulometria mais fina. As partículas mais finas de SiC geralmente são mais alongadas, em formato de agulha e não apresentam formato granular. O lixamento a seco gera maior tendência ao encapsulamento de partículas de material abrasivo, tornando muito necessário o uso de água, sabão líquido, querosene ou cera de parafina como lubrificante no lixamento.

O esmeril é essencialmente uma mistura de óxido de alumínio (Al_2O_3) e óxido de ferro (Fe_2O_3), com dureza inferior à da alumina e do carbeto de silício. As lixas de esmeril são mais suaves do que as outras porque as partículas de esmeril são mais suaves na superfície. Essas superfícies mais suaves resultam num corte mais lento, a uma taxa mais baixa. Os problemas de encapsulamento de partículas abrasivas na matriz metálica costumam ser mais frequentes com as lixas de esmeril do que com as lixas de carbeto de silício. Além disso, as lixas de esmeril não podem ser lubrificadas com água por causa da presença de partículas ferrosas, o que representa uma desvantagem muito grande em várias situações. Antigamente, as lixas de esmeril eram muito usadas, mas com o passar do tempo foram superadas pelas lixas de carbeto de silício. Outros materiais abrasivos utilizados nas lixas são Al_2O_3, Fe_2O_3, MgO, TiO_2 e Cr_2O_3[5,6].

O material abrasivo é fixado ao papel ou pano em várias formas diferentes, como folhas, cintas/correias, ou mesmo discos, de tamanhos diferentes. Cada tipo de abrasivo produz riscos característicos e com determinada profundidade de deformação. O carbeto de silício é o material mais usado como abrasivo de lixamento em razão de certas características, como dureza elevada, custo razoavelmente baixo e excelentes propriedades para o corte. A profundidade do dano, após o lixamento com carbeto de silício, é menor do que a produzida pela lixa com esmeril. Já a profundidade do risco produzido no lixamento varia diretamente com o tamanho de partícula abrasiva, sendo maior quando o material abrasivo da lixa é mais grosseiro. O material utilizado como abrasivo no lixamento deve apresentar as seguintes características ou propriedades: bordas agudas; alta dureza; alta densidade de partículas; e forte adesão ao material de suporte (papel da lixa), de modo a aumentar a remoção de material e reduzir a profundidade da camada de deformação (encruamento, amassamento) resultante do lixamento[5,6]. O desbaste com discos de diamante, quando comparado ao lixamento com carbeto de silício e outros abrasivos, geralmente proporciona melhores resultados porque o diamante proporciona melhor combinação dessas propriedades como material abrasivo[6].

O carbeto de silício (SiC) geralmente apresenta grãos de corte com bordas agudas, mas que tendem a fraturar quando estão sob pressão, produzindo novas bordas cortantes. As partículas desse abrasivo são coladas a panos ou a folhas de papel resistente à água. O SiC pode ser utilizado para lixar materiais tenazes ou duros e frágeis[6].

O diamante é o material cortante mais duro. Suas partículas têm bordas agudas cortantes com caráter cristalino e alta eficiência de corte que evita o amassamento da superfície da amostra. As partículas de diamante podem ser coladas a discos de materiais metálicos, cerâmicos e poliméricos, que podem ser usados no desbaste de diferentes tipos de materiais, inclusive metais duros, *cermets* (cerâmicos-metais conjugados), cerâmicos avançados e compósitos. Podem ser comercializados nas formas de pastas, *spray* (para aspersão) e suspensão. A granulometria varia de 45 a 0,25 μm. A lubrificação permite melhor distribuição das partículas e reduz seu desgaste[6].

A alumina (Al_2O_3) é um abrasivo econômico, de menor custo de aquisição quando comparado a outros abrasivos usados na preparação de amostras metalográficas, e também bastante adequado, produzindo bons resultados. Seu efeito como abrasivo não depende apenas da forma e da distribuição de tamanhos das partículas, mas também da proporção entre suas duas variedades metalográficas usadas com essa finalidade, alfa e gama, com suas diferentes tendências de aglomeração. A alumina é comercializada como pós, pastas e suspensões em água, com tamanhos de partículas 5, 1, 0,3 e 0,05 μm[6].

A magnésia (MgO) é preferida para o polimento final de metais macios, como alumínio e cobre. É preparada uma polpa com água quente (sem carbonatos dissolvidos) fervida e filtrada com um filtro de pano. Apenas pequenas quantidades devem se preparadas de cada vez, pois a magnésia reage facilmente com o ar para formar carbonato de magnésio ($MgCO_3$)[6].

Dióxido de silício (SiO_2: quartzo, sílica coloidal) numa suspensão alcalina é um composto para polimento final, com uso crescente mais recente. Até mesmo materiais muito dúcteis, macios e de difícil polimento, podem ser polidos de forma bem-sucedida, sem riscos, sem arranhões na superfície das amostras. Entretanto, o uso da sílica coloidal requer cuidados: a sílica cristaliza muito rapidamente quando exposta ao ar, o que pode causar problemas à pele humana exposta e também pode arranhar a superfície da amostra metálica que está sendo preparada. Assim, o ideal é utilizar a sílica coloidal numa politriz automática e manter a suspensão, ou polpa, dentro de um recipiente adequado[6].

A sílica coloidal é muito usada no polimento final de amostras para EBSD (técnica de análise cristalográfica por difração de elétrons retroespalhados) que determina as características cristalinas das amostras, após o polimento tradicional com pasta de diamante. Com granulometria de 0,06 μm, é indicada para amostras ferrosas ou mais duras, enquanto a granulometria mais fina, 0,02 μm, é indicada para amostras não ferrosas ou mais macias.

5.1.3 Substratos para lixamento e polimento

Os compostos usados para o lixamento e o polimento de amostras metalográficas, além dos abrasivos, contêm materiais denominados "substratos", ou materiais de suporte, cuja função básica é acondicionar e integrar os materiais abrasivos[6].

Os substratos para o lixamento/desbaste podem ser cerâmicos (p. ex., pedras de coríndon), papéis (p.ex., nas lixas de carbeto de silício), materiais têxteis (panos) e discos metálicos. Os mais comuns são os papéis nos quais as partículas abrasivas são coladas[6].

Os substratos para o polimento, geralmente, são materiais têxteis, como feltro, veludo, tecidos sintéticos, linho, lã e outros, oferecidos pelo fornecedor para o uso com diferentes e específicos métodos de polimento. Como o tamanho de partícula do abrasivo no polimento é muito menor do que no lixamento/desbaste, não é possível fixar de modo estável as partículas no substrato, como é feito no caso de materiais abrasivos para lixamento. Assim, no caso do polimento, as partículas abrasivas são adicionadas de maneira semelhante à que é feito com o substrato de polimento como polpas, pastas, suspensões. Assim, os substratos de polimento devem apresentar características que possibilitem reter esses abrasivos soltos e oferecer alguma leve adesão. Desse modo, devem apresentar uma superfície estruturada e boa resistência à abrasão, devem ser capazes de manter sua forma e ser densos e resistentes o suficiente ao abrasivo de polimento. Os fornecedores de materiais para preparação de amostras metalográficas, geralmente identificam e denominam esses panos de polimento, de acordo com o material e o tipo de fabricação, quase sempre com nomes comerciais[6].

Entretanto, algumas regras gerais se aplicam, independentemente dos aspectos comerciais[6]:

- A profundidade da rugosidade superficial e da deformação cresce com o aumento da elasticidade do material de suporte.
- Materiais de suporte mais rígidos produzem superfícies planas, mas tendem a causar arranhões nas superfícies das amostras de materiais mais macios.
- Materiais de suporte mais macios produzem superfície bem-polidas, mas podem acarretar abaulamento nas bordas e efeitos de formação de relevos nas superfícies das amostras.

Em geral, cada fabricante estabelece sua denominação comercial para seus panos de polimento, mas a seguir podemos citar algumas características básicas dos tecidos utilizados para a fabricação desses panos:

De um modo geral, os materiais de suporte (panos) para o polimento de amostras metalográficas variam de acordo com o tipo de polimento: inicial (mais grosseiro); e final (mais fino). Nas etapas iniciais do polimeto, utilizam-se panos compostos por tecidos com pouca ou nenhuma presença de feltro (*napless*, em inglês), podendo ser à base de poliéster, seda, lã, algodão, lona, nylon e outros sintéticos em geral, com coloração mais clara (branca ou colorida), para o polimento com pasta/suspensão de diamante de 6 e 3 μm, basicamente. Já para as etapas finais de polimento, com pasta/suspensão de diamante de 1 e 0,25 μm, em geral, são utilizados panos fabricados com tecidos mais finos, com maior teor de feltro (*nap*, em inglês) que podem ser de veludo, algodão e mesmo alguns tecidos sintéticos mais finos, geralmente com coloração mais escura (grená, verde escura ou preta)[6].

5.1.4 Lubrificantes para lixamento/desbaste e polimento metalográficos

O lixamento/desbaste pode ser realizado a seco ou com um lubrificante líquido. Geralmente o lixamento é realizado com água corrente sobre uma lixa de papel com partículas abrasivas de diamante e o equivalente desbaste é realizado sobre discos (quase sempre, metálicos) contendo partículas abrasivas de diamante. A água corrente atua como lubrificante e refrigerante e remove fragmentos/resíduos abrasivos da superfície da amostra. O lixamento/desbaste com água, via de regra, produz uma profundidade de deformação/encruamento ligeiramente maior do que o lixamento/desbaste a seco. A explicação para esse fenômeno é o chamado "efeito Rehbinder", pelo qual os materiais metálicos parecem ser mais macios, quando a tensão superficial, do meio que os envolve, é mais elevada. Esse efeito pode ser suprimido pela adição de detergentes/tensoativos. Assim, nessas condições, ocorre a redução da dureza e de ductilidade nos materiais metálicos consequente à atuação de um filme/camada fina surfactante. Uma possível explicação para a origem desse efeito é a ruptura da fina camada superficial de óxido e a redução da energia superficial pelo agente surfactante[6,9].

A denominação desse efeito remete aos estudos do cientista russo Piotr Aleksandrovich Rehbinder, que o descobriu em 1928. Esse efeito é particularmente importante na usinagem de materiais metálicos, na qual os lubrificantes reduzem as forças de corte[9].

No que se refere ao tipo de lubrificante usado para o polimento de cada material, aqueles materiais com maior sensibilidade à corrosão podem ser polidos com lubrificantes de baixa viscosidade. Em geral, os fabricantes de materiais para preparação de amostras metalográficas oferecem dois tipos de lubrificantes específicos: um lubrificante à base de álcool etílico, com baixa viscosidade, para materiais mais duros (ferrosos em geral); e outro à base de óleo, com alta viscosidade, para materiais mais macios (alumínio, cobre e suas ligas, por exemplo). Ambos são solúveis em água e em álcool etílico[6].

Variáveis/parâmetros de lixamento/desbaste e polimento: embora o aumento nos valores desses parâmetros apresente um efeito favorável em termos de remoção do material, seu efeito na profundidade de deformação (encruamento) e no amassamento varia de acordo com as seguintes condições[6]:

- Pressão excessiva pode causar superaquecimento na superfície da amostra, podendo resultar em alterações microestruturais. A pressão não deve ser muito elevada, sobretudo no polimento.
- A velocidade de rotação do prato de polimento, geralmente, fica entre 150 e 300 rpm. Uma velocidade mais baixa é recomendada para materiais frágeis, materiais que facilmente deformados ou para materiais com tendência à recristalização. Velocidades mais altas são preferíveis para materiais muito duros.
- A temperatura da superfície aumenta com o aumento da velocidade de lixamento/desbaste e de polimento. Assim, amostras mais sensíveis à temperatura devem se lixadas/desbastadas e polidas mais lentamente[6].

5.2 EQUIPAMENTOS PARA LIXAMENTO/LIXAS

De modo geral, o lixamento pode ser classificado como grosseiro (em torno de 100 a 220 malhas) ou fino (320 a 1.200 malhas). O lixamento de desbaste é realizado numa lixa de correia (cinta) para diminuir a rugosidade da superfície de uma amostra "bruta", que pode ter sido cortada com uma serra ou equipamento semelhante, que produza uma superfície muito rugosa durante o corte, ou cuja excessiva rugosidade tenha sido causada por algum outro motivo. Geralmente, a lixa de correia usada é muito grosseira (Figura 5.4), com granulometria de 100 malhas/grana (*mesh*, em inglês), no máximo; o que equivale ao tamanho de uma partícula

Figura 5.4 Equipamento com lixa de correia.
Fonte: Acervo do autor.

abrasiva (SiC) com 149 μm de dimensão, aproximadamente (ver Tabela 5.1). Para o subsequente lixamento para preparação de amostras metalográficas, estas são lixadas sobre as lixas circulares colocadas em "pratos" (com 200 a 300 mm de diâmetro) que giram, com rotação entre 300 e 600 rpm (rotações por minuto), aproximadamente (Figura 5.3-b). Quando se trata de amostras muito pequenas, que podem ser perdidas durante o lixamento giratório, é preferível realizar o lixamento manual, sobre um equipamento estático ou, até mesmo, sobre qualquer superfície plana com gotejamento de água[5].

Tabela 5.1 Conversão de malhas (*mesh*) para mm e in (polegada).

Mesh (peneira)	Abertura (in)	Abertura (mm)	*Mesh* (peneira)	Abertura (in)	Abertura (mm)
1	1,000	25,4	18	0,0394	1,000
7/8	0,875	22,6	20	0,0331	0,841
3/4	0,750	19	25	0,0278	0,707
5/8	0,625	16	30	0,0234	0,595
0,530	0,530	13,5	35	0,0197	0,500
1/2	0,500	12,7	40	0,0165	0,420
7/16	0,438	11,2	45	0,0139	0,354
3/8	0,375	9,51	50	0,0117	0,297
5/16	0,312	8,00	60	0,0098	0,250
0,265	0,265	6,73	70	0,0083	0,210
1/4	0,250	6,35	80	0,0070	0,177
3 ½	0,223	5,66	100	0,0059	0,149
4	0,187	4,76	120	0,0049	0,125
5	0,157	4,00	140	0,0041	0,105
6	0,132	3,36	170	0,0035	0,088
7	0,111	2,83	200	0,0029	0,074
8	0,0937	2,38	230	0,0025	0,063
10	0,0787	2,00	270	0,0021	0,053
12	0,0661	1,68	325	0,0017	0,044
14	0,0555	1,41	400	0,0015	0,037
16	0,0469	1,19	-	-	-

Fonte: Acervo do autor.

A água corrente sobre a lixa/o prato, além de lubrificar o lixamento, favorece a fixação da lixa sobre o prato, prescindindo do uso de adesivo para isso. O fluxo de água não deve ser excessivo, pois poderia soltar/levantar o anel, interrompendo o lixamento. Durante o lixamento, o uso de uma pressão moderada já é suficiente para garantir o correto posicionamento da amostra que, geralmente, permanece parada, enquanto a lixa sobre o prato gira embaixo da amostra. Se essa pressão aplicada sobre a amostra contra a lixa for muito elevada, pode produzir "planos" (superfícies lixadas com diferentes inclinações na mesma amostra) ou, até mesmo, parar o lixamento ou fazer a amostra escapulir, interrompendo o lixamento. O uso do anel também é importante para manter a lixa na posição correta sobre o prato. Nas lixadeiras, a rotação dos pratos é da ordem de 300 a 600 rpm, mas pode variar em função do tipo de equipamento, entre 50 e 1.200 rpm[5]. A Figura 5.5 mostra o aspecto da lixadeira giratória aberta, antes de iniciar o lixamento, enquanto a Figura 5.6 mostra a lixa fixada sobre o prato com um "anel" de fixação (Figura 5.6)[5].

Figura 5.5 Lixadeira giratória aberta.
Fonte: Acervo do autor.

Figura 5.6 Lixadeira ainda mais aberta o com anel de fixação sobre a borda da lixa.
Fonte: Acervo do autor.

De modo geral, os equipamentos de lixamento reduzem o tempo de preparação das amostras, proporcionam melhor retenção de borda (foco nas extremidades da amostra observadas ao microscópio ótico), maior planicidade, melhor retenção de partículas de inclusões não metálicas em aços e de veios e nódulos de grafite em ferros fundidos e menor grau de exigência de habilidade manual do operador e resultam em melhor reprodutibilidade[5].

Mais recentemente, foram desenvolvidas lixadeiras (e politrizes também) totalmente automáticas (Figura 5.7). Essas lixadeiras e politrizes permitem resultados excelentes com operadores pouco experientes após um período curto de treinamento. Elas têm um porta-amostra com orifícios nos quais até seis amostras podem ser inseridas para serem lixadas ou polidas simultaneamente, o que garante melhor rendimento de trabalho de preparação de amostras metalográficas, sobretudo quando o número de amostras a serem lixadas, ou polidas, é relativamente grande, representando uma grande vantagem, além de proporcionar um consumo economicamente mais racional de materiais consumíveis: lixas; panos; abrasivos; entre outros. Lixadeiras e politrizes totalmente automáticas eliminam o risco de erro humano, permitem minimizar o treinamento de pessoal especializado nessas tarefas, além de proporcionar maior segurança, com menor exposição dos operadores aos riscos inerentes a essas tarefas, garantindo também maior eficiência, limpeza e reprodutibilidade/padronização de processos. Entretanto, são bem mais caras do que a lixadeiras e politrizes convencionais com pratos giratórios, tanto no custo de aquisição como no de manutenção[5,10].

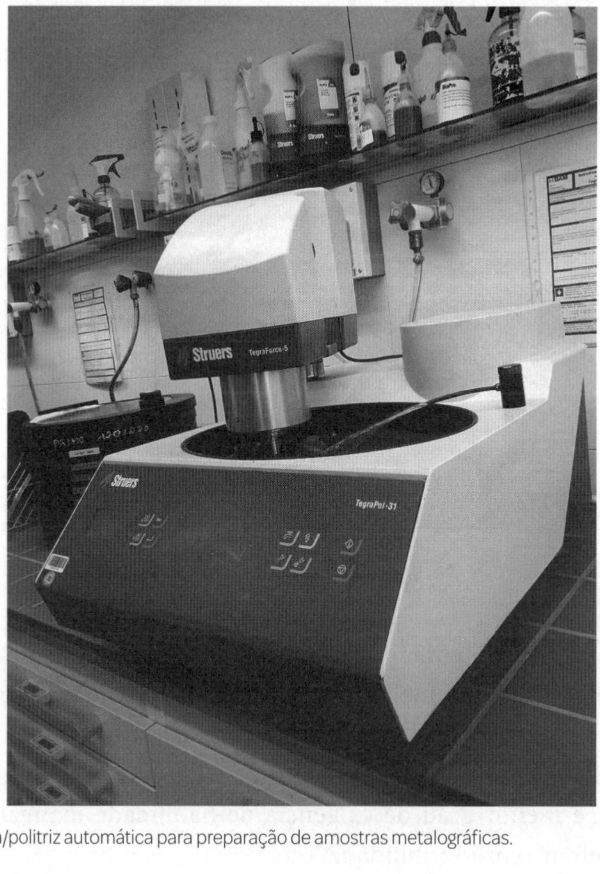

Figura 5.7 Lixadeira/politriz automática para preparação de amostras metalográficas.
Fonte: Acervo do autor.

5.3 BRUNIMENTO

O brunimento (*lapping*, em inglês) é um processo de preparação de superfície de amostras e materiais em geral que utiliza um disco metálico revestido por alguma cobertura (*lap* em inglês), geralmente algum tecido, couro, plástico de engenharia, ou algo assim, em cuja superfície está impregnado um abrasivo em forma de suspensão de partículas "soltas" que aderem às ranhuras dessa cobertura e, rolando e girando livremente em todas as direções, atuam sobre a superfície da amostra metalográfica, de modo a predominar a ação de comprimir cavacos, em vez de cortá-los. O brunimento produz riscos mais finos do que o lixamento, considerando a mesma granulometria de abrasivo, mas, geralmente, resulta numa superfície mais fosca, menos brilhante. Como vantagens, produz superfícies muito planas e com boa retenção e inclusões e de veios de grafita. Entre as desvantagens, requer mais atenção para conseguir bons resultados e, eventualmente, pode requerer um novo lixamento para manter a superfície plana[5,10].

Capítulo 6
POLIMENTO

6.1 PROCESSO DE POLIMENTO

O polimento é a operação realizada após o processo de lixamento que visa proporcionar acabamento superficial polido e isento de riscos; para tanto, utiliza como abrasivos a pasta de diamante ou alumina. O processo deve ser executado, preferencialmente, com pasta de diamante, pois esta permite polimento mais limpo, mais rápido e muito mais eficiente que a alumina.

O polimento com pasta de diamante deve ser executado em uma politriz e em pratos cobertos com panos aderentes (colados aos pratos com adesivos) sobre os quais são depositadas algumas pequenas porções de pastas de diamante. Estas são utilizadas de diferentes granulometrias, numa sequência iniciada pela pasta com 6 μm, seguida por 3 μm, 1 μm e, eventualmente, 0,25 μm no caso de materiais mais macios ou de polimento mais complicado. Em geral, a pasta de diamante, com determinada granulometria, é fornecida em uma seringa. Pressionando-se o êmbolo da seringa, sobre o pano de polimento, deposita-se uma partícula de pasta de diamante. Repetindo-se esse procedimento em diferentes regiões do pano, coloca-se a quantidade adequada de pasta de diamante no pano. Ao se iniciar a operação de polimento com o giro da amostra sobre o pano e este sobre o prato giratório, é necessário aspergir um lubrificante líquido para evitar que o pano fique seco, o que aumentaria o atrito e reduziria a velocidade de polimento, podendo, até mesmo, causar agarramento da amostra ao pano e, eventualmente, o rasgamento deste. Se a quantidade de lubrificante for excessiva, pode resultar em desperdício de diamante e dificuldade de manter a amostra na posição ideal, ou seja, o resultado é um polimento caótico, com a geração de respingos e outros inconvenientes. A cada pasta e pano utilizados, é necessário usar um líquido lubrificante para auxiliar o polimento (ver item 6.3: Lubrificação e tipos de lubrificantes)[5].

O polimento pode ser classificado como grosseiro e fino. O polimento grosseiro é aquele realizado com pastas de diamantes com granulometria de 6 e 3 μm, enquanto o polimento fino utiliza pasta de diamante com granulometria bem mais fina, da ordem de 1 ou 0,25 μm, ou, eventualmente, menor. Uma alternativa é a possibilidade de o polimento fino ser realizado com alumina nas granulometrias de 0,3 e 0,005 μm. Além da granulometria da pasta de diamante, o polimento grosseiro é realizado num pano sintético, de poliéster, mais grosseiro, enquanto o polimento fino é realizado num pano mais fino, com textura mais suave[5].

O processo de polimento é realizado em uma politriz, sendo necessário girar a amostra no sentido oposto ao do giro do prato: se o prato gira no sentido anti-horário, é preciso girar a amostra no sentido horário. Esse movimento com a amostra sobre o pano é necessário, pois, se a amostra ficar estática sobre o pano, podem surgir "caudas de cometa" (defeitos de polimento: riscos com esse formato específico), o que exige que a amostra tenha de ser lixada novamente para a remoção dessas marcas.

Para polimento com pastas de diamante (Figura 6.1) de 6 μm e 3 μm, o polimento não deve ser muito demorado, pois o tempo excessivo de polimento pode ocasionar acúmulo de pasta na amostra, mascarando resultados de inclusões, por exemplo; logo, o polimento deve ser rápido o suficiente para remover as marcas da lixa. Com as pastas de 1 μm e 0,25 μm, o polimento deve ser mais cauteloso, sem friccionar a amostra contra o pano, deixando-a apenas deslizar sobre ele.

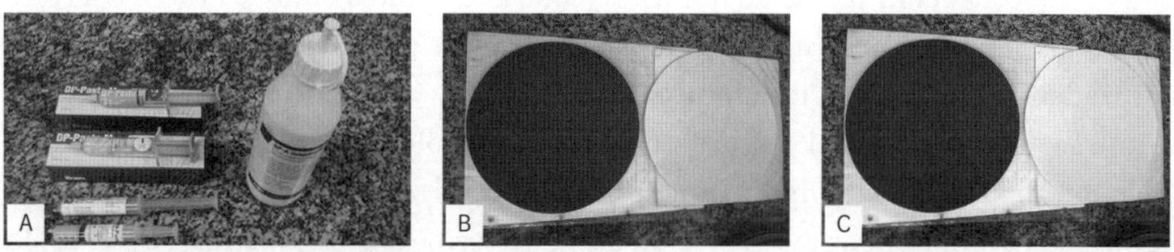

Figura 6.1 Pasta de diamante (a) e alumina (b).
Fonte: Acervo do autor.

Como já dito anteriormente, o processo de polimento se inicia com a pasta de 6 μm. Assim que os riscos da lixa forem removidos, deve-se interromper o polimento e lavar a amostra com um pouco de detergente, aplicado com um pedaço de algodão umedecido para não arranhar a amostra; em seguida, procede-se à secagem com álcool e jato de ar quente (secador). Repetir esse procedimento para cada polimento posterior (3, 1 e 0,25 μm), garantindo, assim, a não contaminação dos panos com pasta diferentes. Deve-se ter um cuidado especial com a última secagem, pois, para uma boa observação ou um ataque químico com qualidade, é necessário que não haja mancha de secagem. Durante o uso do secador, é recomendado que o fluxo de calor incida quase paralelamente à amostra e não perpendicularmente, ou seja, o aquecimento não deve ser ortogonal à amostra.

Finalizado o polimento, guarda-se o prato num saco plástico transparente fechado para que o pano não seja contaminado. Entretanto, não se deve lavar o pano para não desperdiçar a pasta de diamante já depositada, a não ser que, ao polir, seja observado o surgimento de riscos, o que indica alguma contaminação.

A limpeza e os esforços para minimizar a contaminação das amostras, por poeira e outros tipos de sujeira que possam vir do ambiente, são ainda mais importantes durante o polimento do que já são durante o lixamento. O operador deve manter as mãos limpas durante todo o processo de polimento, evitar a presença de contaminantes oriundos do ar e limpar a amostra cuidadosamente, com água, sabão, álcool e secagem com secador – além da limpeza por ultrassom, principalmente quando a amostra é porosa ou apresenta outros tipos de descontinuidade – entre cada etapa do polimento para evitar que resíduos da etapa de polimento anterior contaminem o pano e a amostra que está sendo polida[5].

6.2 DICAS DE POLIMENTO

Os panos devem ser separados por granulometrias diferentes e por metais diferentes (basicamente ferrosos e não ferrosos, porém podem ser separados por metais diferentes também).

A rotação do prato deve ser próxima a 300 rpm, valor ideal na faixa de 150 a 600 rpm, para a pasta de diamante com granulometria de 6 μm. Acima desse valor, pode originar riscos do tipo "cometa" na superfície da amostra. Para 3 μm, 200 a 250 rpm; para 1 e 0,25 μm, 150 rpm[5].

Quando usados aço carbono comum e baixa liga, após o lixamento com lixa de 600 malhas, começar o polimento com pasta de diamante de 3 μm, que deve ser rápido. Se usar pasta de diamante de 6 μm para esse tipo de material, pode haver contaminação.

Se usado titânio, após a lixa 600, usam-se as lixas 800, 1.000 e 1.200 e, depois, pasta de diamante de 6 μm (para remover o encruamento), 3, 1 e 0,25 μm. Com o uso de latão recozido, recomenda-se a sílica coloidal (ver item 6.3: Lubrificação e tipos de lubrificantes) após diamante de 0,25 μm.

A superfície do pano de polimento deve estar sempre rigorosamente limpa, sem poeira nem resíduos do lixamento ou da etapa de polimento anterior, para que não acarrete o surgimento de riscos na amostra. Quando se termina uma etapa de polimento com um pano/uma pasta de diamante mais grosseiro(a), antes de se iniciar com um pano/uma pasta mais fino, é necessário limpar cuidadosamente a superfície da amostra com um pedaço de algodão embebido em álcool etílico[1].

É importante evitar exagero no tempo de polimento, pois isso pode causar defeitos superficiais de polimento nas bordas da amostra, conhecidos pela denominação "abaulamento de borda" e caracterizados pela perda de foco nas regiões periféricas da amostra observada ao microscópio ótico[1].

Outra recomendação importante consiste em nunca polir amostras diferentes, principalmente com diferentes graus de dureza, sobre o mesmo pano de polimento, pois, se isso acontecer, os resíduos do polimento do material mais duro poderão causar riscos no material mais mole, macio. Assim, é importante separar panos de polimento de materiais mais duros, como aços, de panos de materiais mais moles, usados somente para esses mais macios, como o alumínio. Também é importante conservar o material de polimento cuidadosamente limpo e armazenado de forma adequada[1].

Riscos são defeitos de polimento ou remanescentes de lixamento, porém não eliminados, que podem até ser tolerados em caso de preparação de amostras para simples observação, mas precisam ser eliminados totalmente, ou quase, mas que reste o mínimo possível e que sejam muito finos, suaves, dispersos, espaçados, se necessária a obtenção de imagens micrográficas[5].

Outro cuidado importante durante o polimento é evitar fricção (atrito) excessiva entre a amostra e o pano de polimento. Isso pode ser alcançado mediante a aplicação de pressão menos elevada durante o polimento, principalmente no caso de amostras de materiais metálicos mais moles, assim como o uso de lubrificantes apropriados e em quantidades adequadas. Quanto mais fino o polimento, mais próximo do final, menor deve ser a pressão aplicada[1].

Durante o polimento mecânico manual, num prato (disco) rotatório revestido por um pano de polimento, a amostra deve ser movimentada continuamente, seja em círculos opostos à rotação do disco de polimento, que normalmente gira em sentido horário, realizando uma translação ao longo do pano/disco; seja em torno do seu próprio eixo, no mesmo local estático sobre o pano/disco de polimento. Esse procedimento, com a amostra sempre em movimento, nunca numa posição fixa, é importante para evitar o surgimento de determinados defeitos de polimento, espécie de riscos relativamente curtos e curvos, em forma de "caudas de cometas". Geralmente, no início do polimento, a pressão aplicada na amostra é um pouco mais elevada e diminui gradativamente à medida em que o polimento avança para suas etapas finais. Embora muitos metalógrafos prefiram o polimento manual com politrizes com pratos giratórios, excelentes resultados também podem ser obtidos com o polimento totalmente automatizado, que, em adição, permite polir várias amostras ao mesmo tempo. Quando é necessário um excelente acabamento superficial, muito espelhado, por exemplo, nas análises de EBSD (*electron back scattering diffraction*: difração de elétrons retroespalhados, técnica usada para a obtenção de dados cristalográficos), é realizado um polimento final com uma suspensão muito fina de sílica coloidal numa politriz automática programável, na qual é possível selecionar pressão, velocidade e tempo de polimento[1,5, 11,12]. Outros tipos de polimento, como o eletrolítico e o bombardeamento iônico (*ion milling* e *focused ion beam*; FIB), também podem ser usados.

A velocidade do disco deve ser de 250 rotações por minuto (RPM) para o polimento com pasta de diamante e 600 RPM para o polimento com alumina. Geralmente, o pano de polimento apresenta a face oposta com um adesivo protegido por uma capa, que deve ser removida, possibilitando a adesão do pano à superfície do disco (prato) de polimento. Uma vez aderido o pano ao disco, é possível depositar a pasta de diamante, contida numa seringa, em vários pontos, formando um círculo sobre o pano. Depois, o líquido lubrificante é aspergido sobre o pano, o que pode ser novamente feito durante o polimento, se for necessário[1].

6.2.1 Tipos de panos de polimento

O pano de polimento deve estar apto a manter o abrasivo em contato com a amostra e não deve conter nenhum tipo de impureza que possa arranhar a amostra, nem nenhum tipo de corante que possa reagir quimicamente com a mesma. Aspectos importantes são o baixo custo e a longa vida útil em serviço. Diferentes tipos de tecidos podem ser usados nos panos de polimento; atualmente, a face oposta do pano de polimento contém uma substância adesiva que permite, mediante a fácil remoção de uma "capa", fixá-lo ao prato (disco) de polimento. Esse sistema com adesivo, usado há vários anos, caracteriza-se pela simplicidade e pelo menor risco de o pano se rasgar durante a colocação no prato de polimento[5].

6.2.2 Tipos de abrasivos de polimento

Vários tipos de abrasivos já foram usados para polimento metalográfico, mas os abrasivos à base de diamante, introduzidos nessa aplicação em meados do século XX, nos Estados Unidos, representaram um imenso ganho de qualidade nesse tipo de polimento. Assim, desde então, as pastas e suspensões de diamante têm sido os abrasivos mais usados principalmente no polimento mais grosseiro, inicial após o lixamento, relegando outros tipos de abrasivos para o polimento mais fino[5].

Entre estes outros tipos de abrasivo usados no polimento mais fino, está a alumina (Al_2O_3: óxido de alumínio). É produzida comercialmente com essa finalidade na forma de pó ou na de suspensão em água como solvente, em diversas granulometrias, por exemplo, 5, 1, 0,3 e 0,05 µm. Em geral, a alumina com granulometria mais grosseira é um pouco mais dura que a alumina com granulometria mais fina. Como os abrasivos de diamante substituíram, em larga escala, a alumina mais grosseira para o polimento mais grosseiro, as granulometrias mais frequentes para a alumina, como abrasivo para polimento metalográfico, têm sido 0,3 e 0,05 µm[5].

O óxido de magnésio (MgO: magnésia) já foi mais usado como abrasivo para polimento metalográfico, mas em razão de algumas dificuldades práticas, acarretadas por algumas de suas características físico-químicas, passou a ser usado somente no polimento final, de acabamento, de algumas ligas de alumínio e de magnésio. Sendo fornecido em pó, o MgO é misturado com água para produzir uma espécie de pasta, porém de vida útil limitada já que os carbonatos de magnésio úmidos no ar produzidos podem causar riscos. O pano de polimento deve ser cuidadosamente lavado antes e após o uso, deve ser tratado com uma solução aquosa de 2% de ácido clorídrico (HCl), na qual deve ser armazenado. Justamente por causa de todas essas complicações e da necessidade desses cuidados, muitos metalógrafos preferem evitar o uso do MgO como abrasivo de polimento[5].

O óxido de ferro (Fe_2O_3), geralmente, está disponível com tamanho de partícula de 3 µm. Com coloração avermelhada, já foi usado no polimento grosseiro de aços e ferros fundidos. O óxido crômico (Cr_2O_3) está disponível com tamanhos de partícula de 1 e 0,05 µm e também pode ser usado no polimento grosseiro de aços e ligas ferrosas em geral. O óxido de cério (CeO), também disponível no mercado, já foi usado no polimento final, de acabamento, de ligas metálicas com baixo ponto de fusão, com dureza relativamente baixa, geralmente não ferrosas, como as ligas de alumínio e de cobre. Misturas de CeO, Al_2O_3 e Cr_2O_3, ou de CeO, Al_2O_3 e Fe_2O_3 já foram usadas como abrasivos para polimento final de muitos materiais metálicos[5].

Um abrasivo ainda muito usado no polimento de acabamento de muitas ligas metálicas, inclusive para preparação de amostras para EBSD, é a suspensão de sílica coloidal, com granulometrias muito finas, com 0,06, 0,04 e 0,02 µm. A utilização desse tipo de abrasivo é relativamente simples, desde que alguns cuidados básicos sejam tomados. O polimento imediatamente anterior deve ser com pasta/suspensão de diamante com 1 µm ou, quando utilizados materiais metálicos mais macios, 0,25 µm. No polimento para EBSD, o disco ("prato"), geralmente, é de vidro. A sílica coloidal é o abrasivo ideal para eliminar riscos provenientes do polimento com diamante mais fino., assim como encruamento superficial. Após o polimento, o pano deve ser lavado com água para evitar a cristalização da sílica coloidal que poderia arranhar a amostra no próximo uso do pano. Do mesmo modo, se a suspensão cristalizar, torna-se inútil para o polimento, já que, nesse caso, ao ser usada provoca o surgimento de muitos riscos/arranhões na amostra. Também é importante eliminar precipitados de sílica coloidal formados dentro do frasco, pois estes poderiam ser carreados para o pano, gerando riscos/arranhões na amostra que está sendo polida[5].

O advento do polimento metalográfico com abrasivos de diamante representou um grande impulso para o desenvolvimento do polimento grosseiro. Sua elevada dureza não o torna indispensável para a preparação metalográfica apenas de materiais duros, mas também na de materiais mais macios. São pouquíssimos os materiais para os quais o polimento com pasta de diamante não é adequado. As taxas de polimento com abrasivos de diamante, mesmo com pequeno tamanho de partícula, são iguais ou superiores às obtidas com outros abrasivos usados para polimento grosseiro. o uso de abrasivos com pequenas partículas é sempre benéfico porque permite reduzir a incidência de arranhões e a profundidade de encruamento (deformação superficial gerada pelo polimento).

Os resultados obtidos com polimento com abrasivos de diamantes, geralmente, são superiores aos obtidos com outros abrasivos no que se refere à retenção de borda, de veios e de nódulos de grafite e de inclusões. A desvantagem praticamente se resume ao preço dos abrasivos de diamante, mas muitos especialistas acreditam que é superada, e muito, pela qualidade superior dos resultados obtidos e pela economia de tempo de preparação de amostras metalográficas que esses abrasivos de diamante proporcionam[5].

O diamante pode ser obtido sob a forma de pó, com grande variedade de tamanho de partícula, mas geralmente é adquirido na forma de uma pasta ou de uma suspensão do tipo aerossol. A quantidade de diamante depositada no pano de polimento, quase sempre, é muito pequena, considerando-se as altas taxas de polimento obtidas. O aumento da quantidade de diamante usado no polimento não aumenta a taxa de polimento, com exceção do diamante muito grosseiro. Algumas amostras podem ser polidas antes de se esgotar a quantidade de diamante usualmente utilizada no polimento. Embora alguns fragmentos (*debris*) liberados da amostra metálica possam se acumular sobre o pano de polimento, isso pouco afeta o polimento subsequente de outras amostras; quanto maior a granulometria do diamante, maior a taxa de polimento, e este é mais rápido para 6 μm do que para 1 μm, por exemplo[5].

Quando a concentração de diamante na pasta aumenta, os resultados do polimento, com base na rugosidade superficial, melhoram também, porém um aumento adicional dessa concentração produz resultados piores, revelando que existe um valor ótimo de concentração, intermediário, que gera os melhores resultados possíveis no polimento. A forma das partículas de diamante praticamente não muda, o que indica que outros fatores podem ser responsáveis pela degradação do desempenho do polimento ao longo do tempo[5].

A influência da velocidade do disco (prato) giratório de polimento na taxa de remoção de metal (perda de massa), em função do tempo de polimento, para diamante de 6 μm, mantidas as demais variáveis, também foi avaliada. Geralmente, velocidades mais baixas, da ordem de 200 rpm, proporcionam taxas de polimento mais elevadas, enquanto velocidades mais altas, da ordem de 500 rpm, resultam em taxas de polimento mais baixas[5].

A taxa de polimento aumenta quando a pasta de diamante é adicionada frequente e gradativamente, de forma incremental. A taxa de remoção é maior quando a granulometria é maior. O tipo de diamante, natural ou sintético sua forma ou sua concentração, na pasta ou suspensão, não alteram significativamente a taxa de polimento. O aumento da pressão aumenta a taxa de polimento de forma mais significativa quando a granulometria do diamante é maior, porém também provoca mais riscos de deformação superficial. A taxa de remoção de material é mais elevada quando o material é mais macio[5].

De acordo com a teoria de Beilby (Beilby), baseada em suas observações, ao se realizar o ataque metalográfico de uma superfície aparentemente polida, reaparecem os riscos resultantes do polimento. Beilby teorizou que o polimento "amassou" as regiões mais elevadas do material, sobre as regiões mais profundas, nivelando-as e conectando-as com uma camada muito fina e suave. O ataque removeria essa camada fina, revelando, assim, as depressões (regiões mais profundas) originais associadas com riscos de lixamento. Beilby também acreditava que a camada fina, assim produzida pelo polimento, era amorfa e, portanto, não cristalina[5,13].

Os antigos experimentos de difração de elétrons realizados nos anos 1930 revelaram que os anéis de difração se tornam mais difusos à medida que a superfície está mais bem-polida. Essa evidência foi considerada uma comprovação da teoria da camada amorfa de Beilby, mas pesquisadores posteriores alegaram que esses resultados nada provaram. A maioria das superfícies, observadas nesses estudos antigos, foi preparada por processos de brunimento e não por métodos atualmente aceitáveis de polimento metalográfico. Enquanto a espessura da chamada "camada de Beilby" foi estimada entre 5 e 10 nm, a profundidade dos riscos de polimento, que esta camada supostamente encobriria, é de várias ordens de grandeza superior[5,13].

A teoria de Beilby continuou a ser desenvolvida por Bowden e Hughes (Beilby), que sugeriram que, durante o polimento, algumas áreas localizadas da superfície da amostra metálica poderiam ser aquecidas até a temperatura de fusão. Esses pesquisadores afirmaram que o escoamento superficial, o polimento e a formação da camada de Beilby ocorrem rapidamente em metais, cristais e vidros, considerando que o ponto de fusão do abrasivo é superior ao da amostra metálica que está sendo polida. Os valores de dureza relativos não teriam grande importância nessa abordagem. O polimento metalográfico não produz fusão superficial, mas as camadas superficiais podem atingir altas temperaturas. Se as temperaturas extremas supostas por Bowden e Hughes fossem atingidas, haveria alguma evidência da geração desse calor, mas isso não acontece[5,13].

Bowden e Hughes sugerem que, se a teoria da abrasão no polimento, desenvolvida por Newton (1730), Herschel (1830) e Rayleigh (1901), estivesse correta, um abrasivo de polimento seria capaz de polir qualquer sólido mais macio do que si mesmo. Bowden e Hughers demonstraram que diferenças relativas na dureza em temperatura ambiente não poderiam explicar o comportamento em polimento. Por exemplo, mostraram que a cânfora poderia polir a liga de Lipowitz ("metal de madeira": Bi-Pb-Sn-Cd), mas não o estanho, que é mais macio. Eles afirmaram que a capacidade de polir dependia das diferenças de pontos de fusão. Entretanto, essa correlação não se mantém para os materiais metálicos com alto ponto de fusão. Pesquisas subsequentes demonstraram que a capacidade de um abrasivo de polir, depende da dureza relativa dos materiais e da temperatura atingida na interface, o que, naturalmente, implica dizer que a abrasão efetivamente ocorre[5].

No que se refere à etapa anterior, o lixamento, os estudos de Mulhearn e Samuels o abordaram, combinando o modelamento teórico a comparações com os resultados experimentais obtidos com lixas de carbeto de silício ao gerar abrasão em metais com baixa taxa de encruamento. A análise de lixas abrasivas não usadas revelou que a maior parte das partículas abrasivas para malhas mais grosseiras (280 ou mais grosseiras ainda) era aproximadamente equiaxial. Nas lixas mais finas (p. ex., 400 e 600 malhas), uma maior proporção de partículas com formato acicular está presente. A maioria das partículas está completamente encapsulada na resina que promove a adesão ao papel da lixa, mas algumas partículas conseguem se projetar acima da superfície da resina. Nas lixas mais finas, é maior essa proporção de partículas que se projetam para fora da camada de resina. Em geral, os fragmentos metálicos resultantes do lixamento são mais finos do que as partículas abrasivas[5].

O número das partículas com boa probabilidade de contato, por área unitária para cada granulometria de lixa, foi medido por observação dinâmica do polimento, por Richardson e Brose, que confirmaram essa teoria. A análise de panos de polimento, bastante usados, revelou abrasão intensa das fibras de náilon dos panos de polimento pelas partículas de diamante, indicando considerável movimento relativo entre as fibras dos panos e o abrasivo[5].

Aghan e Samuels mostraram que os aspectos mecânicos do mecanismo de polimento são relevantes para todos os abrasivos de polimento, independentemente de seu tamanho médio de partículas. Contudo, existem algumas situações de polimento nas quais a suspensão líquida ou um ataque adicionado contribuem de forma significativa para a ação de polimento, resultando em maior remoção de material metálico da amostra. Samuels concluiu que o abrasivo age limpando e removendo o filme protetor que se forma na superfície da amostra, referindo-se a essa ação como "mecanismo de limpeza química". O polimento produz camadas superficiais plasticamente deformadas (encruadas), semelhantes àquelas resultantes do lixamento, porém com profundidades muito menores. Assim como no lixamento, no polimento também a deformação não é uniforme, mas sim concentrada sob os riscos e é responsável pela reaparição e aparente ampliação dos riscos de polimento após o ataque metalográfico[5].

6.2.3 Informações para lixamento e polimento de amostras porosas

Alguns processos de fabricação de materiais metálicos, como metalurgia do pó (compactação e sinterização), fundição, soldagem e manufatura aditiva, entre outros, podem gerar produtos com algum tipo de porosidade residual. Dependendo do nível de porosidade, ou seja, das características desses poros, tais como dimensões, distribuição e quantidade e dos requerimentos de propriedades, sobretudo mecânicas, pode haver maior ou menor tolerância à presença desses poros. Assim, eventualmente pode ser necessário preparar amostras metalográficas com certo nível de porosidade e, de modo geral, é necessário cuidados específicos com essas amostras, nas quais, eventualmente, pode ocorrer a retenção de partículas contaminantes, provenientes de diferentes fontes (amostra, resíduos de partículas abrasivas, ambiente com poeira, sujeira etc.). A seguir, são descritos alguns cuidados básicos que podem evitar, ou corrigir, os efeitos indesejáveis da possibilidade de que essas partículas contaminantes saiam desses poros e risquem a amostra.

- É recomendável utilizar a limpeza com ultrassom para amostras porosas, mas do mesmo modo que é realizada para as amostras não porosas, com tempos de limpeza semelhantes. Se o material da amostra já tiver sido sinterizado ou tratado termicamente em altas temperaturas, o corpo de prova não deve soltar partículas. Se, por algum motivo, houver compactação insuficiente dos pós ou outro problema qualquer e, assim, as partículas da amostra não estiverem bem coesas, é possível que alguma partícula se solte no polimento, então a amostra ficará riscada por completo e é provável que haja perda total do pano de polimento em uso, pois dificilmente este poderá ser limpo o suficiente para não conter mais partículas maiores que as partículas de diamante do polimento. Por exemplo: um pano de polimento de 3 μm contaminado assim terá partículas de impurezas maiores que 3 μm, então a amostra ficará com riscos profundos por causa da contaminação maior da sujeira/partículas da amostra porosa, e não com riscos da pasta de polimento.

- Para evitar o surgimento de riscos ("cometas", arranhões e outros) em amostras porosas, é fundamental polir por tempo maior, mais prolongado, principalmente com a pasta de diamante de 3 µm. O lixamento deixa partículas abrasivas que permanecem no polimento que, então, precisa ser mais prolongado do que com as amostras convencionais, não porosas. Essas partículas podem formar linhas onduladas, alongadas e na direção longitudinal da amostra, o que não corresponde à realidade microestrutural desta. Com maior tempo e cuidado, no polimento, é possível suprimir essas linhas. Assim, o polimento precisa seguir uma regra básica: o polimento com pano e pasta de diamante de 6 µm tem como função primordial remover os riscos da lixa. Portanto, depois dessa etapa inicial, o polimento com pano e pasta de 3 µm aprimora a remoção de riscos remanescentes após o polimento anterior com 6 µm. É importante polir com 3 µm até que o sentido dos riscos do lixamento tenha desaparecido por completo, por isso é necessário polir por um tempo maior com 3 µm. É importante manter a amostra em movimento (contrário à rotação do prato do pano de polimento) o tempo todo sobre o pano, pois se a amostra ficar fixa em um lugar enquanto o pano rotaciona, existe enorme probabilidade de criar "cometas" (pequenos riscos em forma de cometas), exigindo que a amostra seja lixada novamente para eliminar esses cometas criados. Esta segunda informação é válida apenas para polimento de amostras de titânio, que são bem mais difíceis de polir que uma amostra de aço, seja aço carbono, seja inoxidável.
- Informação adicional sobre o acabamento: o polimento de amostras porosas no pano de 1 µm deve ser breve, apenas para suprimir os já finos riscos de 3 µm. Não é indicado um polimento mais fino (0,25 µm ou semelhante) porque existe grande possibilidade de se arranhar a amostra, principalmente se o material for mais macio. Se existir uma necessidade específica para a obtenção de imagens em microscopia eletrônica, recomenda-se o polimento final com sílica coloidal, mas com muito cuidado para não riscar o corpo de prova, ou seja, é essencial deixar sempre úmido o pano com sílica coloidal, como uma pequena poça e evitar a aglomeração de partículas de sílica coloidal.

6.2.4 Polimentos e ataques alternados

Muitas vezes, a depender das características específicas da amostra que está sendo preparada, pode ser necessária a realização de polimentos e de ataques alternados, geralmente no fim da etapa de polimento e antes do ataque definitivo. Nesse caso, após o polimento, é realizado um ataque "provisório", após o qual será realizada nova etapa de polimento[4].

A depender das características do material da amostra, o procedimento completo de preparação da amostra pode envolver de três a cinco sequências alternadas de polimento e ataque. Essa repetição favorece a remoção de alguns pequenos riscos originários do polimento, aumentando, assim, o contraste das fases presentes na microestrutura do material e realçando os contornos de grãos[4].

6.2.5 Polimento automático/semiautomático

O polimento automático, ou semiautomático, é realizado numa politriz mais sofisticada que permite o polimento simultâneo de mais de uma amostra[1].

Um dos aspectos mais importantes no polimento automático ou semiautomático é o controle das variáveis (parâmetros) de polimento, como a velocidade, a pressão e o tempo de polimento. Pressão, tempo e velocidade excessiva, por exemplo, podem causar deformações superficiais na amostra[1].

Outro resultado indesejável é a heterogeneidade de polimento, ou seja, a variação do grau de polimento em diferentes regiões das amostras, que pode por decorrer da distribuição heterogênea de pressão durante o polimento[1].

O tempo de preparação depende essencialmente do tipo de material metálico (amostra) que está sendo polida, basicamente de seu grau de dureza e também do tamanho (área superficial) da amostra que está sendo polida: normalmente, amostras com maiores áreas superficiais demandam tempo mais longo de polimento[1].

Dois tipos específicos de amostras apresentam dificuldades adicionais durante o polimento:

a) Amostras porosas, que, por efeito de capilaridade nas cavidades, podem levar à absorção de diferentes tipos de resíduos de polimento, líquidos, ou em suspensão, dentro dessas cavidades, que, depois, são exsudados (saem das cavidades) e, assim, surgem novamente sobre a superfície da amostra, de modo a prejudicar o polimento e, até mesmo, riscar a amostra. Para minimizar esse problema, operações de limpeza (inclusive com ultrassom) e secagem devem ser ainda mais cuidadosas do que com amostras mais simples;
b) Amostras com diferentes fases, cada uma com diferente patamar de dureza, uma muito dura e outra bem mais macia, ou amostras de materiais compósitos, com uma matriz muito macia, reforçada com partículas muito duras, por exemplo. Nessas duas situações, o material/fase mais macio pode ser mais facilmente arranhado do que o material/fase mais duro, pois, naturalmente, o efeito do polimento, inevitavelmente heterogêneo, assim será diferente para cada material/fase. Essa situação (b) ainda é mais complicada que a anterior (a), mas cuidados na limpeza e na observação da amostra durante o polimento também podem minimizar problemas[5].

Entre os processos de polimento automático, existe um, bastante específico, denominado "polimento vibracional". O polimento vibracional, também conhecido como "polimento por vibração", apresenta como característica principal o uso de um prato de polimento que é parte de um pêndulo torcional movimentado, quase em ressonância, por um sistema eletromagnético, energizado por corrente alternada[4].

O movimento da amostra, assim realizado, causa seu deslocamento ao redor da periferia do prato, porém sem rotação significativa e, nesse aspecto, assemelha-se ao polimento tradicional. Recomenda-se a utilização de baixa amplitude vibracional para que sejam possíveis menor balanceamento e melhor nivelamento. Na parte inferior do prato, existe uma armadura de suporte, sobre a qual esse conjunto está apoiado em quatro molas laminares inclinadas, acionada por uma bobina eletromagnética[4].

Vários fatores influem na frequência de vibração, por exemplo, as diferentes constantes elásticas das molas em diferentes tamanhos ($F = kx$, onde F é a força elástica, k é a constante elástica da mola e x é a deformação/deslocamento da mola), o intervalo/distância entre a armadura e o sistema indutor e o momento de inércia de massa do sistema. Assim, a operação desse equipamento é muito dependente da amplitude de vibração que, por sua vez, é função desses vários fatores. O movimento vibratório do pêndulo deve ser controlado segundo parâmetros considerados ótimos, pois, do contrário, poderá gerar ondulações e um aspecto irregular de relevo na superfície da amostra[4].

6.2.6 Polimento eletrolítico

O polimento eletrolítico foi descoberto por Pierre A. Jacquet, em 1935, e novamente abordado por ele mesmo em 1956[12,13]. É um processo que permite obter, por dissolução anódica parcial de um metal em um eletrólito, uma superfície plana e polida, muito adequada para a observação metalográfica[1,14,15].

Esse método baseia-se na colocação de dois eletrodos em uma solução eletricamente condutora, de tal modo que seus íons, negativos e positivos, migram em sentidos opostos. Os íons negativos migram para o ânodo (eletrodo positivo) e os íons positivos migram para o cátodo (eletrodo negativo)[1]. A amostra a ser polida é posicionada como anodo[5].

Além dessas condições básicas proporcionadas por essa autêntica célula eletrolítica, outras condições específicas são necessárias para que o polimento eletrolítico aconteça de maneira adequada. Um dos objetivos do polimento eletrolítico, além de remover material, é suprimir irregularidades com extensão acima de 1 μm e desníveis superficiais com profundidade ou altura abaixo de 0,01 μm, garantindo uma superfície plana e com aspecto "espelhado" após a conclusão do polimento[1].

O mecanismo de realização do polimento eletrolítico pode ser explicado por meio da formação de uma camada viscosa, relativamente espessa, que recobre a superfície da amostra e, aos poucos, durante o processo de polimento, transforma-se numa película fina, mas que, recobrindo a superfície da amostra, a nivela ao encobrir as suas irregularidades com diferente profundidades e alturas. Isso acontece porque a resistência ôhmica é menor nas regiões mais altas do que nas mais baixas (profundas) devido à espessura da camada, resultando numa densidade de corrente maior[1].

Consequentemente ao fato de que uma elevada densidade de corrente acarretará maior dissolução metálica, o efeito de polimento, alisamento e de nivelamento começa a acontecer[1].

O equipamento de polimento eletrolítico para amostras metalográficas é composto basicamente por duas partes principais[1]:

- **Unidade de comando:** painel onde estão localizados os comandos que permitem variar ou controlar os parâmetros de polimento: tensão (voltagem: V), densidade de corrente (A/mm^2 ou corrente elétrica por unidade de área), tempo de polimento ou ataque (em segundos). A corrente atuante é contínua e obtida por meio de uma fonte retificada e estabilizada[1].
- **Câmara de polimento:** recipiente no qual há uma cuba onde é depositado o eletrólito e, neste, mergulhada a amostra e os eletrodos. É possível utilizar "máscaras" que permitem selecionar adequadamente uma área menor da amostra, que será polida na região aberta dessa "máscara", cobrindo as demais áreas da amostra[1].

Além dessas duas unidades básicas, outro componente importante no polimento eletrolítico é o eletrólito em si. Esse eletrólito deve apresentar certa viscosidade que permita adequado nivelamento da superfície da amostra polida, mas não deve ser excessiva, para não prejudicar a qualidade do polimento. Além disso, deve ser um bom solvente do material anódico (da amostra), deve ser estável e de fácil manuseio, mas não deve atacar o material metálico na ausência de corrente elétrica, o que nem sempre é possível[1].

Os eletrólitos mais importantes para finalidade de ataque metalográfico são os baseados em ácido perclórico (reagente perigoso com risco de explosão) e o álcool etílico (etanol) ou metílico (metanol: também perigoso: intoxicação grave no organismo humano), que devem ser manuseados com muito cuidado. O ácido perclórico é um reagente de fácil dissolução e um oxidante energético, o que favorece seu uso para essa finalidade, desde que manipulado com os devidos cuidados[1].

Outra precaução a ser adotada com os reagentes utilizados, não apenas no polimento eletrolítico, mas também nos diversos ataques metalográficos, é evitar o uso de produtos muito antigos, deteriorados ao longo do tempo ou com validade vencida que, quanto ao polimento eletrolítico, é de 3 meses aproximadamente[1].

Geralmente, a etapa anterior ao polimento eletrolítico é o lixamento com lixas mais finas, pelo menos 600 malhas, mas, em alguns casos mais específicos, de materiais metálicos mais complicados ou muito macios, o lixamento com 1.200 ou 2.400 malhas pode ser necessário antes do polimento eletrolítico. Normalmente, o embutimento facilita o manuseio de amostras muito pequenas, mas nessa situação é necessário efetuar o contato elétrico por meio de resinas condutoras ou algum tipo de "ponte" de ligação entre o material metálico da amostra e os eletrodos[1].

Variáveis que influenciam o polimento eletrolítico e precisam ser controladas[5]:

- Área da superfície a ser polida.
- Orientação da amostra no banho de eletrólito.
- Orientação do catodo no banho de eletrólito.
- Escolha do material do catodo.
- Razão entre as áreas superficiais do catodo e do anodo (amostra).
- Espaçamento entre catodo e anodo (amostra).
- Profundidade da amostra abaixo do nível superficial da solução.
- Composição da amostra, incluindo as impurezas.
- Tempo de uso do banho do eletrólito e suas mudanças composicionais.
- Temperatura do banho do eletrólito.
- Grau de agitação do banho.
- Densidade de corrente e voltagem.
- Modo de remoção da amostra de dentro do banho do eletrólito.
- Procedimento de lavagem/limpeza.

A necessidade de controlar todas essas variáveis representa uma dificuldade para muitos metalógrafos, o que, de certo modo, reduz a frequência de utilização desse método de polimento[5].

6.2.6.1 Vantagens e desvantagens do polimento eletrolítico[1]

6.2.6.1.1 Vantagens

Excelente acabamento superficial na amostra, permite controle adequado dos parâmetros de processo, como tensão (voltagem) e amperagem, é um processo relativamente rápido, evita o surgimento de riscos superficiais e o encruamento (deformação) na superfície da amostra, sendo, assim, indicado para o polimento de metais e ligas metálicas mais macios, mais moles[1]. Também é um método de simples execução, requerendo pouca experiência do operador que, com treinamento básico, é capaz de executá-lo a contento. Além disso, é um método relativamente rápido em comparação com outros tipos de procedimento de polimento metalográfico[5].

6.2.6.1.2 Desvantagens

Esse processo é inadequado para o polimento de ligas multifásicas com grande número de diferentes fases presentes na microestrutura. Fases com potenciais eletroquímicos muito diferentes podem ser polidas de modos diferentes, umas mais do que outras. Determinados metais, ou ligas metálicas, pouco reativos, podem apresentar dificuldade no ataque/polimento na superfície. O embutimento pode dificultar o polimento. As condições de polimento e mesmo a composição do eletrólito variam muito de liga para liga. Muitos eletrólitos usados nesse processo são venenosos para os seres humanos, ou mesmo explosivos, e requerem cuidados específicos[1,5].

6.2.6.2 Equipamentos para polimento eletrolítico

De modo geral, os equipamentos para polimento são relativamente simples e encontrados com facilidade no mercado. Como as amostras metalográficas são razoavelmente pequenas, em geral com área superficial em torno de 200 mm^2 (2 cm^2), o polimento metalográfico não apresenta problemas que poderia se as amostras fossem significativamente maiores[5].

Como a densidade de corrente precisa ser controlada, quase sempre é necessário medir a área superficial. Alguns dispositivos podem dispensar essa medição com o uso de máscaras com orifícios às quais as amostras são acopladas. A área superficial é fixada para dado tamanho de máscara e a densidade de corrente pode ser determinada ao se monitorar a corrente enquanto a voltagem é alterada. Nos dispositivos nos quais a amostra inteira é imersa no eletrólito, geralmente é necessário colocar máscaras nas superfícies que não deverão ser polidas, isolando-as com tintas, fitas adesivas e outros recursos já que, nessa configuração, todas as superfícies expostas serão polidas[5].

A energia elétrica necessária para o polimento eletrolítico é, geralmente, fornecida por uma fonte de corrente retificada. É possível que a voltagem supere 100 V, então é necessário tomar cuidado contrachoques elétricos com o uso de equipamentos que meçam voltagem e corrente. É recomendável que a remoção da amostra da solução (eletrólito) seja rápida e segura, às vezes com a corrente ainda aplicada, para evitar efeitos indesejáveis de ataque. A depender do eletrólito, sua agitação pode ser nenhuma ou forte, devendo ser definida para cada situação. Alguns eletrólitos são usados ciclicamente, o que torna necessário o uso de um dispositivo de controle de tempo no ciclo de polimento. Considerando que as soluções e seus vapores emanados podem ser consideravelmente corrosivos, é melhor operar esse tipo de célula numa capela laboratorial de exaustão de vapores, mantendo os controles elétricos e a fonte de energia à distância. Em adição, a célula deve ser resistente à corrosão, facilmente drenada e limpa[5].

6.2.6.2.1 Aspectos operacionais e teóricos do polimento eletrolítico

As condições operacionais de uma combinação específica de amostra e eletrólito podem ser avaliadas mediante a visualização de um gráfico de densidade de corrente contra potencial elétrico (voltagem), como na Figura 6.2[5].

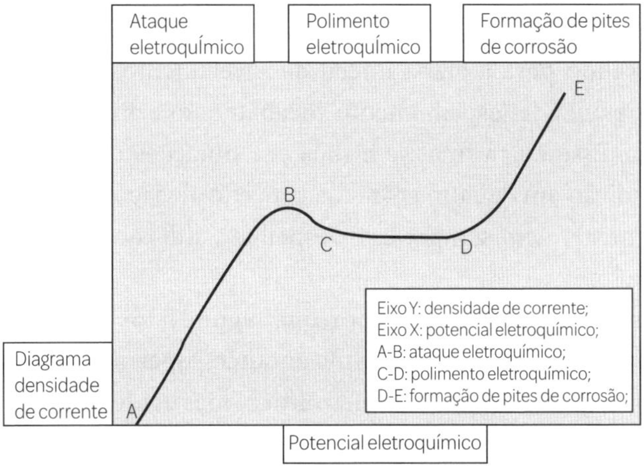

Figura 6.2 Densidade de corrente *versus* potencial elétrico (voltagem).
Fonte: Adaptado de G. Vander Voort, 1999.[5]

Nessa curva, o polimento corresponde ao patamar entre C e D, enquanto o ataque ocorre na região entre A e B (baixas voltagens), ao passo que, para valores de voltagem mais elevados, correspondentes ao trecho entre D e E, ocorrem a formação de pites e a evolução de gases. Os valores ideais de densidade de corrente e de potencial elétrico, que correspondem ao ponto ideal para o polimento, ocorrem exatamente no ponto C. Se a área superficial do catodo for muito maior do que a do anodo, a reação catódica, ou seja, a liberação de hidrogênio, não causará alterações no formato da curva. Por sua vez, processos no anodo são responsáveis pela forma desta curva. Para obter curvas desse tipo, é necessário utilizar um circuito potenciométrico. A curva será diferente num circuito em série no qual um resistor ajustável é usado para variar a voltagem[5].

Características desejáveis para um eletrólito devem incluir[5]:

- Eletrólito com viscosidade considerável.
- Durante a eletrólise, o eletrólito deve ser um bom solvente.
- O eletrólito não deve atacar a amostra com esta desligada.
- O eletrólito deve conter ou mais íons grandes, como PO_4^{3-}, ClO41ou SO_4^{2-}, ou grandes moléculas orgânicas.
- O eletrólito deve ser misturado facilmente, estável e seguro.
- O eletrólito deve ser operacional mesmo em temperaturas baixas e também deve ser consideravelmente insensível a mudanças de temperatura[2].

Ainda não existe uma teoria geral, unificada, de polimento eletrolítico. Vários mecanismos podem estar envolvidos e a importância relativa de cada um pode variar conforme o metal/a liga que está sob polimento e do eletrólito usado. A ideia inicial de Jacquet era que as diferenças de potencial entre as cavidades e as protuberâncias na superfície da amostra, que, de acordo com os estudos de Hickling e Higgins, estão em torno de 2,5, fossem um fator-chave nesse tipo de polimento. Isso pode ser válido para a etapa inicial de nivelamento (macropolimento), mas não para a etapa final de "espelhamento"/acabamento brilhoso da superfície metálica da amostra. Essa etapa final se instala em situações com intensa evolução de gases, uma condição em que uma camada superficial viscosa exerce pouca influência. Adicionalmente, nem sempre esse "espelhamento" ocorre quando existe uma camada viscosa[5].

Todos esses fatores permitem supor que algum fator adicional existe. Vários estudos sugerem a formação de um filme anódico superficial, que tem grande importância no processo de polimento eletrolítico, mas evidências experimentais que confirmem a existência desse filme são de difícil obtenção. Caso exista, deve ser extremamente fino, com espessura da ordem de poucas camadas atômicas. A presença de um fino filme anódico superficial durante o polimento eletrolítico explica as diferenças entre as condições de polimento eletrolítico que produzem o ataque e aquelas que proporcionam o "espelhamento" da superfície[5].

A técnica de espectroscopia de elétrons para análise química foi utilizada para analisar filmes finos formados na superfície de amostras de aço inoxidável durante o polimento eletrolítico, após o polimento mecânico; o potencial utilizado permitiu a evolução de oxigênio no anodo. Após o polimento eletrolítico, a amostra foi lavada em álcool e secada E a camada mais externa consistia de sulfatos e fosfatos, camada esta removida pelo bombardeamento iônico, que revelou a presença de oxigênio, ferro e cromo. Dando-se prosseguimento ao bombardeamento iônico, foi revelada a presença de níquel e de manganês nas camadas mais internas da amostra metálica[5].

A espectroscopia de elétrons Auger possibilita analisar filmes superficiais formados em superfícies metálicas, revelando a presença de íons com carga negativa que surgem nas camadas de óxidos, formadas nessas superfícies durante o polimento eletrolítico[5].

6.2.6.3 *Fatores que influenciam o polimento eletrolítico*

Quando a temperatura do banho do eletrólito aumenta, a resistência elétrica deste diminui, o que reduz o potencial necessário para produzir o patamar de densidade de corrente. Adicionalmente, a viscosidade do banho diminui, dificultando ainda mais manter uma camada viscosa no anodo. Experimentos mostraram que a densidade de corrente no banho é essencialmente constante, porém o aumento de temperatura leva a um significativo aumento da densidade de corrente; quando a temperatura do banho é elevada, a qualidade do acabamento superficial é pior. Assim, a temperatura ótima do banho é aquela na qual o requisito de potência elétrica é mínimo e a qualidade superficial é a melhor possível. O controle da temperatura do banho é ainda mais importante quando é necessário usar, no eletrólito, reagentes explosivos, como o ácido perclórico. Embora as baixas temperaturas resultem em melhor acabamento superficial, não devem ser baixas o suficiente para acarretar a precipitação de partículas sólidas na superfície do anodo[5].

Em geral, o tempo necessário para o polimento eletrolítico diminui à medida que aumenta o grau de polimento mecânico prévio. Contudo, mais tempo pode ser necessário para estabelecer condições de polimento eletrolítico, quando este se inicia a partir de um polimento mecânico muito fino. De fato, as curvas de voltagem *versus* densidade de correntes serão significativamente diferentes quando se comparam amostras fina e grosseiramente polidas no mesmo eletrólito. Assim, parece haver uma rugosidade superficial inicial ótima. Se a rugosidade superficial inicial é muito grosseira, o tempo de polimento eletrolítico será muito longo, com excessiva remoção de metal e ondulação, além de outros problemas, como o ataque preferencial de inclusões, que podem ser enfatizados. Na maioria dos casos operacionais, o acabamento superficial ótimo é obtido quando a amostra anteriormente foi lixada com cerca de 600 malhas. Porém, o tempo necessário para o polimento eletrolítico de uma amostra também depende do metal que está sendo polido e da composição do eletrólito escolhido. Geralmente, quanto maior a densidade de corrente do patamar, mais curto o tempo necessário. Vários dos eletrólitos mais frequentemente necessitam de alguns poucos segundos de polimento, mas podem ser de difícil controle[5].

6.2.6.4 Comparação entre superfícies polidas mecânica e eletroliticamente

A qualidade das superfícies polidas eletroliticamente foi avaliada e comparada com as polidas de forma mecânica. Estudos preliminares indicaram que, em alguns casos, precipitados muito finos foram observados após o polimento eletrolítico, mas não após o polimento mecânico, mas análises posteriores mostraram que esses precipitados também foram observados em amostras polidas mecanicamente de modo adequado. Todavia, esses trabalhos revelaram que alguns desses supostos "precipitados", na verdade, eram pites ou cavidades[5].

De modo a obter superfícies sem "artefatos" (objetos visualizados com origem diferente da imaginada, como consequência do polimento), a camada superficial deformada ("encruada") produzida pelo corte e pela abrasão grosseira precisa ser removida. Isso é válido tanto para o polimento mecânico como para o polimento eletrolítico. Mas essa camada só é removida se o polimento for mantido por tempo suficiente. Na maioria das vezes, o lixamento prévio é consideravelmente grosseiro. Considerando que a taxa de remoção média no polimento eletrolítico é da ordem de 1 μm/minuto, fica claro que tempos da ordem de 60 minutos ou mais são necessários para remover essa camada superficial deformada se a superfície inicialmente tinha um aspecto realmente grosseiro. Se o acabamento superficial for mais fino, como o proporcionado por lixa de 600 malhas, esse tempo de polimento eletrolítico pode cair para cerca de 15 minutos. Porém, se o tempo de polimento eletrolítico for muito curto, bem menor do que esse, não haverá garantia de que a camada encruada seja realmente removida. Por sua vez, um tempo de polimento excessivamente longo pode acarretar outros problemas, como ondulação superficial, abaulamento de bordas e abrasão diferenciada de diferentes fases com níveis de dureza muito distintos (*relief* em inglês: relevo). Assim, o processamento ou os tratamentos preliminares devem garantir que a profundidade da camada contendo "artefatos" seja adequadamente reduzida[5].

Certos metais refratários puros, como titânio, zircônio, nióbio e urânio, são relativamente macios e maclam facilmente com taxas de deformação não muito elevadas. Assim, é muito difícil evitar o encruamento e o surgimento de artefatos no polimento mecânico com pasta de diamante, mesmo quando a taxa de polimento não é muito elevada. Desse modo, para esses materiais é recomendável utilizar outros tipos de polimento, a exemplo do vibratório e do eletrolítico. Esses outros métodos de polimento permitem eliminar riscos finos de polimento surgidos previamente[5].

Superfícies obtidas por polimento eletrolítico, em geral, não apresentam a maioria dos artefatos encontrados habitualmente após o polimento mecânico. Via de regra, são mais "espelhadas" (reflexivas), mas não são tão planas e apresentam ondulações, cavidades e marcas. Já surgiram artefatos em forma de sulcos e padrões celulares em amostras de alumínio, ferro e zinco submetidas ao polimento eletrolítico. Tanto amostras submetidas ao polimento eletrolítico como aquelas submetidas ao polimento mecânico já apresentaram contaminação superficial. Análises de composição química superficial de amostras de aços carbono e de aços-liga, polidas com abrasivos diamantados, já demonstraram picos de carbono mais intensos nas análises com raios X do que as amostras polidas com abrasivos sem diamante[5].

O polimento eletrolítico é especialmente útil para amostras metálicas que são mais difíceis de polir mecanicamente, mais propensas ao surgimento de riscos e ao encruamento excessivo, porém é limitado aos metais comercialmente puros e às ligas monofásicas. Quando aspectos como retenção de bordas, presença de poros ou de inclusões são mais importantes, o polimento mecânico é preferível.

A maioria das ligas bifásicas ou multifásicas, mais complexas, deve ser submetida ao polimento mecânico. Contudo, cada método tem suas vantagens e desvantagens, que devem ser compreendidas e consideradas antes da escolha de um procedimento para o polimento[2].

6.2.6.5 *Problemas comuns no polimento*

Vários tipos de problemas podem ser encontrados pelos metalógrafos durante o polimento, como retenção de bordas; polimento de amostras revestidas, de amostras porosas, de amostras contendo inclusões; retenção de grafite (nos ferros fundidos) e outros. Os procedimentos necessários para evitar ou minimizar a retenção de bordas, já foram descritos anteriormente neste texto. Técnicas muito semelhantes podem ser usadas no polimento de amostras revestidas, mas problemas adicionais também podem ser encontrados nesse caso. Por sua vez, procedimentos específicos são necessários para máxima retenção de grafite ou de inclusões[5].

6.2.6.6 *Revestimentos*

Uma ampla variedade de processos de revestimento já foi utilizada em muitos materiais metálicos e não metálicos, ao longo de várias décadas, em várias aplicações industriais, sobretudo em aços. Geralmente, o método de preparação preferido é o polimento mecânico já que o polimento eletrolítico pode causar abaulamento nas bordas da amostra. Em todos os casos. é importante proteger as bordas durante o embutimento[5].

Em algumas amostras, a superfície pode ser revestida com níquel eletrolítico, mas recomenda-se que a etapa de pré-tratamento e a de solução sejam realizadas de modo a não afetar o revestimento. Ressalve-se que o níquel eletrolítico não deve ser aplicado em aços galvanizados, ou seja, revestidos com zinco. Um revestimento intermediário instantâneo, como um revestimento de cobre, precisa ser aplicado antes do uso do revestimento de níquel eletrolítico[5].

Alguns materiais usados no embutimento, como os à base de epóxi, que atuam por compressão, proporcionam planicidade adequada, especialmente no automático, mesmo sem a aplicação de uma proteção nas bordas. Entretanto, se a amostra precisar ser analisada por microssonda na borda revestida, esses materiais de revestimento podem produzir sinais de raios X capazes de interferir nesse tipo de análise. Alguns tipos de materiais de embutimento, que atuam por compressão, podem danificar revestimentos muito macios, como os de estanho, ou à base de estanho e de outros materiais muito macios, tornando necessário o uso de resinas curadas a frio. Novamente nessas condições, o polimento automático pode proporcionar maior planicidade nas bordas em comparação com o polimento manual, assim suprimindo a necessidade de aplicação de uma proteção nas bordas[5].

O uso de panos de polimento mais finos ou menos grosseiros, mesmo nas etapas iniciais de polimento, e principalmente nas etapas finais, é recomendado para evitar ou minimizar a ocorrência de problemas como o abaulamento nas bordas e o relevo na superfície. Do mesmo modo, o tempo de polimento deve ser o mínimo possível. Podem surgir manchas de umidade na etapa final de polimento se água comum da torneira for utilizada, sendo preferível o uso de álcool, água destilada ou deionizada, se possível[5].

Seções com larguras decrescentes, afiladas, afuniladas, podem eventualmente ser usadas para a observação e análise de revestimentos por microscopia ótica, para proporcionar maiores ampliações. Já foram usados o cobre e o ferro eletrolíticos para a proteção de revestimentos de estanho em seções afuniladas. O ferro eletrolítico era a proteção preferida. O polimento foi executado com abrasivos de diamante e de alumina em pano de polimento aveludado, tipo Selvyt. Trabalhos mais antigos relatam o uso de magnésia (MgO) como abrasivo final. Alguns trabalhos relatam o uso de alumina em pano de veludo para o polimento final de amostras revestidas com estanho[5].

Trabalhos publicados detalham o procedimento de polimento de aço galvanizado. Descobriu-se que a alumina usada comercialmente como abrasivo para o polimento do aço galvanizado era muito alcalina, causando o surgimento de manchas no revestimento de zinco. Como não foi possível controlar o pH desse abrasivo, a alumina foi obtida a partir de sulfato de alumínio. O resíduo de sulfato foi removido com o uso de água destilada quente e o pH teve de ser controlado para evitar o surgimento de manchas. Esse estudo mostrou que o pH entre 7,0 e 7,6 foi necessário para garantir reprodutibilidade na obtenção de superfícies sem artefatos. O polimento final foi realizado com alumina com pH controlado num pano de polimento de veludo sedoso, por 30 a 60 segundos e com aplicação de considerável pressão manual. A técnica de lavagem após o polimento foi crítica já que surgiram manchas com água da torneira, água destilada e álcool etílico para limpeza antes do ataque. A recomendação foi esfregar a amostra com álcool amílico, secar com jato de ar quente, atacar, rinsar com álcool amílico; depois, com álcool etílico e, finalmente, secar. Os abrasivos de alumina usados atualmente já vêm preparados para evitar esse problema causado pela elevada alcalinidade[5].

A preparação metalográfica de aços esmaltados com porcelana requer cuidados especiais no corte e no embutimento. Para evitar danos ao revestimento, é melhor posicionar a amostra com "garras", "grampos" antes do corte. Alternativamente, um disco de corte com baixa velocidade pode ser usado. Embutimento de epóxi e outros materiais também podem ajudar no corte de materiais revestidos[5].

O estudo de camadas anodizadas no alumínio é realmente desafiador, no sentido de que é difícil identificar a pequena espessura do revestimento e a falta de contraste entre este e o substrato. Mesmo assim, alguns métodos foram desenvolvidos para alcançar esse objetivo. O primeiro método se baseia na observação de uma seção transversal embutida e polida de acordo com o procedimento metalográfico tradicional. A análise por campo claro revela poucos detalhes, mas a iluminação por luz polarizada é bastante útil. O segundo método consiste em anodizar a superfície de uma amostra totalmente polida e examinar essa camada com iluminação em campo claro e campo escuro. O terceiro método envolve a preparação de uma seção fina por meio de um lixamento que elimine a maior parte do substrato de alumínio e, depois, o polimento para revelar o revestimento por luz transmitida. Esse método revela detalhes da microestrutura do filme (revestimento), mas é bastante complicado e tedioso[5].

Posteriormente, foram desenvolvidos outros métodos como alternativas para melhorar o contraste de imagem das seções transversais de amostras anodizadas. Basicamente, dois procedimentos foram usados. O primeiro método utilizou a deposição de vapor de uma camada semitransparente de alumínio na superfície polida da seção transversal de uma amostra para aumentar o contraste na imagem de campo claro. No segundo método, uma camada totalmente opaca e grosseira de alumínio foi depositada como vapor numa superfície anodizada, antes do embutimento. Após o polimento, uma camada fina e semitransparente de alumínio foi depositada como vapor numa superfície polida. A utilização da metalização em duas etapas produziu o melhor contraste[5].

A retenção de borda não é um problema na preparação de materiais com revestimentos duros, mas é necessário tomar cuidado durante os procedimentos de corte e de embutimento. O corte deve ser realizado com discos abrasivos de carbeto de silício (SiC) ou diamantados, e sempre no sentido do interior do material, nunca no sentido oposto, de modo a evitar que as tensões trativas geradas quebrem ou façam o revestimento se desprender do substrato. Se for utilizado algum recobrimento, este deve exibir algum tipo de contraste com o revestimento da amostra. O material do embutimento deve ser duro e aderente o suficiente. O polimento deve ser realizado de modo a minimizar o surgimento de relevos na superfície da amostra[5].

6.2.6.7 Retenção de grafite e de inclusões

A retenção de grafite no ferro fundido é um problema comum, mas que requer considerável atenção. Bons resultados já foram relatados com o uso de soluções de polimento eletrolítico, porém, de modo geral, o polimento eletrolítico não é a melhor alternativa nessa situação. Vários pesquisadores já relataram bons resultados com a utilização do polimento eletromecânico como etapa final de polimento; mas na maioria das vezes, o polimento mecânico foi utilizado[5].

O lixamento mais grosseiro é uma etapa crítica nesse processo. A grafite é macia e pode ser perdida durante essa etapa, perda que permanece sem recuperação nas etapas seguintes, deixando uma cavidade no local onde ela estava até então. Lixas de SiC são preferíveis ao esmeril porque proporcionam um corte melhor, com menor dano. Em todo caso, nessa situação, somente lixas novas, sem uso ou praticamente sem uso, devem ser adotadas[5].

O lixamento e o polimento automáticos, geralmente, proporcionam melhores resultados porque a distribuição da pressão aplicada (em compressão) é mais equânime. O padrão de lixamento e de polimento multidirecionais também colabora para essa maior homogeneidade nessas etapas de preparação metalográfica. O uso de abrasivos de diamante proporciona resultados melhores do que os obtidos com alumina grosseira. Para o polimento mais grosseiro, é mais indicado o pano também mais grosseiro, menos aveludado. Do mesmo modo, recomenda-se o pano com textura mais grosseira para o polimento grosseiro e um pano mais aveludado para o polimento final, evitando-se o uso de um pano muito desgastado[5].

A retenção de inclusões é menos complicada do que a dos veios ou nódulos de grafite porque são bem mais duras que a grafite. Na verdade, alguns tipos de inclusões, como as de alumina, são bem mais duras do que a matriz metálica. As inclusões macias, como as de sulfetos, são observadas como depressões, ao passo que as inclusões duras, como as de alumina, aparecem como protuberâncias na superfície da amostra metálica. Caso seja realizado o polimento manual, melhores resultados serão obtidos se a amostra for endurecida ante da realização do polimento. Geralmente o polimento eletrolítico resulta em ataque eletroquímico às inclusões e, por esse motivo, deve ser evitado em amostras metalográficas que contenham esse tipo de partícula[5].

O procedimento de polimento recomendado para a retenção de grafite costuma ser adequado também para a retenção de inclusões, possibilitando também a minimização da formação de relevo na superfície da amostra[5].

O polimento de aços de usinagem fácil e de outros materiais metálicos contendo grandes quantidades de sulfetos, chumbo ou bismuto é sempre muito complicado, mais do que outros tipos de polimento, sendo a retenção dessas partículas bastante problemática porque se trata de partículas muito macias e com a tendência de serem amassadas ou esfregadas. Nos aços ressulfurados, que contêm chumbo ou bismuto, geralmente, essas partículas estão associadas a sulfetos de manganês (MnS)[5].

Já foi demonstrado que o controle do pH do abrasivo de alumina é crítico para a obtenção de bons resultados. Na etapa final de polimento, é recomendável o uso de uma solução fraca de abrasivo de alumina gama com pH em torno de 7,0 num pano de textura consideravelmente final. O polimento final deve revelar partículas de chumbo esbranquiçadas com contornos pretos bem distintos[5].

6.2.6.8 Recomendações específicas para o polimento de alguns metais

- **Alumínio:** embora o polimento do alumínio de alta pureza seja consideravelmente difícil em virtude de sua baixa dureza, o polimento das ligas e das amostras trabalhadas a frio, razoavelmente mais duras, é bem mais simples. O corte e o lixamento devem ser cuidadosos, de modo a evitar ou, pelo menos, minimizar, a deformação (encruamento) superficial. Uma alternativa interessante pode ser o uso de sabão líquido como lubrificante durante o lixamento. É importante utilizar lixas mais finas após a de 600 malhas, como as de 800 ou 1.200 pelo menos[5].
  Outro aspecto importante é evitar o uso de pratos de polimento de bronze ou de cobre para o polimento de alumínio, de modo a evitar a ocorrência de reações galvânicas corrosivas na amostra menos nobre (mais anódica); o ideal é usar pratos de alumínio. Se a liga de alumínio contiver partículas duras de segunda fase, o que é relativamente comum, recomenda-se usar um pano de polimento não muito grosseiro mesmo para o polimento com abrasivo grosseiro de diamante. No polimento final, recomendam-se panos muito finos, óxido de cério ou óxido de magnésio. O uso de politrizes vibratórias permite obter superfícies sem riscos de polimento. Se existirem fases duras, é necessário minimizar o tempo de polimento para evitar a formação de relevos na superfície da amostra. É necessário obter excelente qualidade de acabamento superficial se, depois, for realizada a anodização. Após o polimento, ocorre a formação de uma camada de óxido muito fina e transparente, o que dificulta bastante a realização do ataque metalográfico[5].
- **Cobalto, níquel e ferro (aços e outras ligas ferrosas):** metais relativamente fáceis para polir, embora o encruamento associado ao corte e ao lixamento possa causar problemas na preparação das amostras metalográficas. Praticamente todos os procedimentos de embutimento podem ser realizados com esses materiais metálicos, a não ser que seja necessária a retenção de bordas. O lixamento é realizado com a sequência habitual de lixas de carbeto de silício de 120 a 600 malhas. Porém, os aços inoxidáveis austeníticos e o níquel são muito sensíveis aos danos causados pelo lixamento. Cada etapa de preparação deve estar totalmente completa antes de se iniciar a etapa seguinte[5].
  Compostos à base de diamante são amplamente usados para o polimento mais grosseiro, tanto em uma como em duas etapas. O diamante grosseiro é usado com um pano de textura mais grosseira, ao passo que a etapa de polimento mais fino utiliza um pano de textura mais final. O polimento final também pode ser realizado em uma ou duas etapas. A maior parte dos

abrasivos disponíveis comercialmente pode ser usada. No caso de materiais metálicos mais macios, o polimento vibratório ou com algum outro sistema mecânico que minimize o surgimento de riscos de polimentos e distorções, como o encruamento (deformação) superficial, costuma ser muito eficiente. O polimento químico e o polimento eletrolítico também podem ser utilizados com esses materiais, sendo o segundo também muito usado para outros tipos de materiais, como níquel e aços inoxidáveis austeníticos, não tão macios assim[5].

- **Cobre:** a preparação metalográfica do cobre e das ligas de cobre não costuma ser muito complicada, mas requer algum cuidado para remover riscos finos de polimento. Contudo, os danos superficiais resultantes do corte ou do lixamento não resultam em artefatos problemáticos. o lixamento e o polimento grosseiro de ligas monofásicas. O lixamento e o polimento das ligas monofásicas devem ser cuidadosos e completos, especialmente com aquelas de maiores teores de elementos de liga, como o latão para cartuchos (70% de cobre e 30% de zinco). A remoção de riscos de polimento mais finos no cobre comercialmente puro e nas ligas e cobre monofásicas é complicada, mas pode ser feita até mesmo no polimento por ataque, não sendo essa possibilidade incomum[5].

  Por sua vez, as ligas de cobre bifásicas ou polifásicas, por exemplo, os latões que contêm fase β (ligas de cobre com teores acima de 35% de zinco), são mais facilmente polidas já que são mais duras e menos propensas ao surgimento de riscos de polimento. Algumas ligas de cobre contêm teores significativos de chumbo (entre 0,5% e 3% aproximadamente), que é um metal bem mais macio, requerendo certo cuidado, de algum modo como se observa nos aços contendo chumbo, porém com pressão aplicada significativamente menor. Um procedimento que ajuda no polimento das ligas de cobre consiste em realizar um ataque anterior ao polimento final com abrasivo de diamante mais fino. O polimento final de cobre e ligas de cobre com politriz vibratória é recomendável e razoavelmente comum, embora outros métodos de polimento também produzam resultados muito satisfatórios, como o polimento eletrolítico e o polimento químico[5].

- **Magnésio:** o polimento do magnésio puro é complicado em razão de sua maciez, o que também favorece o processo de maclagem durante os processos de corte e de abrasão (lixamento e polimento), sendo também atacado por muitos ácidos orgânicos diluídos. O magnésio comercialmente puro é atacado lentamente pela água, porém várias ligas de magnésio são rapidamente atacadas. O magnésio em partículas finas, pulverizado, apresenta elevado risco de explosão. Por esse motivo, o lixamento deverá ocorrer sempre em água ou algum outro líquido refrigerante. Para as ligas menos reativas, o lixamento e o polimento podem ser realizados em água; enquanto para as ligas mais reativas, o querosene deve ser utilizado com essa finalidade. Outra possibilidade é realizar o lixamento com lixas de SiC de 320 a 1.000 malhas numa solução de glicerina a 25% em álcool etílico como lubrificante e inibidor de ataque químico corrosivo. Três etapas de polimento com pasta de diamante foram realizadas: granulometrias de 6, 3 e 1 μm, com diferentes panos de polimento, cada vez mais finos. O polimento final foi realizado com alumina numa solução de 25% de glicerina em álcool[5].

Eventualmente, dependendo do grau de dificuldade de polimento, pode ser realizada uma etapa final de polimento com pasta de diamante com granulometria de 0,25 μm. Do mesmo modo, outros tipos de lubrificantes podem ser usados, inclusive misturas cremosas, mas nesse caso, após o polimento, seria necessária uma limpeza final com removedores específicos para eliminar esses resíduos cremosos. Alternativamente, o polimento eletrolítico e o polimento químico também podem ser utilizados para a preparação metalográfica de ligas de magnésio[5].

- **Titânio:** o titânio comercialmente puro, sobretudo de graus mais baixos, como 1 e 2, com menores teores de impurezas, basicamente elementos intersticiais como carbono, hidrogênio, oxigênio e nitrogênio, e, como elemento substitucional significativo, o ferro, é um metal consideravelmente dúctil, macio, porém a adição de elementos de liga, e mesmo de impurezas, endurece significativamente o titânio e suas ligas, ao mesmo tempo reduzindo consideravelmente sua ductilidade[5].

  Assim, a preparação de amostras metalográficas de titânio, sobretudo o metal comercialmente puro, pode ser complicada com os métodos padronizados mais comumente utilizados. Durante o corte, podem surgir alterações microestruturais indevidas ("artefatos"), como a formação de maclas, e o aquecimento excessivo resultante do atrito, da abrasão, do disco de corte com a amostra pode alterar a proporção de fases presentes, principalmente se a amostra contiver fase β[5].

  O embutimento em baquelite não é recomendado, pois pode favorecer a absorção de hidrogênio. Caso haja a presença de hidretos, a temperatura de embutimento já é suficiente para solubilizar esses hidretos que, no resfriamento subsequente, se precipitarão com aspecto diferente do inicial. Então, se a amostra contiver esses hidretos e sua análise seja relevante para o trabalho que está sendo realizado, o ideal é utilizar resinas de cura a frio, pouco exotérmicas[5].

  Geralmente, o lixamento das amostras de titânio e suas ligas segue o procedimento usual com a mesma sequência de lixas de SiC usadas para outros materiais metálicos, sendo a água o lubrificante. O polimento pode ser realizado com várias técnicas e métodos alternativos, mas é uma etapa crítica, que se torna complicada por causa das baixas taxas de polimento obtidas. Como alternativa, o polimento grosseiro pode ser realizado como polimento por ataque e com pós abrasivos de SiC com tamanho de partícula equivalente a 600 malhas. A realização de ataques metalográficos entre etapas de polimento ajuda a remover camadas superficiais encruadas, podendo gerar bons resultados. O polimento mecânico compreende três ou quatro etapas, com diferentes granulometrias de pasta de diamante e uma ou mais etapas de ataque metalográfico intermediário entre etapas de polimento. O polimento eletrolítico é, geralmente, realizado como etapa final do polimento[5].

6.2.6.9 Diferenças entre o polimento e o ataque eletrolíticos

O ataque eletrolítico é feito em menores voltagens (V) de modo a corroer preferencialmente os contornos de grãos e descontinuidades semelhantes ou impurezas/partículas.

O polimento eletrolítico é feito em menores voltagens (V), com a formação de uma camada passivada e de uma camada viscosa de eletrólito (melhor polimento: V intermediária) e de oxigênio (maiores V: não tão bom), resultando numa superfície mais lisa.

Tanto o polimento como o ataque eletrolítico usam basicamente a mesma célula eletrolítica, mas em faixas de voltagem diferentes.

O polimento utiliza um eletrólito, o ataque utiliza reagentes para ataque metalográfico (corrosão localizada nos contornos e partículas).

A Figura 6.2 esquematiza os domínios do ataque e do polimento eletrolítico em função da voltagem e da densidade de corrente.

6.2.6.10 Outros processos semelhantes ao polimento eletrolítico[1]

6.2.6.10.1 Polimento mecanoeletrolítico

Conjuga características do polimento mecânico e do polimento eletrolítico uma vez que a amostra é fixada num disco rotativo, que funciona também como catodo, ao mesmo tempo que é movimentada lentamente. A politriz é acoplada a uma fonte de energia elétrica (unidade pulsadora) que, desse modo, aplica uma diferença de potencial (tensão, voltagem: com aplicação e uma corrente alternada de baixa frequência) na amostra que, simultaneamente, também é polida de forma mecânica ao deslizar sobre um pano de polimento que, por sua vez, em geral, contém um abrasivo disperso, como alumina, o mais comum. É um método indicado para materiais de difícil polimento mecânico e eletrolítico, como metais preciosos, determinadas ligas de cobre e também metais com alto ponto de fusão.

6.2.6.10.2 Polimento químico

Esse método consiste em tratar a superfície da amostra com uma solução química com o propósito de realizar o polimento almejado. O resultado obtido apresenta semelhanças com o do polimento eletrolítico, embora com variações em função do material submetido ao polimento e da solução química utilizada no processo.

O polimento químico apresenta a vantagem de proporcionar o aplainamento das relativamente pouco profundas camadas destruídas durante o polimento mecânico. Desse modo, o processo de polimento químico é recomendado para que haja um perfeito acabamento superficial em alguns tipos de materiais. O polimento mecanoquímico pode ser considerado um processo misto de polimento e ataque.

6.2.6.10.3 Critérios para a escolha do processo de polimento

De acordo com esses critérios, os materiais podem ser classificados em três grupos principais, cada um correspondendo a determinado processo de polimento mais adequado:

- **Materiais homogêneos comuns (aços, cobre/ligas de cobre e outros):** geralmente, o processo mais utilizado é o polimento mecânico, sobretudo com pasta de diamante, mas o polimento eletrolítico é razoavelmente adequado para esses materiais.
- **Materiais heterogêneos (ferros fundidos, alumínio e suas ligas):** para esses materiais, os melhores resultados, geralmente, são obtidos por meio do polimento mecânico, sobretudo com pasta de diamante. Entretanto, como são materiais com dureza relativamente baixa, cuidados especiais devem ser tomados no polimento mecânico do alumínio e suas ligas.
- **Materiais especiais (metais preciosos, tungstênio e ligas de cobre, ente outros):** para essa categoria de materiais, o polimento mais adequado é o mecanoeletrolítico.

6.3 LUBRIFICAÇÃO E TIPOS DE LUBRIFICANTES

Para que o polimento da amostra fique limpo, sem excesso de resíduos (pasta impregnada) é necessário que o pano esteja bem-lubrificado. Os panos com pasta de 6 e 3 μm não devem ser excessivamente lubrificados, pois o excesso de lubrificante causa aquaplanagem da amostra e, ao mesmo tempo, desperdiça pasta de diamante. No caso dos panos com pastas de 1 μm e 0,25 μm, o lubrificante deve ser adicionado numa dose controlada, aos poucos, pois o excesso pode fazer a amostra ficar "agarrada" ao pano de polimento e a falta do lubrificante pode causar pequenos riscos na amostra.

6.3.1 Tipos de lubrificantes para o polimento metalográfico

O lubrificante de cor azul é usado para materiais metálicos ferrosos: é fabricado à base de álcool, não contém água. O lubrificante de cor vermelha é usado para materiais metálicos não ferrosos. Existe também o lubrificante de cor verde, que é biodegradável.

6.3.1.1 Sílica coloidal

Existem materiais que necessitam de uma preparação mais refinada, como o latão. Ao sair do pano 0,25 μm, a superfície terá uma aparência polida, porém, após realizar o ataque metalográfico (ver item 7: Limpeza e secagem da amostra), poderão ser observados riscos bem finos no ataque, o que impossibilita a captura de imagens. Logo, pode ser realizado um polimento com sílica por cerca de 20 minutos, deixando a amostra parcialmente submersa, pois, dessa forma, não faltará sílica no pano já que ela seca com facilidade e, ao secar, cristaliza, o que pode causar arranhões profundos na amostra, ocasionado danos severos que obrigarão o técnico a voltar ao lixamento e refazer todo o processo de polimento.

Ainda existem as amostras a serem observadas em EBSD, estas devem ser polidas com sílica coloidal para uma perfeita observação. O polimento com sílica coloidal para o ESBD deve ser realizado em uma politriz especial, como a MiniMet da Buehler, e não requer lubrificação, uma vez que a amostra deve ficar sempre submersa no líquido. Com relação à granulometria, a sílica tem grãos muito finos, variando de 0,06 μm a 0,02 μm, dependendo do fabricante.

6.4 EQUIPAMENTOS PARA POLIMENTO METALOGRÁFICO

6.4.1 Polimento manual com pratos giratórios

O polimento manual com pratos giratórios apresenta a melhor taxa de polimento (remoção de material) para cerca de 200 rpm, aumentando continuamente na faixa de 50 a 200 rpm, porém diminui entre 200 e 500 rpm, e aumenta novamente entre 500 e 1.200 rpm. O aumento da pressão aplicada no polimento aumenta sua eficiência, resultando em maior taxa de polimento, mas esse efeito é mais marcante quando a granulometria e do diamante e a rugosidade dos panos de polimento são maiores. Contudo, a pressão não pode ser aumentada indefinidamente, pois aumenta também a probabilidade de surgirem riscos e de encruamento superficial na amostra que está sendo polida. Por outro lado, o aumento da quantidade de diamante no polimento tem efeito pouco significativo em sua eficiência. Amostras de materiais mais macios são polidas mais rapidamente do que amostras de materiais mais duros[2].

6.4.2 Polimento automático

Equipamentos de polimento automático apresentam basicamente duas características que diferem dos equipamentos para polimento manual com pratos giratórios: um porta-amostra que permite a inserção de até oito amostras para serem polidas simultaneamente e um sistema de ajuste de valores de pressão, velocidade e tempo de polimento, que são predeterminados e mantidos durante o polimento.

Já há certo tempo, existem máquinas para polimento automático, que também podem realizar lixamento automático, mediante a troca do abrasivo e dos discos ("pratos") onde os panos ou as lixas são colocados/colados (Figuras 6.3 e 6.4), porém, mais recentemente, têm aparecido no mercado máquinas que permitem lixar e, depois, polir em sequência no mesmo equipamento.

Figura 6.3 Máquina de polimento automático.
Fonte: Acervo do autor.

Figura 6.4 Máquina de polimento automático muito fino.
Fonte: Acervo do autor.

De modo geral, equipamentos de polimento (e também de lixamento) automático permitem obter padronização, máxima reprodutibilidade, segurança, rapidez e eficiência, facilidade de uso/simplicidade e flexibilidade, com a minimização do erro humano e do gasto de materiais consumíveis.

Algumas politrizes automáticas podem ser do tipo vibratório, sendo especialmente recomendadas para materiais muito macios e difíceis de polir, ou para técnicas analíticas que exijam excelente qualidade de acabamento superficial, como EBSD (difração de elétrons retroespalhados). Nesse tipo de politriz, a amostra é presa ao dispositivo que a pressiona voltada para o pano de polimento, geralmente com um furo no embutimento, no qual é encaixado o dispositivo de pressão (Figura 6.4). A vibração induz a amostra a girar e a se deslocar sobre o pano de polimento. A taxa de polimento é lenta, podendo levar até algumas horas para uma simples amostra, porém, geralmente, essa é a etapa final de polimento após etapas anteriores realizadas em equipamentos diferentes que permitem polimento mais rápido[2].

6.4.3 Preservação das amostras polidas

Quando não é possível realizar o ataque imediatamente após o polimento, é necessário preservar as amostras polidas. O mesmo cuidado é necessário com as amostras atacadas, quando é necessário observá-las, ou talvez também capturar imagens por microscopia após certo tempo. Os métodos mais comuns de preservação, que podem minimizar os efeitos da umidade ambiental, são o armazenamento em dessecadores de vidro transparente com sílica gel e o armazenamento em campânulas com cloreto de cálcio. Essa necessidade é mais premente em amostras de materiais metálicos mais suscetíveis à degradação por oxidação, como o aço carbono, embora seja recomendável também para metais/ligas que, por oxidação, formam uma camada "passivada" protetora de óxido que inibe o prosseguimento do processo corrosivo de oxidação, como alumínio, cobre, titânio, e os chamados "metais nobres" (ouro, prata e outros), considerados inertes[4].

Os cuidados de proteção às amostras polidas ou atacadas são descritos a seguir:

- Aplicação superficial de produtos aderentes e protetores, como resinas, vernizes, vaselina e outros. Embora esses produtos devam ser aderentes o suficiente para a proteção, ao mesmo tempo devem ser de remoção relativamente fácil, com o uso de algum solvente que não danifique a amostra, por exemplo, o álcool etílico (etanol).
- Outra possibilidade é a proteção com fitas adesivas, comuns ou especiais, que também possam ser removidas com solventes não prejudiciais ou pinças.

De todo modo, é necessário que os produtos, utilizados para esse tipo de proteção sejam transparentes e incolores[4].

6.5 CONSIDERAÇÕES GERAIS

De modo geral, a preparação de amostras para observação em microscópios óticos requer o planejamento e a execução de uma sequência de eventos direcionados para os problemas específicos do material sob análise. Existem várias técnicas disponíveis para o polimento de metais, cerâmicos, minerais e polímeros E cada etapa se baseia na anterior e deve ser executada adequadamente[5].

Os danos introduzidos em cada etapa, como corte, embutimento, lixamento e polimento, devem ser removidos na etapa seguinte para que seja possível obter superfícies sem "artefatos", que são danos introduzidos por essas operações e que podem gerar resultados errôneos, indesejáveis ou que levem a falsas interpretações. Os danos precisam ser minimizados em cada etapa. Em algumas amostras, o embutimento pode gerar problemas, assim o método e o material de embutimento devem ser adequados para cada especificidade. Existem poucas alternativas que podem ser realizadas sem produzir resultados ruins, falsos ou inadequados para determinado tipo de observação ao microscópio[5].

O desenvolvimento dos processos e equipamentos de preparação automática de amostras metalográficas simplificou muito essas operações. Um técnico com pouca experiência pode ser treinado rapidamente para usar essas máquinas e obter resultados satisfatórios. Assim, boa parte da habilidade, anteriormente necessária para obter resultados de qualidade, passa a ser desnecessária. A disponibilidade e a relativa facilidade de uso desses dispositivos de preparação automática, evidentemente, não significam que metalógrafos habilidosos passaram a não ser mais necessário, claro, mas mostram que novos profissionais, com pouca experiência, podem ser rapidamente assimilados num laboratório de metalografia. É possível dizer que os dispositivos de lixamento e de polimento automáticos também produzem excelentes resultados que, frequentemente, podem ser melhores do que os obtidos manualmente[5].

O polimento mecânico pode ser considerado o ponto de partida do polimento de amostras. A sequência básica de lixas de carbeto de silício de 120 a 600 malhas é seguida, geralmente, por uma ou duas etapas de polimento grosseiro, com pano também mais grosseiro. O polimento final é realizado com pasta de diamante fina (1 μm ou menos), ou com abrasivos ainda mais finos, como a sílica coloidal (0,06 μm ou menos), com panos também mais finos, do tipo "nap". O procedimento de polimento final pode ser modificado para melhor se adequar a determinado material ou em função de necessidades específicas[5].

Procedimentos especializados de polimento final, a exemplo do polimento vibratório ou do polimento por ataque, são utilizados quando necessário. Em algumas amostras, os polimentos eletrolítico e químico oferecem algumas vantagens e, quando podem ser aplicados, podem produzir excelentes resultados. Ao estabelecer uma sequência de preparação, o metalógrafo deve ter familiaridade com os problemas específicos que podem ser encontrados na preparação de alguns materiais. Porém, se essa informação não estiver disponível, a sequência de preparação pode ser estabelecida, inicialmente, por uma comparação entre as técnicas conhecidas para a preparação de materiais com dureza, estrutura cristalina ou composição química semelhantes. Para alguns materiais, é possível obter informações significativas, mesmo com a amostra somente polida, não havendo necessidade de realizar o ataque ou qualquer outro procedimento semelhante[5].

Capítulo 7
LIMPEZA E SECAGEM DA AMOSTRA

A limpeza, para eliminação de resíduos provenientes das etapas anteriores de preparação metalográfica, que poderiam contaminar e prejudicar a preparação da amostra nas etapas posteriores, é uma das etapas mais importantes de todo o processo de preparação de uma amostra metalográfica[1,6].

Assim, toda amostra metalográfica deve ser submetida a um processo de limpeza após cada etapa da preparação, sobretudo após as etapas de lixamento e polimento que, geralmente, acarretam o surgimento de resíduos, que poderiam contaminar a amostra quando esta é submetida à etapa seguinte de preparação. É muito importante considerar que a superfície da amostra que está sendo preparada deve estar livre desses resíduos, geralmente de abrasivos e de solventes, assim como de encruamentos (deformação plástica superficial), poeira e sujeira, pois se esses contaminantes não forem suficientemente suprimidos, poderão gerar distorções que podem alterar a percepção do observador (imagem), prejudicando também o registro fotomicrocrográfico (fotografia obtida em microscópio)[1,6].

Considerando que nem sempre o enxágue (com água) é suficiente para a remoção desses resíduos, sobretudo quando estão alojados em cavidades superficiais da amostra, muitas vezes, adicionalmente, é necessária a limpeza com o uso de um dispositivo de ultrassom, também conhecida como "limpeza ultrassônica", considerada a técnica de limpeza mais eficiente na preparação de amostras metalográficas (Figura 7.1)[1,6].

Figura 7.1 Aparelho de ultrassom para limpeza de amostras metalográficas.
Fonte: Acervo do autor.

Num dispositivo de limpeza por ultrassom, o transdutor é o elemento posicionado, quase sempre, abaixo da cuba, onde fica a amostra dentro do banho de limpeza, geralmente um béquer com álcool, onde é inserida a amostra, ficando esse béquer dentro da água que preenche a cavidade da cuba. O transdutor é um elemento que responde a impulsos elétricos de modo a produzir efeito piezoelétrico/magnetostritivo (com variação de forma e dimensões durante o processo de magnetização).

Esse transdutor recebe, a partir da rede, um sinal amplificado, vibrando na frequência da tensão aplicada, assim convertendo a energia elétrica em energia ultrassônica. A superfície do transdutor transmite vibração à solução de limpeza, acarretando o efeito de cavitação, que consiste na formação de bolhas (cavidades) dentro do líquido que, depois, estouram, resultando numa ação erosiva na superfície da amostra, que equivale a uma esfregação, proporcionam um processo rápido e efetivo de limpeza das amostras metalográficas[1].

Dessa forma, os resíduos remanescentes podem ser completamente removidos, mesmo que estivessem alojados em descontinuidades como trincas, poros e interfaces entre a amostra e o embutimento, mesmo que esses resíduos estejam fortemente aderidos às superfícies dessas descontinuidades. Esse processo de limpeza com ultrassom é bastante rápido, durando de 10 a 30 segundos[6].

A secagem da superfície da amostra metalográfica começa com uma rinsagem em álcool etílico, que é um solvente com baixo ponto de ebulição e que seca rapidamente, sem manchar a amostra, principalmente com o uso adicional de um secador com jato de ar quente. Desse modo, qualquer líquido remanescente em trincas e poros será evaporado. Outra possibilidade seria o uso de ar comprimido limpo. De modo geral, uma superfície limpa é pré-requisito para um subsequente ataque químico ou eletrolítico bem-sucedido, pois quaisquer traços de impureza poderiam afetar o resultado final[6].

Capítulo 8
ATAQUE METALOGRÁFICO

É muito importante uma delineação precisa e nítida da verdadeira microestrutura dos materiais para caracterizá-la e, consequentemente, seus efeitos sobre as propriedades desses materiais. No caso de materiais que apresentam grandes diferenças de refletividade de luz após o polimento, a microestrutura desejada pode ser observada na condição de amostra polida sob iluminação em campo claro, sem ser necessário recorrer a operações subsequentes, como o ataque metalográfico. Assim, microconstituintes que diferem entre si em refletividade por pelo menos 6% a 8%, na condição de amostra polida, podem ser visualizados e diferenciados claramente. Menores diferenças de refletividade podem ser acentuadas e tornadas visíveis mediante o uso de filmes de vapor depositados que causam interferência ou pelo uso de iluminação para contraste de fase. As partículas de inclusões em metais apresentam contraste máximo com a matriz na condição polida. Se os microconstituintes diferem um pouco da matriz em dureza, pode ser utilizado o polimento para aparecimento de relevo, que também pode ser reforçado com a iluminação para contraste de interferência, o que permite visualizar a microestrutura sem o ataque[5].

Metais anisotrópicos, a exemplo do berílio, zircônio ou urânio, podem ser analisados com o uso de luz polarizada cruzada, sem necessidade de realizar o ataque metalográfico com reagentes químicos. Por sua vez, metais isotrópicos não apresentam o mesmo comportamento sob luz polarizada, embora com alguns metais isotrópicos seja possível revelar detalhes adicionais, quando são atacados com determinados reagentes. Algumas das técnicas anodizantes utilizadas em metais isotrópicos, como o alumínio, requerem análise subsequente do metal com luz polarizada. Em algumas ligas metálicas, como os aços inoxidáveis, que são isotrópicos, determinadas fases anisotrópicas, como a fase sigma (σ), podem ser visualizadas e, assim, identificadas com o uso de luz polarizada[5].

8.1 CONCEITO BÁSICO DE ATAQUE METALOGRÁFICO

Para muitos metais, só é possível revelar a microestrutura mediante a realização de um ataque metalográfico, por meio da aplicação superficial de um reagente químico apropriado ou de uma solução equivalente que promova um ataque corrosivo localizado em contornos, partículas e demais características microestruturais. Para que os resultados adequados sejam obtidos, esta superfície deve estar livre de artefatos, denominação específica para defeitos que não pertencem à microestrutura original, mas são introduzidos artificial e posteriormente fabricação daquele material. Evitar contaminações superficiais também é importante, e por este motivo a amostra deve ser submetida à limpeza entre cada etapa da preparação, como também antes do ataque[5,6].

Mesmo após o ataque, a amostra deve ser submetida à remoção de resíduos e à secagem, antes da observação ao microscópio. Após a observação, se necessário, são capturadas imagens fotográficas, o que antigamente era realizado com câmeras analógicas, mas, desde algumas décadas, com câmeras digitais[5].

Existem várias técnicas, disponíveis em várias fontes, que descrevem os procedimentos necessários para produzir um ataque metalográfico adequado para a análise microestrutural de uma amostra metálica ou mesmo de outros tipos de materiais. As mais frequentemente utilizadas envolvem o uso de soluções químicas para o ataque metalográfico, mas outros métodos também podem ser usados, como a anodização e os ataques eletrolíticos e potenciostáticos. Técnicas que utilizam o aquecimento, como o ataque térmico e a coloração por aquecimento, também podem ser usadas, assim como a deposição de filmes em camadas finas que promovem interferência por refração da luz visível, o que também pode ser obtido com gases e deposição de vapor[5].

8.2 TEORIA DO ATAQUE METALOGRÁFICO

O ataque metalográfico consiste basicamente num processo corrosivo controlado, resultando de uma ação eletrolítica entre áreas com diferentes potenciais. Uma infinidade de ataques metalográficos foi desenvolvida principalmente pelo método de tentativa e erro, com alguma ajuda proporcionada pelo conhecimento prévio da resistência à corrosão do material metálico analisado. O ataque decorre de uma ação eletrolítica em variações estruturais existentes na superfície da amostra. A atividade eletrolítica resulta da existência de algumas áreas anódicas e de outras catódicas na superfície da amostra, em virtude de heterogeneidades físicas ou químicas nessas regiões, que proporcionam diferentes tipos de reação ao ataque metalográfico resultante da ação de algum reagente químico[5,6].

Os reagentes químicos produzem contraste metalográfico tanto por facetamento cristalográfico, ou seja, grãos com diferentes orientações cristalográficas são atacados de modos diferentes ao gerar "degraus" nos contornos de grãos e diferenças de refletividade, como por ataque preferencial nos contornos de grãos que produz sulcos ou ranhuras nesses contornos. A dissolução seletiva é mais difícil de conseguir, uma vez que necessita da ocorrência de uma reação química preferencial. O ataque seletivo pode ser obtido quando a superfície da fase de interesse se torna mais áspera ou mais escura do que as superfícies das outras fases[5].

Os reagentes químicos mais utilizados nos ataques metalográficos apresentam determinadas características em comum. Geralmente são formados por três componentes principais: um agente corrosivo (p. ex., os ácidos clorídrico, sulfúrico, fosfórico e acético, entre outros); um modificador (como o álcool ou a glicerina) que reduz a ionização; e um oxidante (p. ex., o peróxido de hidrogênio: H_2O_2 e os íons Fe^{3+} e Cu^{2+}). Em alguns ataques metalográficos, um componente pode desempenhar duas dessas funções, como o ácido nítrico no nital. Nos ataques eletrolíticos, a corrente elétrica (amperagem) aplicada atua como agente oxidante. Como o ataque envolve dissolução controlada, a oxidação também deve ser controlada. O agente oxidante viabiliza esse controle ao promover a absorção de elétrons. Pequenas mudanças no poder oxidante de um reagente podem alterar acentuadamente a taxa de dissolução. Como o oxigênio dissolvido na água corrente promove o aumento da taxa de dissolução, é sempre melhor utilizar água destilada para preparar os ataques metalográficos[5].

Quando é realizado o ataque em metais puros ou em ligas monofásicas, surge um potencial eletroquímico entre grãos com diferentes orientações cristalográficas, entre contornos de grãos e o interior dos grãos, entre impurezas e a matriz (fase majoritária) ou em gradientes de concentração (p. ex., segregação) em ligas monofásicas. Quando se trata de ligas bifásicas ou polifásicas/multifásicas, as diferenças de potencial também surgem entre fases com diferentes composições químicas ou diferentes estruturas cristalinas. Essas diferenças de potencial são utilizadas para produzir dissolução controlada[5].

A microestrutura é revelada pela dissolução seletiva da microestrutura, começando na superfície e prosseguindo para o interior do material metálico. Diferenças na velocidade de ataque revelam a microestrutura. Além da dissolução seletiva, o escurecimento, o colorimento ou o escurecimento de fases ou de microconstituintes ocorre quando se utilizam determinados reagentes. Numa liga bifásica, o potencial de uma fase é mais elevado do que o da outra, ou seja, essa última, com potencial mais baixo, é anódica em relação à que tem potencial mais alto, denominada "catódica". Durante o ataque, a fase anódica, mais eletropositiva, é atacada, enquanto a fase catódica, mais eletronegativa, não é consideravelmente atacada. Com o aumento da diferença de potencial entre as fases, o tempo de ataque deve ser cuidadosamente controlado para evitar "queimar" a amostra, ou seja, causar um ataque excessivo que escureça muito a amostra, dificultando ou mesmo impossibilitando a visualização dos detalhes microestruturais. Em consequência da magnitude do potencial entre as diferentes fases, as ligas do tipo duplex, quase sempre, são mais rapidamente atacadas que metais puros ou ligas monofásicas[5].

A fase catódica, não atacada, aparecerá em relevo e clara, em especial se suas dimensões forem relativamente grandes. A fase anódica aparece num plano mais abaixo do que aquele resultante do polimento e pode ter um aspecto superficial mais rugoso, dependendo do reagente utilizado no ataque e da composição química da liga metálica da amostra. Essa rugosidade superficial fará a fase anódica, ou o microconstituinte anódico, parecer escura sob iluminação em campo claro ao microscópio ótico[5].

Se o ataque continua após o tempo necessário para delinear a microestrutura (basicamente, os contornos de grãos), a fase a princípio anódica pode sofrer uma mudança de potencial, talvez pela deposição de produtos de reação ou pela formação de outras camadas anódicas protetoras. Se isso acontecer, a fase inicialmente catódica pode sofrer dissolução, resultando num ataque excessivo (amostra "queimada"), que não permite visualizar com nitidez a microestrutura. Assim, o tempo de ataque deve ser cuidadosamente controlado, sobretudo quando a ampliação ("aumento") desejada ao microscópio é maior ou quando a profundidade de campo é muito pequena. Geralmente, é recomendável um ataque mais suave quando a ampliação desejada é maior. Para ampliações menores, um contraste mais acentuado, ou seja, um ataque mais intenso pode ser desejável[5].

A resposta ao ataque metalográfico da perlita em aços é um exemplo clássico de resposta ao ataque em um material com duas fases. As lamelas de cementita são catódicas em relação às lamelas de ferrita, com uma substancial diferença de potencial. O ataque com 4% de ácido pícrico em álcool etílico (picral) produz uma dissolução lenta, uniforme e suave das lamelas de ferrita, e as lamelas de cementita, catódica, se sobressaem em relevo. Se o espaçamento interlamelar for pequeno, o espalhamento da luz, a partir da microestrutura atacada, fará a perlita aparecer escura e com aspecto monofásico. O ataque com picral é uniforme e promove o escurecimento das colônias de perlita. O ataque com 2% a 3% de ácido nítrico em etanol (nital), porém, produz um amplo intervalo de contrastes em níveis de cinza por causa da sensibilidade à orientação cristalográfica típica do nital. O ataque nas colônias de perlita mais claras é superficial quando comparado com o que ocorre nas áreas de perlita mais escuras. Pode até haver o risco de se confundir algumas áreas perlíticas mais claras com áreas de ferrita. A observação da perlita grosseira em maiores ampliações revela que as lamelas de cementita, na verdade, não são atacadas, mas sim aparecem delineadas por causa da dissolução das lamelas de ferrita. A ferrita e a cementita apresentam tons claros semelhantes, mas sabe-se que a cementita é a fase descontínua e a ferrita é a fase contínua, o que contribui para interpretar a microestrutura, sem recorrer a reagentes seletivos que promovam escurecimento diferenciado entre as fases[5].

O ataque metalográfico, nos metais puros e nas ligas monofásicas, ocorre sem a ajuda de grandes diferenças de potencial eletroquímico observadas nas ligas bifásicas. As diferenças de potencial entre os contornos e o interior dos grãos são bem menores e exercem pouca influência na resposta do material ao ataque. Impurezas segregadas nos contornos de grãos podem alterar significativamente a resposta ao ataque. Nos metais puros e nas ligas monofásicas, determinado reagente pode atacar preferencialmente os contornos de grãos ou pode dissolver preferencialmente grãos com orientações diferentes, gerando ataque por contraste de grãos (facetamento). Um reagente que ataque os contornos de grãos pode gerar contraste de grãos quando o tempo de duração do ataque é mais prolongado. Os reagentes que produzem contraste de grãos são sensíveis à diferença entre as taxas de dissolução dos grãos com orientações diferentes na superfície da amostra. Quando a iluminação do microscópio atinge as facetas dos grãos, será refletida em diferentes ângulos de modo a produzir contraste de níveis de cinza em grãos com orientações diferentes[5].

Assim, quando ligas monofásicas são atacadas para produzir facetamento, alguns grãos aparecem mais claros e brilhantes, enquanto os outros grãos se mostram mais escurecidos em diferentes níveis de cinza. Esse fenômeno, conhecido como "brilho dos grãos orientados", não resulta de diferenças de composição química que promovem escurecimento seletivo das microrregiões, mas sim do ângulo que determinado grão forma com o feixe luminoso incidente, o que o faz parecer claro ou escuro de acordo com esse ângulo formado. Os grãos perpendiculares ao feixe luminoso incidente aparecem claros e brilhantes, enquanto os grãos perpendiculares aparecem escuros e os que formam ângulos entre 0 e 90° aparecem menos escuros, com alguma tonalidade intermediária em níveis de cinza, de modo que a maior ou menor claridade dos grãos facetados depende desse ângulo. Por outro lado, se o os reagentes usados no ataque causam maior rugosidade superficial, esta será mais visível nos grãos não perpendiculares ao feixe luminoso incidente[5].

Muitos reagentes químicos, usados em metalografia, são misturas de ácidos com alguns solventes, como a água. Durante a realização do ataque, os átomos da superfície anódica são transferidos para a solução de ataque como cátions. Contudo, antes de transferidos para a solução, esses átomos são adsorvidos na superfície metálica. Eles apresentam alta mobilidade e são transferidos para a solução, quando as moléculas de água se ligam ao cátion metálico por forças iônicas dipolares, de modo que os cátions metálicos são hidratados. Finalmente, o cátion é removido da superfície depois que a hidratação é concluída. O metal sob ataque nem sempre reage com a solução para produzir hidratação. Em vez disso, pode acontecer que íons complexos formados, ou compostos de metais relativamente insolúveis, se precipitem na superfície metálica[5].

O ataque metalográfico envolve três tipos de ações. Se cátions são formados, é necessário que exista um polo que absorva os elétrons para que a reação prossiga. No ataque de um metal não precioso numa solução não oxidante, a dissolução do metal produz hidrogênio, que atua como polo receptor de elétrons. Mudanças na concentração do ácido acelerarão ou retardarão o ataque[5].

Entretanto, o hidrogênio não é liberado quando metais mais nobres são atacados. O reagente de ataque deve ser formulado de modo que os elétrons liberados sejam consumidos pela redução do oxigênio em soluções ácidas ou de alcalinas para neutras. Assim, reagentes de ataque para metais mais nobres devem conter agentes oxidantes que liberem oxigênio, como ácido nítrico, ácido crômico, ácido pícrico, íons cloretos, persulfatos e peróxidos. Como a maioria dos reagentes de ataque contém oxidantes, pode ser usada para atacar metais nobres e não nobres[5].

Em geral, a composição química dos reagentes não é crítica. Porém, o êxito de um reagente de ataque pode ser influenciado pela ordem em que cada componente químico é misturado, pela pureza dessas substâncias ou pelas mudanças associadas à passagem do tempo ("envelhecimento"). A maioria das soluções reagentes contém um solvente adequado para dissolver o agente que efetivamente promove o ataque. Adições químicas podem ser realizadas para influenciar a ionização ou a decomposição do agente ativo. Em algumas circunstâncias, um ácido concentrado ou a mistura de dois ácidos, por exemplo, na chamada "água régia", podem ser utilizados para efetuar o ataque metalográfico. Infelizmente, nem sempre é possível determinar com certeza a função de cada componente da solução reagente usada no ataque. Adicionalmente, quando um determinado reagente, como o de Murakami, é utilizado para atacar diferentes metais/ligas, pode realizar diferentes funções em cada um desses materiais[5].

Já há algum tempo, faz-se uso de agentes de molhamento para a realização de ataques metalográficos, particularmente para a revelação dos contornos de grãos de austenita prévia nos aços martensíticos. O agente de molhamento cloreto de benzalcônio já é adicionado ao picral, há muito tempo, para melhorar a resposta ao ataque. A adição de agentes de molhamento (tensoativos) diminui a energia superficial na interface entre a amostra e o reagente de ataque, assim influenciando a ação de ataque. Experimentos conduzidos com diferentes reagentes de ataque, tensoativos e aços tiveram os seguintes resultados quando a concentração de agente de molhamento era aumentada[5]:

- Notável e marcante melhora até um valor máximo, acima do qual o aumento de concentração passou a não ser efetiva.
- Aumento modesto e gradual até um valor máximo, acima do qual o aumento de concentração passou a ser nocivo.
- Pouco ou nenhum valor.
- Nocivo em qualquer concentração, principalmente com concentrações mais elevadas[5].

Adições de cloreto de benzalcônio ao picral aumentaram significativamente a velocidade de ataque, para o dobro, aproximadamente, quando na proporção de 8 gotas para cada 30 mL. Aumentando-se bastante essa proporção, para um nível de 90 gotas por 30 mL, não ocorre aumento significativo na taxa (velocidade) de ataque. Além disso, a adição do cloreto de benzalcômio também melhorou a delineação da microestrutura. Adições de tergitol (nonaetilenoglicol) ao picral mostraram-se efetivas em microestruturas ferrítico-perlíticas e bainíticas, porém bem menos eficazes em microestruturas martensíticas, além de deixarem um resíduo oleoso na amostra[5].

O ácido pícrico aquoso, um reagente de ataque lento, torna-se ainda mais lento quando agentes de molhamento são adicionados. Embora a adição de tergitol aumente a taxa de ataque, os resultados ainda não são bons. Agentes de molhamento não são úteis para o ácido pícrico aquoso, exceto no caso de adições de sulfonato de tridecilbenzeno, que promovem o ataque nos contornos de grãos da austenita prévia nos aços, com exceção do aço ferrítico-perlítico. As propriedades de ataque do bissulfito de sódio aquoso não são melhoradas pela adição de agentes de molhamento. O cloreto de benzalcômio, de fato, aumenta a taxa de ataque, mas reduz a qualidade do ataque realizado[5].

Alguns estudos revelaram que os agentes de molhamento agem de modo diferente entre si e que não podem ser trocados se a finalidade for a mesma. Assim como podem melhorar o desempenho de alguns reagentes de ataque, também podem os resultados obtidos com outros reagentes, ou com os mesmos, porém em diferentes circunstâncias. Portanto, a utilização desses agentes de molhamento não deve ser indiscriminada, pelo contrário, deve ser analisada e cuidadosamente considerada caso a caso. Da mesma forma como o ataque pode ser acelerado pelo uso de agentes de molhamento, também pode acontecer o contrário[5].

Alguns pesquisadores desenvolveram técnicas para medir o potencial eletroquímico da solução nas regiões anódica e catódica. Uma das técnicas utilizadas foi a de microcapilaridade, numa solução 0,1 n de KCN, na análise de ligas Al-Cu, descobrindo que, nos contornos de grãos, o potencial atingiu 91 mV na média, sendo anódicos em relação ao interior dos grãos, com uma diferença máxima de 200 mV[5].

Muitas tentativas foram realizadas para definir a influência da orientação do grão no potencial da solução. Os resultados de vários desses estudos indicam que o potencial varia apenas ligeiramente com a orientação dos grãos, embora a metodologia utilizada nesses estudos possa tornar questionáveis os resultados. De todo modo, foi possível concluir que o trabalho a frio produz áreas sensivelmente mais anódicas[5].

Especificamente, experimentos foram realizados com a medição de potenciais eletroquímicos em ligas com 60% de cobre e 40% de zinco (latão conhecido como "metal de Muntz") utilizando nove tipos de reagentes de ataque diferentes. Foi observada uma diferença de potencial de 0,01 para 0,03 V entre as fases alfa e beta, sendo a fase beta anódica em relação à fase alfa. Todos os reagentes testados, exceto uma solução aquosa de NH_4OH e H_2O_2, preferencialmente atacaram a fase alfa, mas as medições de potencial foram consideradas apenas uma estimativa razoável por causa dos erros causados pela rápida e descontrolada evolução de gás. Outros pesquisadores fizeram medições numa liga monofásica com 90% de cobre e 10% de zinco, revelando que os contornos de grãos são anódicos em relação ao interior dos mesmos grãos. Ensaios realizados em uma liga de cádmio e bismuto, que consiste essencialmente de fases que são praticamente compostas pelos metais puros, revelaram que o cádmio é anódico em relação ao bismuto, com uma diferença de potencial de 0,735 V, ao se utilizar um reagente de ataque que escurece preferencialmente o cádmio[5].

8.3 TÉCNICA DE ATAQUE

O ataque químico de amostras metalográficas é um procedimento simples e direto, que pode ser facilmente realizado. Por um lado, os resultados obtidos com reagentes de ataque conhecidos, comuns, em materiais metálicos familiares são geralmente previsíveis e reprodutíveis, mesmo que haja pequenas variações de composição química, temperatura ou tempo de ataque. Por outro lado, os resultados com reagentes de ataque seletivos ou que produzem ataques coloridos (*tint etchants*) necessitam de atenção cuidadosa e podem, eventualmente, ser imprevisíveis.

A sequência de adição e mistura de cada substância, para realizar o ataque, pode ser importante. Assim como a qualidade do polimento realizado previamente[5].

Quando um material metálico desconhecido deve ser atacado, primeiramente é necessário selecionar um reagente de ataque. Isso pode ser feito por meio de conversas com outros metalógrafos ou por consulta a fontes bibliográficas especializadas no tema. É recomendável começar com reagentes de ataque com composições mais simples, mais seguras e usadas com mais frequência, antes de arriscar com reagentes mais seletivos, mais complexos ou potencialmente mais perigosos. É necessário avaliar bem o aspecto geral do material, se possível, em diferentes regiões da amostra, antes de realizar o ataque com algum reagente[5].

Embora as composições químicas dos reagentes de ataque, em sua maioria, não sejam muito críticas, é melhor seguir fielmente as recomendações expressas pelos usuários anteriores. Entretanto, as composições de reagentes usados em ataques coloridos e em soluções de anodização costumam ser muito críticas e, assim, essas recomendações devem ser seguidas rigorosamente para que seja possível obter os resultados relatados. Os componentes do reagente químico são, em geral, misturados em pequenas quantidades, quase sempre de 50 a 200 mL, e devem ser colocados em recipientes relativamente rasos ou em béqueres. Se o regente for armazenado de forma segura, soluções com mais volume, da ordem de 500 a 1.000 mL, podem ser preparadas e armazenadas por tempo relativamente longo[5].

Os reagentes de ataque podem ser utilizados tanto por imersão da amostra dentro do reagente de ataque colocado num recipiente como por agitação suave dentro desse recipiente com o reagente, ou por esfregamento do reagente na amostra com um chumaço de algodão úmido, geralmente em temperatura ambiente. A amostra deve ser sempre manuseada com uma tenaz (espécie de grande pinça), nunca com os dedos, quando colocada dentro da solução de ataque. No caso de agitação, esta deve ser suave, porém com intensidade suficiente para que os produtos da reação não fiquem depositados na superfície, evitando, assim, gerar na amostra um ataque heterogêneo, turvo, “barrento”, “lodoso” ou “lamacento”. Embora haja um ordenamento recomendado para a colocação das diversas substâncias que compõem o ataque para minimizar a deposição dos produtos da reação, a evolução do ataque, muitas vezes, não pode ser acompanhada, resultando num controle deficiente ou insatisfatório. Quando a deposição de produtos na superfície é um problema sério para o ataque, pode ser utilizada uma barra magnética para agitar a solução durante a realização do ataque[5].

Como regra básica, o esfregamento não deve ser realizado, a não ser que seja expressamente recomendado para algum ataque específico, pois pode causar arranhões na superfície da amostra, principalmente quando esta é de algum material metálico muito macio. Algumas pessoas usam algodão úmido, outras utilizam um pedaço de madeira revestido com algodão úmido na ponta, ou bastões de papel macio, para o esfregamento. De qualquer modo, o algodão, ou outro meio qualquer, deve ser recarregado regularmente com reagente ainda não usado até que o contraste desejado seja obtido. O esfregamento é o método de ataque preferido quando o reagente de ataque é do tipo que deposita resíduo, podendo até manchar as amostras, como pode acontecer com algumas ligas de titânio[5].

O tempo de ataque, via de regra, é determinado empiricamente por observação da mudança de aspecto da superfície da amostra durante o ataque, embora em ataques mais específicos, como o eletrolítico, seja recomendável seguir alguma prescrição de tempo de ataque, quase sempre definido previamente, para obter resultados aceitáveis. Quando o ataque permite a visualização da superfície da amostra, faceando o reagente de ataque, virada para cima, é possível interromper o ataque após o tempo apropriado. Com um pouco de experiência, o metalógrafo consegue avaliar adequadamente o tempo ideal de ataque, percebendo a mudança no aspecto visual da superfície da amostra, que perde o brilho e fica mais opaca ou muda de coloração à medida que a reação prossegue, aumentando o grau de ataque até que este atinja o aspecto ideal, antes que a amostra escureça muito, ficando "queimada" a ponto de não mais permitir a visualização das características microestruturais[5].

Se o ataque não aconteceu por imersão, a amostra deve ser retirada e mantida sob água quente por alguns segundos, sendo, depois, submetida à secagem e, em seguida, novamente atacada. Se a amostra for retirada ainda úmida e, depois, colocada dentro de uma solução alcoólica, certamente o resultado do ataque será ruim. Se o grau de ataque for insuficiente para a visualização da microestrutura, pode ser necessário novamente polir a amostra antes de atacar outra vez por mais tempo. Algumas vezes, é possível repetir o ataque sem polir após o primeiro ataque, mas quando este é excessivo, a etapa de polimento subsequente e anterior ao novo ataque é obrigatória[5].

O controle do tempo de ataque é importante para se obter uma imagem bem-definida, bem-delineada, com contraste agudo e que permita a resolução necessária para a observação de finos detalhes, de pequenos objetos. Se um reagente de ataque é muito forte e resulta num ataque muito rápido, com tempo da ordem de poucos segundos, pode ser muito difícil obter bons resultados, sendo preferível, nesses casos, um reagente mais suave, que permita melhor controle. Ataques com tempo de reação igual ou superior a 20 segundos para revelar a microestrutura geralmente proporcionam o controle adequado para sua realização. De modo geral, pode ser dito que, se o ataque for muito suave, não revelará adequadamente todos os detalhes da microestrutura; porém, se for excessivo, obscurecerá esses detalhes[5].

8.4 DIFERENTES MÉTODOS DE ATAQUE

A seguir, são descritos os diferentes tipos de métodos de ataque que podem ser realizados:

- **Ataque por imersão:** o método mais comum, no qual a amostra é imersa ("mergulhada") e assim mantida por curto tempo (segundos/minutos).
- **Ataque por gotejamento:** a solução de ataque, previamente preparada, é gotejada sobre a superfície da amostra. Método indicado para o caso de soluções preparadas com reagentes mais caros, sendo, portanto, adequado para o uso de soluções de alto custo.
- **Ataque por lavagem:** enxagua-se a superfície da amostra com a solução de ataque previamente preparada. Mais utilizado quando as amostras a serem atacadas são de grandes dimensões ou quando há risco de grande evolução de gases durante a realização do ataque.
- **Ataque por imersão alternativo:** preparam-se duas soluções de ataque. Então, a amostra é imersa alternadamente em cada solução; primeiro, a amostra é imersa numa solução; em seguida, é imersa em outra solução e esse procedimento, com essa sequência, pode ser repetido uma ou mais vezes. Quando é realizado o ataque na segunda solução, ocorre a remoção das camadas geradas na primeira.
- **Ataque por esfregação:** inicialmente, um chumaço de algodão ou um pano é embebido na solução de ataque e, então, esfregado sobre a superfície da amostra. Desse modo, removem-se as camadas geradas pela reação que a solução de ataque gerou na superfície da amostra quando esta entrou em contato com o reagente (solução de ataque).

8.5 EVENTUAIS PROBLEMAS NOS ATAQUES

A qualidade do polimento influencia a nitidez da revelação da microestrutura. Uma preparação descuidada pode acarretar problemas ("artefatos") que podem ocasionar erros de interpretação da microestrutura, como os causados por contaminação de resíduos e alterações microestruturais posteriores (durante a própria preparação) a exemplo das decorrentes de aquecimento, deformação e contraste espúrio resultante de ataque excessivo, que escurece a amostra e inviabiliza a observação dos detalhes da microestrutura[5].

Outro aspecto importante para minimizar a contaminação da amostra, que pode prejudicar a interpretação da microestrutura, é a realização da limpeza do corpo de prova para a remoção do excesso de reagente e de resíduos do polimento. Geralmente, um leve e cuidadoso esfregamento da superfície da amostra, com um pedaço de algodão molhado com água, é suficiente para uma limpeza adequada, porém em amostras que contêm cavidades, geralmente trincas e poros, é necessária uma limpeza mais rigorosa, com o uso de um aparelho ("lavador") vibrando com frequência de ultrassom[5].

O manchamento da superfície de uma amostra metalográfica pelo ataque, ou como consequência da saída (exsudação) do resíduo líquido do reagente de cavidades da amostra, pode ocorrer com certa frequência, causando problemas consideráveis no aspecto da amostra metalográfica a ser observada. Existem possibilidades de minimizar esse tipo de problema por meio do uso de algumas substâncias na limpeza da amostra, por exemplo, o ácido etilenodiaminotetracético (EDTA), em solução aquosa 3%, que, mesmo em poucas gotas, pode remover esses resíduos quando em contato com a amostra, principalmente com o uso de ultrassom. Após a remoção com essa solução, é necessário rinsar a amostra com água e, em seguida, com álcool, antes de secar[5].

Num material com mais de uma fase, uma (ou algumas) pode ser atacada preferencialmente pelo reagente, resultando em manchamento localizado; em alguns casos, na formação de pites de corrosão, que só podem ser eliminados com um novo polimento. Repetir esse procedimento, da mesma maneira, resultaria em recorrência do manchamento e da formação de pites, o que pode ser minimizado, talvez evitado, com a adição de EDTA ao reagente de ataque[5].

8.6 ATAQUE COLORIDO (*TINT ETCHANT*)

O avanço das técnicas metalográficas ao longo das últimas décadas proporcionou o desenvolvimento de reagentes de imersão que produzem contraste de cor, frequentemente de modo seletivo, que é visível sob iluminação em campo claro. Em muitos casos, um melhoramento adicional é obtido com luz polarizada. Esses reagentes, conhecidos como "reagentes de ataque colorido" (*tint etchant*), são, em geral, ácidos, tendo como solventes a água e o álcool etílico e são quimicamente balanceados para depositar um filme fino de óxido (espessura entre 40 e 500 nm), sulfeto, molibdato complexo, selênio elemental, ou cromato. A interferência produz coloração, como no ataque colorido ou na deposição por vapor de compostos com alto índice de refração (método de Pepperhoff). Todos esses reagentes de manchamento são aplicados por simples imersão da amostra no reagente. Na maioria dos casos, a superfície não é verdadeiramente atacada abaixo do filme de interferência[5].

A espessura do filme controla a cor do filme e as cores de cada fase observadas ao microscópio. A orientação cristalográfica também influencia as cores observadas. Um filme estável é depositado se a solução reativa está adequadamente balanceada, de modo que os produtos de corrosão na superfície não sejam redissolvidos e transferidos para a solução[5].

Beraha classificou os sistemas de ataque colorido em reagentes anódicos, que precipitam um filme fino nos constituintes anódicos e produzem coloração nessas áreas; em reagentes catódicos que precipitam filmes finos nos constituintes catódicos e, portanto, colorem somente essas áreas; e em reagentes complexos que precipitam filmes por reações complexas. Os ataques coloridos, desenvolvidos por Klemm e Beraha, são complexos e podem ser encontrados mais ao fim deste livro[5].

O metabissulfito de sódio ($Na_2S_2O_5$), o metabissulfito de potássio ($K_2S_2O_5$) e o tiossulfato de sódio ($Na_2S_2O_3$) são ingredientes comuns para alguns dos reagentes de ataques coloridos mais populares. Numa solução aquosa, o sal metabissulfito se decompõe em contato com a superfície metálica, produzindo SO_2, H_2S e H_2, com odor característico. Nas superfícies passivadas, como nas de aço inoxidável, o SO_2 elimina a passivação da superfície, enquanto o H_2S proporciona íons de enxofre, que combinam com os íons metálicos da amostra, para formar um filme de sulfeto que mancha a superfície da amostra. O íon tiossulfato se decompõe de modo semelhante. Os resultados da análise de composição química dos filmes superficiais produzidos por esses reagentes revelam a presença de compostos como óxidos, sulfetos e sulfatos. Adicionando-se ácido clorídrico a essas soluções, é possível utilizá-las para o ataque nos aços inoxidáveis e ligas resistentes ao calor, contendo teores consideráveis de cromo. Os microconstituintes anódicos, como a ferrita e a austenita, ficam coloridos, enquanto os microconstituintes catódicos, como os carbetos e nitretos, permanecem claros e não afetados. Adicionalmente, por causa das diferenças de orientação, as fases anódicas ficam coloridas com diversos tons[5].

Beraha desenvolveu um ataque colorido contendo ácido selênico, álcool etílico, ácido clorídrico, elementos que podem ser utilizados em diferentes proporções, dependendo da aplicação. O ácido selênico é reduzido a selênio elementar e depositado nas áreas catódicas da microestrutura, produzindo cores que variam com a espessura do filme nos constituintes. O álcool suprime a ionização e a polarização nos microeletrodos, permitindo a deposição preferencial nas áreas catódicas. Ao se alterar a quantidade de ácido selênico e de ácido clorídrico no reagente de ataque colorido, uma grande variedade de ligas à base de ferro pode ser seletivamente atacada, resultando em ataque colorido[5].

Beraha também desenvolveu ataques coloridos contendo molibdato de sódio ($Na_2MoO_4.2H2O$) que produz ácido molíbdico (H_2MoO4) numa solução ácida. O ácido molíbdico é parcialmente reduzido, gerando uma coloração azul na solução. A solução de molibdato é reduzida nos microconstituintes catódicos, precipitando um filme de molibdato complexo nessas regiões. As cores produzidas dependem do tempo, da espessura do filme e da capacidade das áreas catódicas de reduzir o molibdato. O reagente de molibdato é acidificado com o ácido nítrico, para colorir os ferros fundidos e os aços ou com o ácido clorídrico no caso de ligas de alumínio. A coloração dos aços é adicionalmente intensificada por adições de pequenas quantidades de bifluoreto de amônia (NH_4FHF)[5].

Beraha também desenvolveu uma solução aquosa complexa de tiossulfato, contendo acetato de chumbo e ácido cítrico, com ampla aplicabilidade. Esse reagente deposita um filme de sulfeto de chumbo (PbS) e é muito útil para ligas de cobre, para escurecimento preferencial da cementita ou de fosfetos ou para colorir inclusões de sulfetos em aços. O filme de sulfeto de chumbo se forma da seguinte maneira: o ácido cítrico acidifica ligeiramente a solução. Por causa do excesso de tiossulfato adicionado, partículas de tiossulfato de chumbo se precipitam e dissolvem-se para formar uma solução complexa. Então, o ácido cítrico reage com a superfície metálica, produzindo íons metálicos que decompõem o complexo de tiossulfato de chumbo, produzindo cátions de chumbo (Pb^{2+}). Esses cátions se precipitam como PbS na superfície da amostra. A deposição de PbS depende da taxa de ataque pelo ácido cítrico nos microconstituintes, ou seja, a taxa com a qual os íons metálicos da amostra decompõem o tiossulfato de chumbo, produzindo íons de chumbo[5].

Beraha desenvolveu um reagente de cromatização para ataque colorido em ligas de cobre e de alumínio. O reagente pode conter tanto o trióxido de cromo (CrO_3) como o sal dicromato. A reação fundamental nesse reagente é a redução parcial de Cr^{6+} a Cr^{3+} e a produção de um filme complexo contendo ambos os íons. A ideia proposta por Beraha utiliza CrO_3, que resulta em um ataque rápido e na formação de um revestimento. Se for necessário, a reação pode ser retardada pelo aumento do teor de água. Também é recomendada a realização de um pré-ataque com um reagente de uso geral[5].

Os ataques coloridos mais utilizados são facilmente preparados pela dissolução de sais nos solventes especificados, ou seja, água e álcool (etílico). Sempre que estão presentes íons fluoreto, devem ser utilizados béqueres de "plástico" (polietileno), e não de vidro. Alguns dos reagentes precisam ser envelhecidos por pelo menos 24 horas numa garrafa escura, num local escuro. Alguns desses reagentes, ou seja, os que contêm metabissulfito de sódio ou de potássio, geralmente liberam dióxido de enxofre e sulfeto de hidrogênio, gerando um forte odor próximo ao béquer. É recomendável que esses reagentes sejam manipulados em uma capela, embora a intensidade do odor não seja tão forte assim. Pinças de "plástico" devem ser preferencialmente usadas em vez de pinças metálicas, com os reagentes no caso de aços inoxidáveis e ligas resistentes ao calor. Embora os reagentes que causam manchamento não sejam muito perigosos, é melhor evitar contato com eles. O ácido selênico é corrosivo e altamente tóxico, muito semelhante ao ácido sulfúrico. Por esse motivo, deve ser manipulado com muito cuidado[5].

Ao utilizar ataques coloridos, um leve pré-ataque deve ser realizado com um reagente de ataque de uso geral, o quem quase sempre, melhora o contraste da imagem obtida. Os ataques coloridos em geral são realizados em temperatura ambiente, com a imersão da amostra, nunca o esfregamento, o que previne a formação de um filme e promove o ataque. A amostra é colocada num béquer contendo cerca de 100 mL de solução e calmamente agitada por 20 a 40 segundos, sendo, então, mantida em repouso até que a coloração desejada macroscopicamente seja obtida, geralmente em tons de violeta. Então, a amostra é manuseada com uma pinça e retirada da solução, lavada com água corrente da torneira, rinsada com álcool e submetida à secagem com ar quente. É muito importante não tocar no filme que se forma na superfície da amostra para não o danificar, prejudicando o ataque obtido[5].

Ataques coloridos necessitam de amostras polidas com alta qualidade para que sejam obtidos bons resultados. Superfícies que parecem não ter riscos ou arranhões podem apresentar riscos após o ataque colorido. O filme de interferência evidenciará os riscos menos perceptíveis presentes na superfície. A fotografia colorida é muito interessante, mas bons resultados podem ser obtidos também com imagens em níveis de cinza ("preto e branco"). O ataque colorido pode levar de 10 a 15 segundos para ser percebido e até 1 minuto para alcançar os melhores resultados[5].

Ao atacar o ferro fundido cinzento, contendo um eutético ternário Fe3C-Fe3P--ferrita, o ataque com nital e pricral revela a delineação do eutético ternário e as finas partículas de ferrita, mas não alcança o contorno de fase entre a cementita e o fosfeto. Os ataques coloridos de Beraha colorem seletivamente o fosfeto e a cementita, embora, algumas vezes, as cores assim obtidas nem sempre correspondam às cores especificadas na literatura técnica específica. A fase ferrita no eutético nem sempre é revelada claramente. O reagente de Murakami (10 g de KOH, 10 g de $K_3Fe(CN)_6$ e 100 mL de água) não produz ataque visível à temperatura ambiente. Contudo, quando esse reagente é utilizado fervente, após 10 segundos, apenas o fosfeto é colorido em tons de marrom. Após 2 minutos, a cementita é levemente colorida de amarelo e fosfeto de marrom escuro. O uso, por 1 minuto, de picrato de sódio alcalino fervente, ao qual são adicionados 2% de EDTA, colore somente a cementita. O ataque colorido (a 400 °C por 10 minutos) colore a cementita de azul escuro e o fosfeto, de bege claro. Outros exemplos de uso do ataque colorido são citados neste texto[5].

8.7 ATAQUE ELETROLÍTICO

Muitas soluções de polimento eletrolítico podem ser usadas para atacar amostras simplesmente reduzindo-se o potencial elétrico (voltagem) aplicado para cerca de um décimo (10%) do valor utilizado para o polimento e mantendo esse baixo valor por vários segundos, ou mesmo por tempo mais longo, ou provocando curto-circuito nos eletrodos ao fim do ciclo de polimento. Entretanto, nem todas as soluções indicadas para polimento eletrolítico produzem bons resultados no ataque[5].

Muitas das soluções desenvolvidas para ataque eletrolítico, que, nessa atividade, demonstram excelente desempenho, podem não gerar bons resultados no polimento eletrolítico, com maiores voltagens. Mas quando as amostras são polidas previamente, essas soluções podem ser utilizadas para atacar as mesmas amostras com bons resultados. Para revelar algumas características microestruturais, como arranjos de discordâncias, uma superfície submetida a polimento eletrolítico ou químico é, geralmente, desejada para a obtenção de bons resultados[5].

No ataque eletrolítico, o potencial elétrico aplicado exerce a função típica de um agente oxidante num reagente para ataque químico. Assim, a maioria dos reagentes para o ataque eletrolítico é simples em composição, sendo soluções à base de ácidos, substâncias alcalinas ou sais. Quase sempre a amostra é o anodo, embora tenham sido desenvolvidas soluções para ataques catódicos. Do mesmo modo, quase sempre é utilizada a corrente direta, embora algumas poucas soluções necessitem de corrente alternada. No ataque eletrolítico, o processo é controlado pela variação da voltagem e do tempo de ataque. Geralmente, a amostra pode ser atacada, examinada e novamente atacada sucessivamente sem necessidade de polir novamente, uma prática que nem sempre é possível com reagentes químicos[5].

Os reagentes para ataque eletrolítico são, frequentemente, usados para o ataque seletivo de microconstituintes específicos ou de contornos de grãos. Alguns reagentes de ataque eletrolítico atacam a superfície da amostra de modo não seletivo, mas muitos são bastante específicos no ataque mais pronunciado a determinados microconstituintes, sendo, assim, bastante úteis para a identificação de fases. Reagentes para ataques eletrolíticos têm sido usados no estudo de aços inoxidáveis, entre outras ligas. Esses reagentes são de fácil uso, em geral, muito seguros e produzem bons resultados, frequentemente superiores aos obtidos com os reagentes de ataque químico, sendo mesmo imprescindíveis no caso de algumas ligas metálicas especiais, como algumas com alta resistência à corrosão/oxidação e que, assim, são muito complicadas para o ataque químico[5].

8.7.1 Anodização

A oxidação anódica, ou anodização, é um processo de ataque eletrolítico para depositar um filme na superfície metálica, que é frequentemente epitaxial, ou seja, formado pelo crescimento de cristais com a mesma estrutura e orientação do substrato sobre o qual se deposita. Em essência, guarda semelhança com o ataque colorido, ou com calor, na medida em que um filme de interferência é produzido na superfície metálica. Entretanto, com algumas amostras, a luz polarizada deve ser usada para se obter as informações microestruturais desejadas, independentemente da estrutura cristalina do substrato metálico. Em geral, superfícies obtidas por polimento eletrolítico produzem os melhores resultados. A anodização já foi usada com amostras de alumínio, cobre, nióbio, titânio, urânio e zircônio[5].

Inicialmente, a anodização foi aplicada para o estudo da microestrutura/grãos do alumínio. Embora o alumínio tenha estrutura cristalina cúbica (CFC), sendo, portanto, isotrópico, o filme de óxido produzido permite que a estrutura de grãos seja observada sob iluminação com luz polarizada. Se o filme é fino, as cores de interferência geradas e as heterogeneidades físicas e químicas poderão ser observadas. Contudo, quase sempre, filmes mais grosseiros são gerados, não sendo possível utilizar o efeito de interferência. O efeito de anisotropia ótica causado por filmes mais grosseiros já foi atribuído à estrutura superficial do filme de óxido, embora alguns pesquisadores afirmem que esse efeito se deve ao perfil submicroscópico da interface entre o material metálico e o filme de óxido[5].

Embora a anodização tenha sido utilizada, geralmente, com materiais metálicos isotrópicos, também é útil para a análise microestrutural de materiais metálicos isotrópicos, como o urânio e o zircônio, nos quais certos efeitos químicos e microestruturais podem ser melhorados para a observação em microscopia[5].

8.7.2 Ataque potenciostático

O potenciostato, equipamento desenvolvido inicialmente para o estudo de certos processos corrosivos, proporciona ao metalógrafo uma técnica de ataque eletrolítico altamente controlada e seletiva. Um terceiro eletrodo, o eletrodo de referência (com frequência, um eletrodo saturado de calomelano), é utilizado para manter o potencial elétrico constante durante o ataque. A corrente passa apenas entre a amostra polida (anodo) e o catodo de platina, sendo controlada pela diferença de potencial entre o eletrodo de referência e a amostra[5].

O potenciostato consiste de um amplificador de corrente contínua, balanceado em dois estágios, que permite o controle da corrente em ambas as direções. Qualquer desvio do potencial constante imposto pelo potenciostato é amplificado e compensado de modo a manter um potencial constante na superfície da amostra. O procedimento para a realização de medições potenciostáticas está descrito na norma ASTM G5. O processo de ataque pode ser estudado por variação lenta do potencial e pelo registro das curvas de polarização em ambas as regiões[5].

A natureza das curvas de polarização de uma superfície metálica polida depende da temperatura e da composição do eletrólito, da composição da liga e da quantidade e da natureza das fases presentes. Assim, essas curvas são obtidas para determinadas condições, muito específicas, de modo que somente condições de ataque bastante seletivas podem ser obtidas. Analisando-se as curvas de polarização, é possível estabelecer os intervalos de potenciais para os quais ocorre a dissolução anódica das fases. Cada fase tem uma curva de polarização específica e a análise dessas curvas, juntamente com a comparação com a curva de polarização de uma liga contendo essas fases, viabiliza a determinação de um potencial ou de um intervalo de potenciais no qual determinada fase será atacada preferencialmente. Para que seja possível produzir uma clara e definida distinção de fases, a proporção da taxa de dissolução/ataque de determinada fase deve ser a mais elevada possível em comparação com as outras fases presentes. Assim, numa liga bifásica, a razão que proporciona essa diferenciação é a da corrente por unidade de área superficial da fase desejada em relação à outra fase para determinado potencial elétrico aplicado. As quantidades relativas das fases não afetam a razão de diferenciação[5].

O procedimento ótimo para a determinação de potenciais para ataques seletivos consiste em se obter curvas de polarização independentes para cada fase da liga. Porém, frequentemente isso é impossível, pois, muitas vezes, as fases são inseparáveis. Contudo, o registro contínuo das curvas de polarização de uma liga multifásica pode ser usado para a obtenção da informação desejada. Alternativamente, ao se escolher ligas com composição química semelhante e submetê-las a tratamentos térmicos específicos para alcançar condições monofásicas, ou grandes quantidades de determinada liga desejada, é possível obter as curvas de polarização individuais almejadas[5].

Um estudo de ataque potenciostático de ligas estanho-zinco (Sn-Zn) proporcionou informações valiosas sobre o ataque potenciostático e seu valor de potencial. Esse sistema binário é ideal para esse estudo e consiste de estanho puro e zinco puro, cujas características de polarização foram previamente definidas de modo bem claro. Os produtos da dissolução do estanho são incolores, enquanto os produtos da dissolução do zinco são escuros e insolúveis. Assim, os resultados decorrentes da coloração e da ausência de coloração podem ser comparados[5].

Como mencionado, foram determinadas, potenciostaticamente, as curvas de polarização anódica para o estanho e o zinco no hidróxido de sódio que apresentam uma região de perda de controle potenciostático. Como o estanho e o zinco formam uma liga heterogênea, ou seja, são imiscíveis, essa região indica que ambas as fases/ambos os metais se dissolvem ao mesmo tempo na liga em valores de potencial e de densidade de corrente relativamente próximos. Em outra faixa de valores, com elevada diferenciação de potencial, ocorre o ataque seletivo do estanho que torna a superfície do material mais rugosa e mais escura. O ataque seletivo do zinco pode ser obtido mediante a aplicação de uma menor razão de diferenciação, resultando na formação de produtos de corrosão escuros, o que permite maior contraste na fase rica em zinco, mesmo com menor remoção de metal nessa situação[5].

O método de ataque potenciostático proporciona a vantagem considerável de permitir um ataque seletivo de microconstituintes desejados com elevada reprodutividade. Assim, é um método ideal para a identificação de fases e para a metalografia quantitativa[5].

8.8 ATAQUES PARA OBSERVAÇÃO SOB LUZ POLARIZADA

Materiais metálicos com estrutura cristalina cúbica não apresentam boa resposta à iluminação polarizada cruzada. Como foi mencionado anteriormente, os filmes superficiais anodizados nos metais cúbicos, como o alumínio, observados sob luz polarizada, revelam contraste de grãos. Amostras submetidas ao ataque colorido, em temperatura ambiente ou a quente, podem ser observadas somente com a iluminação convencional em campo claro, mas a luz polarizada aumenta o contraste nesses casos. Existem também outros tipos de ataque metalográfico que tornam a superfície de muitos materiais metálicos ativa à luz polarizada, mesmo que esses materiais sejam isotrópicos[5].

Já foi demonstrado que superfícies metálicas isotrópicas severamente atacadas (aços, latão, bronze de alumínio, cuproníqueis, bismuto, níquel e alumínio) respondem à luz polarizada e, depois, também foi demonstrado que a perlita atacada responde à luz polarizada, enquanto nenhum efeito é observado no aço perlítico polido, sem ataque. Acredita-se que o ataque químico produza um filme superficial anisotrópico, semelhante ao produzido pela anodização, que permita se obter um contraste realçado, quando observado em luz polarizada, atribuído a diferenças de orientação cristalina. Entretanto, dúvidas persistiram sobre a validade dessa hipótese[5].

Para esclarecer melhor essa questão, foi realizado um experimento para determinar se a resposta à polarização decorria de efeitos de contornos superficiais ou da presença de um filme superficial anisotrópico. O zinco e o cádmio, polidos eletroliticamente, ambos anisotrópicos, alumínio polido eletroliticamente, anodizado e isotrópico, e Monel isotrópico, foram analisados antes e após a deposição de um filme fino (80 nm de espessura) em vácuo de prata nas superfícies polidas. Se a polarização fosse afetada pela rugosidade superficial, o filme de prata depositado não prejudicaria a polarização, porque esse filme reproduz a rugosidade superficial. Contudo, se os efeitos de polarização fossem resultantes da rugosidade, o filme de prata não prejudicaria os efeitos de polarização porque se reproduziria a rugosidade superficial. Antes da deposição, todas as quatro amostras respondiam à luz polarizada. Após a deposição, o zinco e o cádmio oticamente anisotrópicos não respondiam à luz polarizada, como esperado. Assim, os efeitos da polarização no alumínio anodizado e no Monel atacados resultam dos efeitos de rugosidade superficial e não da presença de um filme superficial anisotrópico. Esses efeitos de rugosidade superficial podem ser observados com iluminação de contraste de fase e por microscopia eletrônica, e não estão presentes nas amostras polidas de alumínio e de Monel[5].

8.9 ATAQUE COLORIDO POR CALOR

Se uma amostra polida for aquecida ao ar em uma temperatura relativamente baixa, a sua superfície será oxidada. Numa liga multifásica, as taxas de oxidação dos microconstituintes podem variar bastante, dependendo de sua composição química de modo a produzir variações na espessura e na coloração da camada de óxido. Cores de interferência são obtidas quando a camada de óxido atinge certo valor de espessura, geralmente em torno de 30 nm. Filmes de óxidos mais finos são invisíveis sem o uso de métodos especiais de análise[5].

As cores produzidas por um filme, com espessura adequada, são causadas pela interferência entre os raios de luz refletidos das superfícies internas e externas do filme. Filmes de óxidos mais finos são invisíveis sem a utilização de métodos especiais de análise. A recombinação de duas ondas com uma diferença de fase de 180° causa o desaparecimento de determinados comprimentos de onda e a luz refletida apresenta a cor complementar. A interferência ocorre quando a espessura do óxido é um múltiplo ímpar de um quarto do comprimento de onda de um componente da luz incidente. O fator crítico é o comprimento de onda da luz no óxido, que é influenciado pelo índice de refração do filme de óxido. As relações entre a espessura do filme e as cores de interferência já foram determinadas para o ferro, o aço, o níquel e o cobre[5].

Trabalhos de pesquisa demonstraram que a orientação cristalográfica também influencia as taxas de oxidação. Ao utilizar esferas de monocristais de cobre, demonstraram que a oxidação a 250 °C ocorreu mais rapidamente em determinadas faces cristalográficas, com a taxa de oxidação decrescente segundo a seguinte ordem: (100), (210), (110), (311). O aspecto da oxidação de metais com estrutura cristalina cúbica (CFC) é bem diferente do aspecto de oxidação de metais com estrutura cristalina hexagonal (HCP)[5].

Vários métodos têm sido uados para produzir filmes adequados por aquecimento para ataque colorido por calor. Esses métodos incluem o aquecimento numa placa quente, ou num chapa posicionada sobre um queimador do tipo bico de Bunsen, flotação no estanho líquido, ou aquecimento num forno de laboratório. Com esses três métodos, tempos de aquecimento da ordem de 20 minutos podem ser obtidos. Uma coloração violeta macroscópica é obtida com esses métodos, mas somente na flotação em estanho líquido há controle instrumental de temperatura. No aquecimento em forno de laboratório, tanto o tempo como a temperatura podem ser fixados para permitir melhor controle do aquecimento. O aquecimento por indução (bobina) produz rápida oxidação, geralmente em torno de 5 a 10 segundos, embora o controle desse processo possa ser consideravelmente difícil[5].

Um ataque prévio muito leve com um reagente de uso geral ajuda a obter imagens mais bem-definidas. O ataque colorido por calor produz um efeito de cores muito marcante que pode ser muito útil para a identificação de fases já que certos microconstituintes são oxidados mais rapidamente do que outros. A análise microestrutural de muitos metais e ligas não ferrosos pode ser facilitada pelo emprego do ataque colorido por calor. Contudo, esse método de ataque não pode ser utilizado quando o aquecimento provoca transformações de fase e outros efeitos na microestrutura, como a precipitação. Apesar da simplicidade e dos excelentes resultados que podem ser obtidos, poucos metalógrafos recorrem a esse tipo de ataque e, assim mesmo, raramente. Os principais motivos da baixa frequência de uso desse método de ataque são a dificuldade de controle e a baixa reprodutividade dos resultados obtidos. Contudo, se um forno de laboratório for usado para controlar a temperatura e o tempo de aquecimento, excelente reprodutividade de resultados pode ser alcançada com os materiais mais comumente encontrados[5].

O ataque colorido por calor não é útil para aços carbono e baixa liga porque a fase ferrita oxida rapidamente e o filme assim produzido é espesso e obscurece os detalhes. A cementita também oxida com rapidez, de modo que ambas as fases ficam escurecidas. A perlita pode ser colorida mais suavemente, porém esse ataque não apresenta vantagem significativa em comparação a outros ataques mais comuns. O ataque colorido por calor pode ser usado para várias outras ligas, como os ferros fundidos, aços de alta liga, aços inoxidáveis, ligas de cobalto, assim como o titânio e suas ligas[5].

8.9.1 Ataque por bombardeamento iônico

O ataque por bombardeamento iônica é uma técnica de ataque metalográfico especial, usada principalmente com materiais cuja microestrutura é de revelação mais complicada por ataque químico. O ataque por bombardeamento iônico é relativamente antigo, mas passou a ser mais utilizado com o desenvolvimento de materiais radioativos e de compósitos[5].

A revelação da microestrutura dos materiais pelo ataque por bombardeamento iônico resulta da energia e da distribuição angular dos íons incidentes, assim como das diferenças de composição química e de orientação na superfície da amostra. O bombardeamento iônico resulta em diferentes taxas de remoção de material, metálico ou compósito que dependem das ligações interatômicas, do tipo de gás ionizado utilizado no bombardeamento e da energia de bombardeamento. À medida que aumenta a energia de bombardeamento, a profundidade de penetração também aumenta, assim como o rendimento, a efetividade do bombardeamento.

Contudo, quando a energia de bombardeamento é excessivamente alta, o resultado é a implantação dos íons do gás de bombardeamento[5].

São utilizados três modos de bombardeamento[5]:

- Bombardeamento físico com um feixe de íons.
- Bombardeamento físico, catódico por meio de uma descarga de gás ionizado.
- Bombardeamento químico por uma descarga gasosa ativada.

O bombardeamento físico com um feixe de íons sob forte vácuo a um ângulo de incidência preestabelecido para a descarga gasosa de íons é utilizado para reduzir a espessura de uma amostra, até transformá-la numa folha fina, que é analisada por microscopia eletrônica de transmissão (MET), também podendo ser usada para observação por outras técnicas, como a microscopia Auger. O bombardeamento iônico é usado para reduzir a espessura de amostras de MET, sobretudo em materiais que não são adequadamente afinados por polimento químico ou eletrolítico. O ataque iônico para baixas taxas de bombardeamento é, frequentemente, utilizado para a limpeza de amostras antes da análise química superficial[5].

O bombardeamento catódico por uma descarga de gás para acelerar os íons acima da amostra (catodo) utiliza potenciais de corrente contínua de até 5 V sob vácuo. Um campo de alta frequência pode ser aplicado, usando eletrodos externos para estabilizar a descarga de gás. O ataque químico por íons, ou bombardeamento reativo, geralmente utiliza oxigênio e, também geralmente, é usado apenas para amostras orgânicas, em particular as poliméricas. As estruturas desenvolvidas, entretanto, são influenciadas pelo ângulo de incidência[5].

O ataque catódico em vácuo já foi comprovado como um método útil para revelar a microestrutura do alumínio e do ferro fundido. Nos aços, as taxas de bombardeamento para a ferrita e para a cementita são praticamente idênticas; assim, essa técnica não apresenta vantagem significativa, em comparação com ataques químicos para aços. Contudo, para outros materiais, como compósitos, materiais revestidos, soldas dissimilares e mais alguns, com frequência, pode ser complicado revelar a microestrutura por ataque químico. Uma amostra pode ser adequadamente atacada, enquanto outra amostra, do mesmo material, pode nem ser atacada, ou atacada em demasia ("queimada"). O ataque catódico em vácuo é bastante útil para revelar a microestrutura de materiais metálicos de ataque reconhecidamente complicado e pode ser utilizado em materiais tão diversos quanto os cerâmicos e os materiais radioativos. Os ataques resultantes não apresentam manchas e também removem arranhões mais finos de polimento. Esse método de ataque metalográfico apresenta uma desvantagem significativa para amostras embutidas em resina polimérica, uma vez que a incandescência da descarga decompõe a resina polimérica do embutimento, produzindo camadas de contaminação na superfície da amostra. Sendo assim, esse método é inadequado para esse tipo de amostra. Outra desvantagem é a considerável geração de calor durante o ataque. Além disso, o ataque por bombardeamento iônico de metais com baixa temperatura de fusão pode produzir "artefatos" cônicos na superfície atacada. A formação desses "artefatos" ocorre mais frequentemente quando são utilizados gases como o argônio e o neônio. Assim, pode ser difícil interpretar a microestrutura quando essas características surgem. Contornos interfásicos com diferentes taxas de remoção podem ser alargados de forma não natural. As superfícies atacadas pelo bombardeamento iônico, em geral, apresentam um contraste plano de ataque. Contornos de grãos e de fases são revelados facilmente. O tempo de duração do ataque por bombardeamento iônico, quase sempre, varia entre 1 e 10 minutos, embora, em alguns casos, possa atingir até 1 hora. O equipamento que realiza o bombardeamento tem dimensões relativamente pequenas, mas o custo inicial de compra não é baixo, pois envolve tecnologia significativamente avançada. Um exemplo desde tipo de equipamento é mostrado na Figura 8.1[5].

Figura 8.1 Equipamento para preparação de amostras metalográficas por bombardeamento iônico (*ion milling*).
Fonte: Acervo do autor.

8.9.2 Ataque por pites em discordâncias

Embora o ataque em discordâncias tenha começado por volta de 1949, o desenvolvimento de figuras de ataques em minerais começara por volta de 1817, com a descoberta de vários ataques nas décadas seguintes. Figuras de ataque foram usadas para estudar a simetria de cristais, porém esse método foi superado pelo desenvolvimento da técnica analítica de difração de raios X[5].

A introdução do conceito de discordâncias nos anos 1930, que proporcionou um melhor entendimento da plasticidade, da resistência mecânica, da microestrutura de contornos de grãos e muitos outros fenômenos, também propiciou o desenvolvimento de muitas técnicas para a detecção de discordâncias. Surgiram estudos sobre as propriedades de monocristais com base em medições da densidade e distribuição de discordâncias, assim como subestruturas[5,16].

Muitas técnicas já foram usadas para detectar discordâncias e, entre estas, o ataque por formação de pites é a mais simples e a mais utilizada. Esse tipo de ataque pode ser usado em cristais que podem sofrer fratura por clivagem ou ser cortados e polidos para expor planos cristalinos com baixos índices cristalográficos. Como as discordâncias são regiões desordenadas, com alto nível de energia, podem ser reveladas mediante o uso de soluções que atacam preferencialmente essas regiões. Entretanto, é necessário que a solução ataque somente as discordâncias e todas as que emergem à superfície da amostra. Como, geralmente, são analisadas amostras massivas, volumétricas, é impossível revelar discordâncias internas que não emergem à superfície. Contudo, mediante polimento e ataques sucessivos desgastando a amostra, é possível analisar discordâncias internas[5].

Outro método de ataque permite revelar as discordâncias por decoração/precipitação. Ligas de alumínio contendo 4% de cobre também já foram analisadas por esse método que se baseia na precipitação preferencial sobre as discordâncias. A configuração interna das discordâncias dentro dos cristais pode ser analisada por meio do uso de métodos de decoração[5].

Esse método começou a ser utilizado por volta de 1952 e os resultados mostraram, de modo pioneiro, que as discordâncias podem ser reveladas por esse tipo de ataque utilizando-se cristais de carbeto de silício atacados com bórax fundido[5].

Os pites de ataque são gerados pela imersão de um cristal adequadamente preparado em determinado fluido, gás ou líquido, em temperatura ambiente ou em temperaturas elevadas por certo período. Se as condições forem escolhidas apropriadamente, pequenos pites serão observados na superfície do cristal nos locais em que as discordâncias estão presentes. Além do ataque químico, as discordâncias podem ser reveladas pelo ataque eletrolítico, pelo ataque térmico, pela oxidação preferencial, ou pelo bombardeamento iônico, métodos anteriormente abordados neste texto[5].

Nos materiais metálicos, a segregação de impurezas, como a formação de atmosferas de Cottrell em discordâncias, é necessária para a realização de um ataque por pites adequado. Contudo, nos cristais iônicos, as impurezas não parecem ser tão relevantes nesse sentido. Numa faceta de clivagem recém-aberta, novas discordâncias recém-geradas, assim como discordâncias, nela contidas, podem ser reveladas. Em geral, as discordâncias recém-geradas são reveladas com mais facilidade, provavelmente por causa dos campos de deformações associados com essas novas discordâncias[5].

A forma de um pite de ataque é determinada pela razão entre o deslocamento lateral dos degraus superficiais e a taxa com a qual o pite se aprofunda. Se essa razão é pequena, ou seja, inferior a 10, o resultado será o surgimento de um pite bem-definido. Assim, uma solução adequada para ataques por pites produz razão inferior a 10. Em geral, a adição de impurezas à solução pode reduzir o deslocamento lateral dos degraus superficiais. No caso de ataques em algumas amostras, como o fluoreto de lítio (LiF), a concentração das impurezas é importante, mas no caso de outras amostras nem tanto[5].

A orientação cristalográfica da superfície da amostra, com frequência, tem um efeito significativo na resposta do ataque. Planos compactos, em geral, são mais facilmente atacados, ao contrário dos planos com índices mais elevados. Em muitas amostras, os pites de ataque só são gerados em uma estreita faixa de orientações próximas aos planos compactos[5].

Em consequência ao fato de que os planos de baixos índices são os mais facilmente atacados, não é surpreendente que a morfologia dos pites de ataque é uma função da simetria cristalina. Por exemplo, pites de ataque num plano compacto (111) de um metal cúbico de faces centradas (CFC) aparecem como pirâmides de base triangular com faces correspondentes aos planos {110}, enquanto pites nas faces {110} aparecerão como quadrados e pites nas faces {110} aparecerão como retângulos[5].

Muitos pesquisadores avaliaram a relação entre o número de pites de ataque e a densidade de discordâncias, podendo chegar praticamente a uma correspondência de um para um. Essa possibilidade depende de fatores como a composição do ataque, qualidade superficial da amostra e sua orientação. Também é importante considerar que pites de ataques podem ser gerados a partir de precipitados e inclusões, tornando necessário certo cuidado na interpretação dos resultados[5].

Por sua vez, os pites de ataques só podem servir como referência para determinar a densidade de discordâncias, quando esta é relativamente baixa. Quando essa densidade é mais elevada, pode ser estimada por técnicas de microscopia eletrônica. Eventualmente, pode ser possível diferenciar discordâncias em aresta (cunha) e espiral (hélice) porque, quase sempre, as discordâncias em aresta geram pites de ataques mais profundos do que as discordâncias em espiral[5].

8.9.3 Recomendações específicas para ataque em determinados metais/ligas

Os critérios para a escolha de ataques metalográficos podem variar conforme o tipo de amostra, mas certamente a simplicidade de preparação do ataque é um dos critérios mais importantes. Entretanto, ao longo de décadas, foram desenvolvidos ataques mais elaborados, como o colorido (*tint etchant*) e o ataque eletrolítico, entre outros, para finalidades mais específicas. Alguns ataques receberam denominações peculiares; em alguns casos, nomes próprios de seus idealizadores, mas muitos não, sendo difícil determinar sua origem. A seguir, são propostas algumas recomendações direcionadas para alguns dos metais, e suas ligas, mais utilizados[5].

8.10 ATAQUES PARA DIFERENTES METAIS E SUAS LIGAS

8.10.1 Alumínio e suas ligas

Até mesmo a simples observação de amostras polidas (não atacadas) de alumínio (e suas ligas) revela a presença de precipitados intermetálicos e inclusões, assim como outros aspectos microestruturais, a exemplo de poros e trincas. O ataque metalográfico revela mais claramente essas partículas de fases secundárias, assim como detalhes que não podem ser observados na amostra somente polida, como contornos de grãos ou entre fases. Em ligas de alumínio, uma solução diluída de ácido fluorídrico (HF) é frequentemente usada. Técnicas mais elaboradas também podem ser utilizadas, como o ataque duplo, em que determinado tipo de ataque é usado após outro sem que a amostra seja polida entre ambos. Geralmente, nessas situações, o ataque que revela os contornos de grãos é realizado por último[5].

O alumínio puro é atacado por soluções diluídas contendo tanto HCl (ácido clorídrico) como HF (ácido fluorídrico), mas não por soluções diluídas de H_2SO_4 (ácido sulfúrico) ou HNO_3. O alumínio e suas ligas também são atacados por soluções alcalinas (básicas: alto pH) como as soluções aquosas de NaOH (hidróxido de sódio). As partículas intermetálicas são quase sempre reativas, podendo mesmo ocorrer efeitos anômalos de ataques[5].

O ataque para revelar contornos de grãos pode ser complicado para revelar a microestrutura de algumas ligas e em determinadas condições. Como alternativas, podem ser recomendadas técnicas de ataque por anodização, com o frequente auxílio de luz polarizada. Alguns tipos de ataque são recomendados apenas para o alumínio comercialmente puro, enquanto outros são muito usados para uma grande variedade de ligas[5].

O reagente de Keller e suas modificações são amplamente usados para atacar ligas de alumínio. Esse reagente é capaz de revelar os contornos de grãos em ligas das séries 2XXX (Al-Cu e Al-Cu-Mg) e 7XXX (Al-Zn-Mg-Cu), tanto trabalhadas como fundidas. Entretanto, embora o reagente de Keller revele os contornos de grãos da liga 2011 na condição T3, não revela na condição recozida. O reagente de Keller também é utilizado para a análise de ligas trabalhadas a frio e recristalizadas, para detectar orientação preferencial de grãos (textura cristalográfica) e para diferenciar as diferentes condições de tratamentos térmicos ou termomecânicos, principalmente para as ligas da série 2XXX[5].

O ataque de Graff-Sargent foi desenvolvido especificamente para ligas mais complicadas para a revelação dos contornos de grãos, ou nas quais a recristalização é incompleta. O ataque de Klemm representa uma versão modificada do ataque de Murakami para a revelação de contornos de grãos e de precipitados nas ligas de alumínio-silício fundidas, eutéticas e com altos teores de silício em solução sólida[5].

Sem contar com as técnicas de anodização, apenas alguns métodos de ataque colorido foram desenvolvidos para ligas de alumínio. Beraha desenvolveu uma solução aquosa cromatizante contendo CrO_3, HCl e sulfato de sódio. O ácido ataca a superfície seletivamente, porém de modo efetivo, enquanto um revestimento fino de cromato se precipita sobre a superfície de modo não uniforme. A espessura desse revestimento varia em toda a superfície, produzindo diferentes contrastes de cor. Beraha também desenvolveu um ataque colorido útil para diferenciar fases que, no entanto, não ataca a matriz. Esse reagente e os outros que proporcionam ataques coloridos, como os de Gerstlauer e Franchini, usam soluções de molibdato para gerar o ataque colorido[5].

A resposta ao ataque tem sido amplamente utilizada para a identificação de fases em ligas de alumínio. Esses procedimentos ainda são úteis, mas a microscopia eletrônica de varredura (MEV), conjugada à espectroscopia de emergia dispersiva de raios X (EDS), proporciona, atualmente, meios ainda mais efetivos para a identificação de fases na maioria das vezes[5].

8.10.2 Chumbo, estanho e zinco

O chumbo e suas ligas podem ser atacados por vários tipos de reagentes. O chumbo comercialmente puro é atacado de forma lenta pelo ácido clorídrico e rápida pelo ácido nítrico. Para ligas de chumbo, é mais usada uma solução com 75% de ácido acético e 25% de peróxido de hidrogênio (água oxigenada). Outra solução comumente utilizada para ligas e chumbo contém 100 mL de água, 10 mL de molibdato de amônia e 10 mL de ácido cítrico. Essa solução aquosa produz baixo contraste entre a matriz e os precipitados, mas proporciona um aspecto razoável dos contornos de grãos, sobretudo quando o teor de antimônio (Sb) é baixo. Como as amostras de chumbo são rapidamente atacadas, precisam ser observadas imediatamente após a realização do ataque[5].

O estanho e suas ligas já foram analisados em metalografia com alguma frequência. O estanho comercialmente puro é atacado por ácidos inorgânicos comuns e também por soluções cáusticas. Entretanto, durante a realização do ataque, podem se formar óxidos superficiais, que podem obscurecer a microestrutura. Algumas ligas de zinco apresentam anisotropia e, assim, podem responder à iluminação polarizada[5].

O zinco puro é atacado lentamente por todos os tipos de ácidos. Muitos dos reagentes aquosos usados contêm CrO_3, um forte agente oxidante ativado por adições de sulfato de sódio (Na_2SO_4). Podem ser utilizadas várias modificações desse reagente de ataque, dependendo da composição química da liga. Recomenda-se que a superfície da amostra seja molhada com água antes da imersão no reagente para evitar que o ataque seja irregular. Para evitar o surgimento de manchas, a amostra deve ser rinsada numa solução aquosa de 205 de CrO_3 após o ataque e, depois, rinsada com água e álcool. Embora a maioria das análises seja realizada com iluminação em campo claro, geralmente os contornos de grãos ficam maldefinidos, problema que pode ser superado pela utilização de luz polarizada.

Amostras de ligas de zinco fundidas por injeção ou em moldes de areia. O ataque com o reagente de Palmerton produz alguma coloração, que pode ainda ser enfatizada com o uso da luz polarizada. Esse ataque é consideravelmente satisfatório para pequenas ampliações ao microscópio ótico, mas não é tão adequado assim para ampliações maiores. O ataque colorido com o reagente de Klemm produziu resultados equivalentes para as ligas produzidas por fundição em coquilha, porém coloração espetacular nas ligas fundidas em moldes de areia, também enfatizada adicionalmente pela iluminação polarizada. Também já foram mencionados, na literatura, reagentes aquosos, contendo ácido sulfúrico e ácido fluorídrico para atacar o zinco, revelando bem os contornos de grãos[5].

8.10.3 Cobalto e suas ligas

O cobalto pode ser atacado com facilidade pelo ácido nítrico diluído e menos rapidamente pelo ácido clorídrico e pelo ácido sulfúrico, diluídos, mas não por soluções cáusticas. A geração de pites de corrosão localizada é frequente com muitos reagentes[5].

Já foram desenvolvidos métodos de ataque para delinear no cobalto fases secundárias como óxidos e sulfetos. Esses ataques colorem a matriz numa tonalidade de marrom, mas não afeta as partículas de óxidos e sulfetos. Foram desenvolvidos diferentes procedimentos para identificar a fase sigma (σ) e carbetos na liga Stellite 21 (cobalto com cerca de 0,3% C, 3% Ni, 5,5% Mo, 0,3% Fe, 0,45% Si e 0,55% Mn). Além disso, Beraha desenvolveu um ataque colorido para ligas de cobalto[5].

8.10.4 Cobre e suas ligas

A análise metalográfica de amostras de cobre e de ligas de cobre sem ataque, simplesmente submetidas ao polimento, é realizada, sobretudo, para detectar cavidades de contração surgidas durante a solidificação de peças fundidas, ou inclusões em ligas trabalhadas. O uso da luz polarizada permite identificar inclusões de óxido cuproso (Cu_2O) que aparecem como partículas com coloração vermelha brilhante. Embora, por um lado, outras inclusões tenham morfologia e coloração semelhantes às das partículas de Cu_2O, quando observadas em iluminação em campo claro, não respondem à luz polarizada. Por outro lado, a observação dos contornos de grãos e de outros aspectos microestruturais em ligas de cobre necessita de ataque metalográfico[5].

O reagente mais comum para atacar cobre e latão (liga cobre-zinco) é uma mistura de partes iguais de hidróxido de amônia (NH_4OH), peróxido de hidrogênio

(H_2O_2: 3%) e água destilada. Contudo, a proporção entre as quantidades de cada substância pode variar, embora o método de aplicação seja sempre o esfregamento. A microestrutura de grãos do latão alfa (monofásico) é revelada pelo contraste entre os grãos, o que é adequado para pequenas ampliações, mas não é satisfatório na mesma medida para maiores ampliações. Esses reagentes também revelam segregação em ligas de cobre fundidas[5].

No reagente mencionado (NH_4OH-H_2O_2-H_2O), o hidróxido de amônia age como eletrólito corrosivo, enquanto o peróxido de hidrogênio gera o potencial de corrosão para o ataque. A adição de água desacelera o processo corrosivo, de modo a permitir o controle da velocidade da reação. Embora o cobre e o zinco formem compostos insolúveis com os íons de amônia (NH^{4+}), alguns produtos insolúveis de reação se formam também e depositam-se na superfície da amostra, obscurecendo os resultados do ataque. O esfregamento promove a remoção desses produtos e, assim, gera resultados melhores que a imersão. Como o peróxido de hidrogênio é instável em soluções alcalinas, o reagente, preparado para esse ataque, tem vida limitada, não é muito durável após certo tempo. Assim, para viabilizar melhores resultados, o ideal é preparar o reagente no momento de usá-lo. Além disso, como os vapores de amônia produzem irritação no trato respiratório, o ideal é que esse reagente seja preparado dentro de uma capela de exaustão de gases e vapores. Esse ataque produz ótimo contraste de grãos no latão alfa, monofásico, mas resultados muito bons também podem ser obtidos com o ataque colorido de Klemm I[5].

Beraha desenvolveu vários ataques coloridos para o cobre e suas ligas. O ataque colorido que formulou para destacar partículas de sulfeto de chumbo em latão com chumbo (liga Cu-Zn-Pb) produziu excelentes resultados. Tanto o cobre eletrolítico como o latão alfa geram melhores resultados com um ataque muito leve antes da realização do ataque colorido. O ácido cítrico, nesse ataque, não fica completamente em solução, porém as substâncias não dissolvidas não prejudicam o resultado do ataque nessas amostras. Os efeitos da coloração podem ser melhorados ligeiramente com a luz polarizada[5].

No cobre eletrolítico, o ataque com o reagente NH_4OH-H_2O_2-H_2O gera contraste apenas parcial nos contornos de grãos e, mesmo assim, com o surgimento de vários pites de corrosão. O melhor tipo de ataque para esse material foi realizado com o reagente acidificado e alcoólico de cloreto férrico. Esse reagente promove o ataque dos contornos de maclas mais rapidamente do que o ataque dos contornos de grãos, produzindo algum contraste de grãos. Um novo reagente de ataque, composto por nitrato férrico, ácido clorídrico e água, é capaz de produzir um ótimo contraste de maclas e um leve contraste de grãos[5].

No metal de Muntz, um latão bifásico alfabeta com elevado teor de zinco, a fase beta (β) é anódica em relação à alfa para todos os reagentes testados. Assim, todos os reagentes testados atacaram preferencialmente a fase beta e escureceram-na, mantendo clara a fase alfa (α). Um desses reagentes foi o de Klemm[5].

Alguns reagentes de ataque foram utilizados para revelar a microestrutura do bronze de alumínio (liga cobre-alumínio), uma liga muito interessante, em razão de variações microestruturais que pode experimentar. Um dos reagentes usados foi uma solução aquosa com $FeCl_3$, CrO_3 e HCl. O resfriamento do material dentro do forno, a partir de 950 °C, produz grãos grosseiros, da fase alfa primária, o eutético $\alpha + \gamma_2$ e partículas de fase delta (δ) contendo ferro. Por sua vez, o tratamento térmico padronizado envolve o resfriamento rápido a partir de 870 °C, o envelhecimento em torno de 538 °C, seguido por resfriamento em água, gerando fase α nos contornos de grãos, fase β' (martensita) e partículas de fase δ. Nos contornos de fase β prévia, precipita-se a fase α[5].

As ligas cobre-berílio (Cu-Be) podem ser solubilizadas e envelhecidas e, assim, podem atingir maiores níveis de resistência mecânica. O ataque por esfregamento com uma solução aquosa de 3% de persulfato de amônia ($(NH_4)_2S_2O$) e 1% de hidróxido de amônia hidróxido de amônia (NH_4OH) pode revelar os grãos na microestrutura desse material, no caso da amostra recozida, mas também revela eficazmente a microestrutura da amostra envelhecida[5].

Alguns ataques coloridos foram desenvolvidos para o cobre e suas ligas, e alguns deles, como os de Klemm I e o colorido de Beraha com sulfeto de chumbo (PbS), produzem excelentes resultados e deveriam ser utilizados para essas ligas com mais frequência pelos metalógrafos em geral. Adicionalmente, são seguros durante o uso e também podem ser armazenados com segurança. Também já foram formulados e utilizados reagentes para ataque eletrolítico no cobre nas suas ligas[5].

O ataque eletrolítico com solução aquosa de 1% de CrO_3 (trióxido de cromo) foi desenvolvido para atacar o bronze de alumínio (Cu-Al) e as ligas Cu-Be. Outra solução aquosa para ataque eletrolítico, com tiossulfato de sódio foi desenvolvida para atacar o latão alfa (monofásico) de formado, mesmo em graus tão baixos, da ordem de 0,1% em deformação compressiva. Além disso, os ataques coloridos também são eficazes para revelar o encruamento por trabalho a frio. Ataques eletrolíticos também se mostraram adequados para revelar contornos de grãos em ligas Cu-Ni (cuproníqueis)[5].

8.10.5 Aços e ligas ferrosas em geral

Em razão da grande importância comercial dos aços e das ligas ferrosas, em geral, muitos trabalhos de análise microestrutural/metalografia/microscopia ótica já foram realizados ao longo de várias décadas, mais do que para qualquer outro tipo de metal/ligas metálicas. Por causa da grande variedade de aços/ligas ferrosas já desenvolvidos e fabricados e também das variações de microestrutura e propriedades obtidas, mediante tratamentos térmicos e termomecânicos, é bastante previsível que muitos ataques metalográficos tenham sido desenvolvidos em várias décadas[5].

Os reagentes mais comumente utilizados para atacar aços, ferros fundidos e outras ligas ferrosas são o nital e o picral. O nital, ácido nítrico em etanol (álcool etílico) é utilizado em concentrações variando entre 0,5% e 10%, porém mais frequentemente entre 2% e 3%. O picral, ácido pícrico em etanol, é, geralmente, usado em concentrações em torno de 4%, mas a essa composição pode ser adicionado cloreto de benzalcônio (*zephiran chloride*, em inglês) como agente umectante (de molhamento). Entre esses dois reagentes, o nital é mais frequentemente usado, porém o picral produz melhores resultados para algumas microestruturas, com melhor definição de contraste específico. O nital ataca muito bem os contornos de grãos da ferrita, enquanto o picral não produz esse mesmo efeito. O picral é superior para revelar os contornos interfásicos, como entre a ferrita e a cementita, mas não os contornos entre grãos de ferrita. O nital é capaz de revelar bem tanto os contornos entre grãos de ferrita como os contornos interfásicos entre ferrita e cementita. Quando é necessário revelar bem o tamanho, a forma e a distribuição de cementita, o picral produz melhores resultados. Se o foco do trabalho consiste em revelar bem os contornos de grãos de ferrita, o nital é o ataque preferido, pois também proporciona sensibilidade de orientação dos grãos, adicionalmente à definição desses contornos[2].

Para os aços carbono, nas condições de como laminados e normalizados, o nital pode ser o reagente de ataque preferido, pois revela bem os contornos dos grãos de ferrita, assim como as características microestruturais da perlita, embora esse ataque possa ser mais suave ou mesmo um pouco menos nítido em algumas colônias de perlita. Contudo, se é necessário quantificar a fração percentual de perlita, o picral é preferido, pois a medição da fração volumétrica, ou em área, não é alterada pelo tempo de ataque e pela detecção de contornos de grãos de ferrita utilizando programas de análise de imagens, após cerca de 10 segundos de ataque[5].

Para microestruturas com carbetos esferoidizados, a sensibilidade à orientação cristalina, proporcionada pelo nital, pode gerar resultados enganosos. No caso de alguns aços ferramenta, como o W2, ligado ao carbono e ao vanádio, a sensibilidade à orientação, acarretada pelo nital, acaba por produzir um ataque muito fraco nas interfaces entre carbetos e ferrita dentro de alguns grãos, ao passo que o picral claramente revela todos os carbetos. Entretanto, nenhum desses dois ataques é efetivo para a quantificação metalográfica por análise de imagens já que somente as interfaces são detectáveis nesses casos. Já utilizando outros reagentes de ataque, como aqueles à base de picrato de sódio alcalino fervente, ou o de Klemm I, que escurece preferencialmente a ferrita, ambos os ataques produzem imagens metalográficas excelentes para a quantificação por análise automática de imagens[5].

O nital raramente delineia bem todos os contornos de grãos em aços baixo carbono. Esse problema é ainda mais grave quando o material é laminado a quente com baixa temperatura de acabamento, ou seja, ente 816 e 510 °C, o que retarda a recristalização. O nital é sofrível para esse tipo de amostra. Por sua vez, o reagente de Marshall (1 parte de uma solução de 8 g de ácido oxálico, 5 mL de H_2SO_4 e 100 mL de água mais 1 parte de H_2O_2 30%) pode produzir excelentes resultados para esses aços. Para um aço baixo carbono laminado a quente, com baixa temperatura de acabamento, o ataque com nital revela poucos contornos, assim mesmo com pouca nitidez, ao contrário do mesmo material atacado com reagente de Marshall por 3 segundos, seguido por um ataque com nital por 20 segundos. Em aços totalmente recristalizados, o reagente de Marshall revela a microestrutura, contornos de grãos, de forma homogênea e completa, também escurecendo a cementita. Esse reagente também ataca as inclusões de modo que a duração do ataque deve ser curta, quase sempre um tempo de ataque em torno de alguns segundos. Normalmente, é melhor manter a amostra na posição vertical durante o ataque. Após a imersão, a amostra deve ser rinsada em água; depois, em álcool; e, em seguida, imersa novamente em nital para aumentar o ataque nos contornos de grãos. Essa última etapa de ataque nem sempre é necessária. Se não acontece um ataque intenso quando a amostra é imersa no reagente de Marshall, a amostra deve ser atacada por 2 a 3 segundos no nital em seguida e, então, transferida diretamente para o ataque de Marshall. Isso proporciona a ativação da superfície[5].

O picral também é preferido, em comparação com o nital, para atacar microestruturas bainíticas, embora a diferença em termos de ataque não seja tão significativa em comparação ao efeito na perlita e nos carbetos esferoidizados. Um exemplo está na microestrutura de bainita inferior do aço AISI 5160 atacado com nital 2% ou picral 4%. A melhor delineação é obtida com o picral, embora a caracterização do padrão angular de 60° da bainita inferior seja melhor com o nital. O picral também é preferível em caso de análise de réplicas por microscopia eletrônica de transmissão[5].

O nital e o picral também são utilizados para caracterizar a microestrutura da martensita. Embora ambos os ataques possam ser usados com martensita revenida, o picral não permite adequado detalhamento da microestrutura da martensita como temperada, enquanto o nital é bastante satisfatório nesse caso. De modo geral, se microconstituintes resultantes de transformações difusionais estão presentes junto com a martensita na condição temperada, estes podem ser mais claramente revelados. O aspecto da martensita revenida é muito influenciado pelo teor de carbono dessa fase, podendo variar de ripas (*laths*) para plaquetas (*plates*) com o aumento do teor de carbono. Esse aspecto, em ambos os casos, é mais facilmente observado se a austenita prévia tinha um tamanho maior, ou seja, era mais grosseira. O uso da luz polarizada pode proporcionar melhores imagens da martensita temperada submetida ao ataque metalográfico[5].

Na preparação metalográfica de um aço austenítico ao manganês (Hadfield) solubilizado, faz-se um ataque curto com nital, seguido por um ataque colorido com 20% de metabissulfito de sódio em solução aquosa, o qual produz um excelente contraste de cor. Esse ataque também é útil para medir a descarburização nesses aços. O ataque com picral também produz excelente contraste de grãos e de coloração. O ataque nos contornos de grãos de amostras recozidas pode ser obtido com uma solução com partes iguais de ácido nítrico (HNO_3), ácido clorídrico (HCl) e água; embora esse ataque seja sensível à orientação cristalina, e alguns contornos sejam fortemente atacados, enquanto outros permanecem praticamente não atacados. O pré-ataque com nital e o ataque colorido com 20% de metabissulfito de sódio revelam a martensita épsilon (ε) nos aços austeníticos ao manganês endurecidos[5].

8.10.6 Aços bifásicos

Embora as fases presentes nesses aços (ferrita e martensita) possam ser reveladas com o uso do nital e do picral tradicionais, os resultados com esses reagentes não são particularmente úteis para quantificar as fases presentes nesses aços, sendo melhores, para essa finalidade, os ataques específicos desenvolvidos por Le Pera e outros pesquisadores[5].

8.10.7 Ataques para determinar o tamanho de grão da austenita prévia

No tratamento térmico dos aços, a elevação da temperatura até o campo austenítico no diagrama Fe-Fe_3C (diagrama "ferro-carbono") provoca a transformação das fases, como a ferrita e a cementita, e do microconstituinte perlita (ferrita e cementita em lamelas), em austenita. Conforme o crescimento de grão acarretado pela elevação da temperatura no campo austenítico, as propriedades dos aços, principalmente martensíticos após a têmpera e o revenido, podem ser afetadas. Por esse motivo, torna-se de grande importância saber o tamanho de grão e, às vezes, também outras características microestruturais da austenita prévia, ou seja, da austenita que existia em altas temperaturas anteriormente ao resfriamento (associado à têmpera e, às vezes, a outros tratamentos). Não sendo possível realizar tratamentos como a carburização, a oxidação e outros que permitem decorar os contornos de grãos da austenita que, então, só poderiam ser revelados por ataque metalográfico, passa a ser necessário utilizar ataques específicos que possam resultar na revelação desses contornos de grãos da austenita prévia[5].

Assim, ao longo de várias décadas foram desenvolvidos ataques metalográficos específicos para revelar os contornos de grãos da austenita prévia. Contudo, infelizmente não existe um único ataque capaz de revelar os contornos em todas as amostras de vários materiais diferentes. Na prática, só é possível trabalhar no sistema de "tentativa e erro", frequentemente com várias tentativas até que se revelem os contornos de grãos da austenita prévia com nitidez suficiente para permitir uma adequada determinação do tamanho de grão médio da austenita prévia. Infelizmente, em alguns casos, todas as tentativas realizadas podem fracassar, isso pode acontecer[5].

No caso de aços totalmente martensíticos, apenas em alguns desses aços é possível revelar os contornos de grãos da austenita prévia com reagentes de ataque relativamente simples, como o nital. Aços ferramenta, como o A2 e o D2, por exemplo, podem ser atacados de modo bem-sucedido com nital 2%, ou até 10%, se o revenido foi realizado a 316 °C ou em temperaturas mais baixas, enquanto os aços rápidos podem ser atacados com sucesso quando o revenido foi realizado em temperaturas da ordem de 510 °C ou inferiores[2].

Um dos primeiros reagentes de ataque amplamente usados para revelar o tamanho de grão da austenita prévia foi a solução desenvolvida por Vilella, contendo 1 g de ácido pícrico, 5 mL de ácido clorídrico (HCl) e 100 mL de etanol. Quando funciona adequadamente, esse ataque revela os contornos de grãos com nitidez. Para obter o melhor contraste de grãos, pode ser necessário um ciclo alternado de etapas de polimento e ataques. Muitas vezes, esse reagente pode produzir um ataque insatisfatório, mas, mesmo assim, na condição revenida, a amostra pode ter os contornos de grãos ocasionalmente revelados[5].

Vários reagentes de ataque metalográfico contendo cloreto férrico ($FeCl_3$) já foram propostos em várias décadas. Um deles em solução aquosa com 5% desse cloreto, com os melhores resultados obtidos para amostras de aço levemente temperado. Uma solução aquosa com 1% de $FeCl_3$ e 5% de HCl, ocasionalmente, produz ataque nos contornos de grãos. O reagente de Marshall proporciona boa delineação dos contornos de grãos da austenita prévia em aços baixo carbono martensíticos (endurecidos). Ataques razoavelmente bem-sucedidos foram obtidos com uma solução aquosa contendo 20% de bissulfito de sódio para aços baixo carbono, submetidos a tratamentos térmicos[5].

Em meados do século XX, começou a ser desenvolvida uma nova solução aquosa à base de ácido pícrico, principalmente para o estudo do fenômeno conhecido como fragilização pelo revenido, contendo também alquilsulfonato de sódio e um agente de molhamento. Essa solução passou a ser reconhecida como o reagente de ataque mais efetivo para revelar os contornos de grãos da austenita prévia em aços temperados e revenidos. Quando o ataque é bem-sucedido, permite revelar nitidamente os contornos, sendo, portanto, não apenas um contraste de grãos. Esse reagente foi testado para os aços AISI 8620, 4140 e 5160, na condição de temperados e após revenido a 294 e 427 °C com ataque nítido nos contornos de grãos, mas isso não correu para a amostra que foi revenida a 649 °C. Esse tipo de ataque costuma ser bem-sucedido, independentemente do tamanho de grãos da austenita prévia. Do mesmo modo, aços com microestrutura de martensita temperada e de bainita inferior temperada têm bem-revelados os contornos da austenita prévia[5].

Uma grande variedade de agentes de molhamento já foi testada, geralmente com soluções saturadas de ácido pícrico. Alguns desses são detergentes de uso comercial, outros são substâncias químicas padronizadas para uso em práticas laboratoriais, mas a qualidade dos resultados obtidos, em termos de revelação dos contornos de grãos da austenita prévia, varia muito[5].

A delineação dos contornos de grãos da austenita prévia é sempre mais fácil, quando o aço está na condição de fragilizado por revenido. Nesse caso, ocorre certa segregação de átomos de fósforo nos contornos de grãos durante a austenitização e a segregação adicional ocorre entre 350 e 575 °C. A presença do fósforo nos contornos de grãos da austenita favorece o ataque dos contornos com uma solução aquosa e saturada de ácido pícrico. Nos alôs-liga, que não contêm fósforo, mas podem conter estanho ou antimônio e são submetidos a tratamentos térmicos que promovem a fragilização, essa solução aquosa e saturada de ácido pícrico não resulta em ataque nítido nos contornos de grãos. Em aços-liga comerciais, o fósforo é uma impureza comum e geralmente presente em teores que permitem fragilização, quando o ataque não revela os contornos na condição como recebidos[5].

Já foi demonstrada a capacidade da fragilização ao revenido para revelar contornos de grãos de austenita prévia em amostras complicadas. Amostras contendo tanto martensita como perlita e ferrita foram fragilizadas a 510 °C por 16 horas. Após o polimento, foram atacadas com solução, aquosa e saturada, fervida, de ácido pícrico e, depois, levemente polidas novamente. Os contornos de grãos da austenita prévia foram revelados mesmo nas amostras ferrítico-perlíticas. Segundo consta, essa é a única técnica de ataque metalográfico que funciona efetivamente para revelar os contornos de grais da austenita prévia nos aços ferrítico-perlíticos[5].

8.10.8 Ataques seletivos para carbetos

Muitos dos ataques usados para aços em geral também revelam a presença de carbetos. Contudo, esses ataques não são seletivos, revelam outras fases e microconstituintes diferentes dos carbetos, de certo modo dificultando sua visualização exclusiva. Assim, principalmente no caso de aços de alta liga, foram desenvolvidos ataques seletivos para determinar os tipos e quantidades de vários carbetos presentes[5].

Na maioria dos estudos de determinação quantitativa de carbetos, o primeiro passo consiste em determinar a quantidade total de carbetos que estão presentes no aço. A melhor abordagem envolve selecionar um reagente ou método que escureça a matriz e não afete os carbetos. Em muitos aços, a matriz pode ser escurecida por uma solução aquosa de ataque com 8% a 15% de metabissulfito de sódio (matriz de aços martensíticos na condição de temperados) ou o reagente de Klemm I (para matriz de aço ferrítico). Vários tipos de ataques coloridos de Beraha também colorem a matriz, deixando os carbetos claros. Um leve ataque com um reagente de uso geral ajuda a melhorar a resolução dos carbetos antes do ataque colorido a quente. Conforme o teor dos elementos de liga, a matriz será escurecida pelo aquecimento ao ar entre 482 e 648 °C por cerca de 5 minutos[5].

O conhecimento sobre a composição do aço pode proporcionar uma ideia razoável a respeito dos tipos de carbetos que poderão ser encontrados. Após a determinação da fração volumétrica dos carbetos, a amostra deverá ser polida outra vez e submetida sequencialmente a um ataque seletivo para carbetos, cada qual direcionado para um tipo de carbeto específico (Tabela 8.1)[5].

Tabela 8.1 Efeitos de cada ataque seletivo para carbetos[5].

Ataque/Carbeto	Fe_3C	Fe_2MoC	Mo_2C	M_6C	MC	$M_{23}C_6$	M_7C_3
Picrato de sódio alcalino	Colorido em marrom escuro	Colorido em marrom escuro	Não atacado	Colorido em marrom escuro	Não atacado	Não atacado	Não atacado
Solução aquosa de CrO_3 para ataque eletrolítico	Não atacado	Não atacado	Delineado em cor preta	Não atacado	Cinza escuro a preto	Delineia $(Fe,Cr)_{23}C_6$	Delineado e atacado
Solução alcalina de H_2O_2	Não atacado	Delineado em cor preta	Delineado em cor preta	Delineado e colorido	–	–	–
Reagente de Murakami	Não atacado	Amarelo a marrom claro	Marrom escuro a preto	Delineado em preto e colorido em marrom	–	Fracamente atacado	Atacado
Solução alcalina de $KMnO_4$	Não atacado	Delineado em preto e colorido em marrom	Colorido em marrom escuro	Delineado e colorido em marrom	Não atacado	Fracamente colorido	Atacado
Solução saturada de $KMnO_4$	Não atacado	Não atacado	Atacado	Delineado e colorido em marrom	Não atacado	Fracamente colorido	Atacado

Fonte: adaptada de G. Petzow, Metallographic Etching, 1999.[6]

8.10.9 Ataques para inclusões

Embora na maioria das vezes o aspecto microscópico ideal, para a observação de inclusões não metálicas nos aços, seja com a amostra sem nenhum tipo de ataque metalográfico, às vezes pode ser interessante ressaltar as características dessas inclusões mediante a aplicação de determinados reagentes específicos para revelar melhor essas inclusões. Um dos métodos mais antigos para atacar inclusões em aços está descrito na norma ASTM E3. Embora o desenvolvimento de outras técnicas, como MEV/EDS e a microanálise por sonda eletrônica (*electron probe microanalysis*: EPMA), tenha substituído o ataque para inclusões, esse método ainda é usado para identificação e aumento do contraste na análise de imagens[5].

Várias técnicas de análise foram desenvolvidas para atacar, ou escurecer, preferencialmente sulfetos e partículas de chumbo. O método mais antigo foi criado em 1920 e, depois, modificado. Com a aplicação de algumas gotas dessa solução sobre a superfície da amostra e, depois, o espalhamento, é possível escurecê-la. Então, em seguida, deve ser rinsada com água, esfregada com algodão úmido para remover o filme fino prateado, rinsada com álcool e, depois, submetida a uma secagem. Inclusões de sulfeto ficam envoltas por uma espécie de halo. Uma variante desse procedimento recomenda que essa sequência seja seguida por um ataque de 3 a 5 segundos com reagente de Oberhoffers, rinsagem e secagem. Esse ataque aumenta o contraste em torno das inclusões de sulfetos[5].

8.10.10 Reagente de Oberhoffers: características[5]

8.10.10.1 Solução A

- **Etanol (álcool etílico):** 120 mL.
- **Água destilada:** 5 mL.
- **Cloreto férrico ($FeCl_3$):** 7,2 g.
- **Cloreto de estanho/cloreto estanoso/cloreto de estanho II ($SnCl_2$):**0,12 g.

8.10.10.2 Solução B

- **Água destilada:** 115 mL.
- **Ácido clorídrico (HCl):** 10 mL.

Usar por imersão em soluções frescas (recém-preparadas): primeiramente, a solução A e, depois, a solução B[5].

Vários reagentes simples, como soluções aquosas diluídas de CrO_3, H_2SO_4, de ácido oxálico, atacam por imersão as inclusões de sulfetos. Outras soluções podem ser utilizadas com essa finalidade, como a de Whiteley, uma solução aquosa de 5% de nitrato de prata, utilizada por esfregamento, de modo que a prata forma uma espécie de filme fino, cobrindo as inclusões de MnS e FeS. Entretanto, o contraste entre as inclusões claras e a matriz é muito fraco, embora já tenha sido utilizado para determinar a fração volumétrica de sulfetos. Esse método também pode ser usado para determinar a fração de óxidos[5].

A deposição por vapor de compostos com elevado índice de refração, como ZnSe, pode ser utilizada para aumentar o contraste entre a matriz e as inclusões. Ataques coloridos também podem ser empregados para ajudar na identificação de inclusões. Embora muitos dos ataques coloridos de Beraha alterem as cores das inclusões, seu ataque colorido à base de sulfato e chumbo foi formulado especificamente para essa finalidade (240 g de tiossulfato de sódio, 30 g de ácido cítrico, 24 g de acetato de chumbo em 1.000 mL de água destilada). Esse ataque colore o sulfeto com uma tonalidade branca e brilhante, de modo a destacar essa fase da matriz previamente atacada com nital. Este ataque é fácil para preparar e usar, sendo também excelente para a análise de imagens[5].

Métodos de ataque para realçar seletivamente partículas de chumbo em aços de usinagem fácil foram desenvolvidos em décadas anteriores. Frequentemente, essas partículas de chumbo estão associadas com inclusões de sulfetos e aparecem claras na superfície apenas polida. Podem ser mais facilmente visualizadas mediante o uso de um detector de EBSD (*electron back scattered diffraction*: difração de elétrons retroespalhados) acoplado ao MEV, produzindo, assim, excelente contraste de imagem em relação à matriz do aço e a suas inclusões de sulfetos[5].

8.10.11 Ataques para aços inoxidáveis

Os aços inoxidáveis, com boa resistência à corrosão, em virtude de seus teores de cromo de 11% ou mais (em peso: massa), são produzidos tanto na forma fundida como na trabalhada mecanicamente, com grande variedade de composição química e microestrutura, podendo ser classificado como ferrítricos, martensíticos, austeníticos, duplex (austenoferríticos) e endurecíveis por precipitação. Essa complexidade aumenta ainda mais por meio de soldagem, exposição a altas temperaturas, ou pela adição de determinados elementos, como Mo, Ti, Nb ou N. A complexidade dessas ligas e a importância comercial dos aços inoxidáveis fomentaram intenso desenvolvimento de técnicas de ataque metalográfico para revelar a microestrutura em geral e particularmente a diferenciação das fases presentes[5].

A técnica de observação de amostras metalográficas de aços inoxidáveis com luz polarizada é de utilidade limitada, exceto para a detecção da fase sigma que apresenta uma complexa estrutura cristalina tetragonal. Com luz polarizada com polarizadores cruzados e ataque colorido adequado, a fase sigma aparece com a cor amarelo-limão ou azul, quando o estágio é rotacionado, enquanto as fases cúbicas, ferrita e ou austenita, permanecem com a cor marrom avermelhado ou magenta (também conhecida como "fúcsia", uma tonalidade de rosachoque, intensa). Por sua vez, a fase chi (χ) é cúbica de corpo centrado (CCC) e não responde à luz polarizada. Quando a amostra está somente polida, as inclusões podem ser observadas com iluminação em campo claro, enquanto os carbetos e a fase sigma podem ser observados com iluminação por contraste de interferência diferencial[5].

O ataque colorido por aquecimento (*heat tinting*) é uma técnica útil para revelar a microestrutura de aços inoxidáveis. A nitidez da delineação das fases é melhorada se um leve pré-ataque é realizado com um reagente ácido de uso geral, como a água régia diluída ou o reagente de Vilella. O ataque colorido por aquecimento pode ser realizado em temperaturas entre 500 e 700 °C, sendo a temperatura de 650º a mais frequentemente utilizada nesse procedimento por até 20 minutos. A austenita é colorida mais rapidamente do que a ferrita e os carbetos são as fases que mais demoram para serem coloridas por esse tipo de ataque. Geralmente, após 20 minutos, a austenita é colorida numa tonalidade azul-esverdeada e mosqueada, enquanto a fase sigma apresenta uma coloração alaranjada e os carbetos permanecem na cor branca (não são afetados)[5].

Três tipos básicos de reagentes são comumente utilizados para atacar aços inoxidáveis[5]:

- Reagentes ácidos diluídos ou concentrados, aplicados por imersão ou por esfregamento da amostra.
- Reagentes alcalinos de ferrocianetos, usados em temperatura ambiente, ou aquecidos e aplicados por imersão da amostra.
- Reagentes específicos para ataque eletrolítico.

Os ataques coloridos estão disponíveis, mas seu uso não tem sido significativo. Os reagentes ácidos normalmente atacam os contornos de fases, mas não atacam outras fases, como os carbetos e a fase sigma, exceto pela morfologia. Assim, os ataques ácidos são os ideais para revelar os grãos e as fases presentes na microestrutura da amostra metálica. O ataque sequencial, o ataque colorido por aquecimento, a deposição de vapor e as soluções coloidais de partículas magnéticas já foram utilizadas para a identificação de fases[5].

Os reagentes alcalinos de ferrocianetos foram desenvolvidos por Murakami, em 1918, e, depois, modificados por Burgess e Forgeng, em 1938, assim como outros, e têm sido amplamente utilizado em metalografia, não só para aços inoxidáveis, mas também para muitos materiais metálicos e carbetos. As cores produzidas variam com a composição do ataque, a temperatura, o tempo, a orientação das fases e tornam não confiável, de certo modo, a discriminação por cor, a não ser que haja rigoroso controle dessas condições. Entretanto, a resposta ao ataque é mais confiável e explica a grande popularidade dos reagentes do tipo Murakami[5].

O ferrocianeto de potássio reage com o hidróxido de potássio, gerando o ferrocianeto de potássio[5]:

$$2K_3(Fe(CN)_6 + 2KOH \rightarrow 2K_4Fe(CN)_6 + H_2O + 1/O_2$$

De acordo com a literatura, o ferrocianeto age como um oxidante, porém, se algum microconstituinte em particular for, ou não for, atacado, isso depende da resposta da passivação desse microconstituinte, tanto pelo oxigênio produzido como pelo álcali em excesso. Sabe-se que variações nas quantidades de KOH ou $K_3Fe(CN)_6$ afetam a resposta ao ataque em temperatura ambiente do ataque alcalino com ferrocianeto. Com o ataque padrão de Murakami (10 g de KOH, 10 g de

$K_3Fe(CN)_6$ e 100 mL de H_2O), os carbetos da liga são atacados em temperatura ambiente de 7 a 15 segundos, enquanto a fase sigma é apenas levemente atacada após 3 minutos. Com maiores concentrações de KOH e $K_3Fe(CN)_6$, a fase sigma é atacada preferencialmente em comparação com os carbetos na temperatura ambiente. Quando o ataque padrão de Murakami é usado fervente, por 2 minutos ou mais, a ferrita, os carbetos e a fase sigma são atacados, embora haja relatos dizendo que a fase sigma não é atacada ou é apenas levemente atacada[5].

A solução de Murakami modificada por Burgess e Forgeng (30 g de KOH, 30 g de $K_3Fe(CN)_6$ e 60 mL de H_2O) age de modo oposto ao do ataque padrão de Murakami em temperatura ambiente. Com essa versão modificada desse ataque, sendo este realizado em temperatura ambiente (de 3 a 5 segundos), revela-se a fase sigma, enquanto os carbetos permanecem inalterados, não atacados. Essa versão modificada desse ataque é realizada a quente (fervura de 10 a 60 segundos), colorindo tanto a fase sigma como a ferrita, ao passo que os carbetos são apenas atacados levemente. Se essa solução modificada for diluída de 60 para 100 mL de água, a ferrita não é rapidamente atacada, permitindo, assim, melhor diferenciação entre a ferrita e a fase sigma. Nessa situação, enquanto a fase sigma assume uma coloração preta, a ferrita é levemente escurecida, quando o ataque com a solução fervente dura cerca de 2 minutos[5].

Embora as soluções alcalinas de ferrocianetos sejam amplamente utilizadas para diferenciar fases como austenita, ferrita, sigma e carbetos, a resolução e a uniformidade da delineação de fases geralmente não são tão boas como as que podem ser obtidas por ataque eletrolítico. Adicionalmente, a seletividade dos ataques eletrolíticos é excelente, tornando-o o ataque ideal para metalografia quantitativa, especialmente quando utilizada a análise automática de imagens[5].

O ataque eletrolítico pode ser controlado com precisão no que se refere a tempo, voltagem, densidade de corrente e composição da solução. Assim, é obtido um alto grau de reprodutibilidade. Adicionalmente, é possível superpor ataques eletrolíticos sem problemas de manchamento. Como o potencial aplicado exerce a mesma função que os agentes oxidantes nos ataques químicos, geralmente a composição dos eletrólitos desse tipo de ataque é mais simples[5].

A solução aquosa com 10% de ácido oxálico é utilizada para revelar carbetos e os contornos de grãos da microestrutura de aços inoxidáveis austeníticos. Se estiverem presentes, os carbetos podem ser observados após ataque com essa solução de ácido oxálico por 15 a 30 segundos a 6 V em corrente contínua. Assim, o ataque com ácido oxálico é frequentemente usado como teste para saber se houve sensitização, ou seja, precipitação de carbetos nos contornos de grãos. O ataque eletrolítico com ácido oxálico permite delinear a ferrita delta se esta estiver presente nos aços inoxidáveis austeníticos. Por seu turno, a solução aquosa eletrolítica de cianeto de sódio também é usada para detectar a precipitação de carbetos nos contornos de grãos. Se, após 5 minutos de ataque a 6 V em corrente contínua, não forem observados carbetos, não ocorreu sensitização. Esse ataque também proporciona a delineação da ferrita delta, se esta estiver presente[5].

Também foram estudas soluções de hidróxidos para ataque em aços inoxidáveis que permitiram algumas conclusões[5]:

- Um leve repolimento remove as cores, deixando as fases delineadas em preto.
- À medida que aumenta o tempo de ataque, as cores observadas mudam numa sequência definida: primeiro, amarelo; depois, verde, vermelho, azul; e, finalmente, marrom avermelhado, permanecendo essa cor com o prosseguimento do ataque.
- Geralmente, a cor macroscópica dos microconstituintes das amostras não é a mesma observada em microscopia.
- O molhamento da amostra com água ou álcool produz cores complementares.
- Antes de assumir alguma coloração, o microconstituinte adquire tonalidade de cinza pálido.

Essas cores são produzidas por interferência, como ocorre com os ataques coloridos, os ataques coloridos por aquecimento ou o método de deposição de vapor (Pepperhoff)[5].

A fase sigma é atacada preferencialmente, em comparação com os carbeto, apenas pelas soluções de hidróxidos fortes. Ao contrário, soluções de hidróxidos fracas atacam mais rapidamente os carbetos do que a fase sigma. Esse efeito foi ainda mais marcante para o hidróxido de amônia, que foi a base mais fraca testada nesse experimento. Por exemplo, para o aço inoxidável 314 em uma solução concentrada de NH_4OH a 6 V por 30 segundos, os carbetos nos contornos de grãos ficaram azuis, enquanto outro carbetos ficaram pretos e a fase sigma sem coloração, mesmo após 3 minutos de ataque[5].

Com bases fortes, as mudanças na concentração alteram o modo de ataque. Por exemplo, com uma solução 10 N de KOH, a fase sigma é colorida mais rapidamente que os carbetos. O ataque com essa solução a 3 V por apenas 0,4 segundos colore a fase sigma de marrom rosado, enquanto o mesmo ataque por 1,2 segundos colore de verde e marrom a fase sigma, enquanto os carbetos permanecem brancos. Com uma solução 0,1 N KOH, ambas as fases, sigma e carbetos, são coloridas. O ataque a 3 V por 25 segundos, além de delinear, colore os carbetos de azul e a fase sigma, de amarelo pálido. Após 50 segundos com a mesma solução, os carbetos ficam rosados e a fase sigma azulada[5].

Com bases de força intermediária, determinada mudança de voltagem altera a velocidade do ataque. Uma solução aquosa saturada de hidróxido de bário é a base de força intermediária mais útil. Em baixas voltagens, os carbetos foram atacados mais rapidamente do que a fase sigma, enquanto, para voltagens mais altas, ambos foram atacados igualmente, ou quase isso[5].

Acredita-se que o efeito do teor de hidróxido nas velocidades relativas de ataque em carbetos ou na fase sigma resulta de efeitos de passivação (formação de uma camada de óxido protetora). Acredita-se que a fase sigma é menos nobre (mais ativa) que os carbetos em soluções concentradas de hidróxidos. Porém, mas soluções diluídas, aparentemente, a fase sigma se torna passiva, sendo atacada mais devagar do que os carbetos. Por sua vez, os carbetos são ativos para qualquer concentração[5].

Observou-se que, nas soluções de hidróxidos, se precipita o hidróxido férrico nos carbetos e, na fase sigma, produzem-se filmes de interferência. Surgiu a hipótese de que as machas podem ser formadas por soluções salinas em que o ânion forma um composto férrico insolúvel. Essa possibilidade foi testada com soluções eletrolíticas de vários acetatos, oleato de sódio, ferrocianeto de potássio e tiocianato de potássio. Todas essas soluções produziram manchas em um ou mais microconstituintes, embora os resultados com o oleato de sódio tivessem sido irregulares[5].

Soluções eletrolíticas de acetato de chumbo e de acetato de cádmio produzem excelentes resultados. Uma solução aquosa de 10% de acetato de chumbo a 6 V por 0,6 segundos colore a fase sigma de azul escuro; a austenita, de azul claro; e os carbetos, de bege. Essas cores são intensas e relativamente puras. Um leve pré-ataque num reagente ácido é necessário para a obtenção de melhores resultados. Uma solução aquosa de 10% de acetato de cádmio a 6 V por 0,6 segundos delineia os carbetos e, com o prolongamento do tempo, ataca os carbetos, mas o restante da microestrutura permanece inalterada. Atacando com a mesma solução a 1,5 V em corrente contínua por 15 segundos, os carbetos são coloridos de azul escuro, a fase sigma não é atacada e a austenita é colorida de amarelo pálido[5].

Para a identificação de fases, é recomendada a seguinte sequência[5]:

1) Realizar o pré-ataque com o reagente de Vilella (1 g de ácido pícrico, 5 mL de HCl e 100 mL de etanol) para delinear as fases presentes.
2) Proceder ao ataque eletrolítico com solução 10 N de KOH a 3 V em corrente contínua por 0,4 segundos, que é suficiente para colorir a fase sigma, mas não os carbetos.
3) Fazer o ataque eletrolítico com solução concentrada de hidróxido de amônia a 6 V por 30 segundos para colorir os carbetos.

Com base numa ampla revisão da literatura sobre o efeito da maioria dos ataques para aços inoxidáveis na austenita, fase sigma, carbetos e ferrita, em nove aços inoxidáveis austeníticos comuns, foi recomendado o seguinte procedimento sequencial de ataques metalográficos para diferenciar ferrita, fase sigma e carbetos[5]:

1) Atacar com o reagente de Vilella para revelar todos os microconstituintes.
2) Atacar com o reagente de Murakami em temperatura ambiente para escurecer os carbetos, mas deixar a fase sigma e a ferrita inalteradas.
3) Realizar o ataque eletrolítico com solução aquosa de CrO_3, que ataca severamente os carbetos e a fase sigma, mas não a ferrita.

Percebeu-se que os carbetos presentes nos aços inoxidáveis estabilizados, ao titânio e ao nióbio, não foram atacados tão fortemente pelo reagente de Murakami quanto os carbetos de cromo. Mas esses carbetos podem ser diferenciados da fase sigma pela sua baixa velocidade de ataque na solução de CrO_3, assim como por seu menor tamanho. Também foi observado que, em temperatura ambiente, o ataque com o reagente de Murakami nas ligas contendo 25% de cromo e 20% de níquel revelou a fase sigma e os carbetos em algumas amostras. Mas o ataque eletrolítico com a solução de CrO_3 não foi capaz de revelar os carbetos nessa liga 25Cr-20Ni. Assim, chegou-se à conclusão de que, sempre que possível, é recomendável utilizar outras técnicas para a identificação de fases, como a difração de raios X (DRX) e o EBSD[5].

A diferenciação de fases no aço inoxidável AISI 316 é possível com o ataque eletrolítico com solução de ácido oxálico 10% a 5 V. Depois de polidas, as amostras foram examinadas com iluminação por contraste de interferência, permitindo observar ferrita delta, fase sigma, fase chi e carbetos do tipo $M_{23}C_6$. Com o ataque eletrolítico foi possível verificar que[5]:

- Os carbetos foram dissolvidos de 0 a 0,5 s.
- A fase sigma foi delineada de 0 a 0,5 s e dissolvida de 0,5 a 1 s.
- A fase chi foi delineada de 5 a 20 s.
- A ferrita foi delineada de 10 a 30 s.
- Os tempos de ataque são relativamente mais curtos, quando é realizada a etapa de polimento[5].

A ferrita delta nos aços inoxidáveis martensíticos e austeníticos pode ser preferencialmente colorida pelo ataque eletrolítico com solução aquosa de NaOH a 20 V por 5 segundos. A ferrita é colorida numa tonalidade bege, delineada de forma precisa e uniforme. Os resultados ficam excelentes e são particularmente adequados para a análise automática de imagens. Nos aços inoxidáveis endurecíveis por precipitação (PH:*precipitation hardening*), que possam conter "linhas" de ferrita delta, os ataques eletrolíticos colorem a ferrita na microestrutura ferrítico-martensítica, mas a delineação é mais nítida e mais uniforme quando é realizado o ataque com uma solução 20% de NaOH, mesmo em comparação com uma solução 10 N de NaOH. Entretanto, embora os ataques químicos revelem bem a microestrutura desses aços, não produzem amostras adequadas para a análise automática de imagens[5].

A identificação de fases em aços inoxidáveis austeníticos complexos, com 17% a 34% Cr, 24% a 30% Ni e até 2% Ti, pode ser obtida com diversos tipos de ataques metalográficos. Essas fases se formaram em temperaturas da ordem de 650 e 1.150 °C. Os ataques utilizados e sua influência na caracterização dos constituintes microestruturais são mostrados na Tabela 8.2[5].

Tabela 8.2 Identificação de microconstituintes em aços inoxidáveis Cr-Ni-Ti por ataque metalográfico: efeitos de cada ataque em cada fase[5].

Ataque	γ	α	σ	α'	Ni_3Ti (η)	$M_{23}C_6$	Finalidade
Glicerégia 20 mL HNO_3, 40 mL HClk, 40 mL de glicerina	Levemente atacada	Fortemente atacada	Fortemente atacada	Atacada	Delineada em ligas que não contêm grandes quantidades de outras fases secundárias	Delineada, mas não atacada	Detectar a presença de fases secundárias; identificar os carbetos $M_{23}C_6$
Solução 10 N de KOH	Não atacada	Colorida de amarelo para cor de bronze, mas geralmente com menor intensidade que a fase sigma (σ)	Colorida de amarelo para cor de bronze	Delineada e colorida de azul pálido	Não revelada	Delineada e colorida de amarelo pálido, depois que a fase sigma e a ferrita foram representadas	Diferenciar entre σ, α' e M23C6 e até certo ponto entre α e σ, mas não revela a presença de η
Solução com 10% de ácido oxálico em ataque eletrolítico com catodo de platina acerca de 3 a 4 V	Atacada moderadamente	Fortemente delineada e com cor branca em contraste com a austenita. O prolongamento do ataque resulta na formação de cavidades profundas e não refletoras	Fortemente delineada e com cor branca em contraste com a austenita. O prolongamento do ataque resulta na formação de cavidades profundas e não refletoras	Levemente delineada	Delineada mesmo na presença de grandes quantidades de fases secundárias	Delineada antes que a microestrutura geral seja revelada	Detectar a presença de fases secundárias e em particular da fase η

Fonte: Adaptada de G. Vander Voort, Metallography: Principles and Practice, 1999.[6]

O tamanho de grão de amostras de aços inoxidáveis austeníticos pode ser estimado com o uso de placas padronizadas para comparação: imagens microestruturais de grãos presentes em amostras metálicas, conhecidas como *plates* ou *charts* no idioma inglês. Para obter resultados confiáveis, as maclas devem ser desconsideradas nessa análise, restrita aos contornos de grãos, e não a todos os tipos de contornos. Via de regra, os reagentes de ataque revelam praticamente todos os contornos, inclusive os contornos de maclas, embora possam ocorrer falhas e imprecisões na determinação desses contornos, o que pode impactar consideravelmente na análise automática de imagens, pois o computador pode não ter a sutileza, o discernimento suficiente para considerar também contornos mal-atacados, gerando erros na contagem. Para melhor visualização dos carbetos na região de contornos, pode ser realizado um tratamento térmico para provocar a sensitização (formação desses carbetos a cerca de 650 °C), realçando-os, antes do polimento e seguida por um ataque com um reagente sensível a carbetos, pode proporcionar melhor visualização desses contornos[5].

Já foi desenvolvido um ataque eletrolítico que permite atacar preferencialmente os contornos de grãos de aços inoxidáveis austeníticos solubilizados, mas não os contornos de maclas. A solução consiste de 60% de HNO_3 (ácido nítrico) 40% de água. Antes de imergir a amostra, a voltagem deve ser ajustada para 1 V em corrente contínua, sem carga. A amostra deve ser imersa na solução com o uso de pinças ou tenazes isoladas, com a amostra paralela ao catodo de aço inoxidável austeníticos (25 × 70 mm^2) com espaçamento de 32 mm. A voltagem deve ser ajustada para gerar uma densidade de corrente de cerca de 8 a 9 mA/cm^2). O aço inoxidável 316 L deve ser atacado (por cerca de 2 minutos) com a corrente mais elevada, seguida pelos aços inox 348, 321, 304 e 310S. Quanto maior a área superficial da amostra, maior deverá ser a corrente empregada. A utilização do catodo de platina permite melhores resultados e redução do tempo de ataque, principalmente para os aços inox com maiores teores de elementos de liga. É necessário usar eletrólitos mais diluídos para conseguir revelar apenas os contornos de grãos em alguns desses aços inoxidáveis, enquanto outros necessitam do uso de HCl (ácido clorídrico) em vez de HNO_3 (ácido nítrico). Essa técnica é muito útil para medir o tamanho de grão, uma vez que delineia bem os contornos de grãos sem revelar os contornos de maclas[5].

8.10.12 Ligas de magnésio

Os reagentes utilizados para atacar o magnésio e suas ligas são relativamente simples no que se refere a sua composição, e não são particularmente cáusticos, corrosivos, uma vez que todos os ácidos inorgânicos (minerais) e a maior parte dos ácidos orgânicos são capazes de atacar o magnésio e as ligas de magnésio. A maioria dos reagentes desenvolvidos, para atacar magnésio e suas ligas, é de modificações do nital ou do picral, contendo outros solventes como água ou etilenoglicol. Soluções diluídas simples com ácidos orgânicos ou inorgânicos podem atacar esse metal e suas ligas. Alguns reagentes seletivos foram desenvolvidos para atacar preferencialmente fases e microconstituintes comuns nesses materiais, como $Mg_{17}Al_{12}$,

Mg^2Si, Mg^7Zn^3 ou MgZn. Para trabalhos mais comuns, o ataque "glicol" é mais utilizado. O ataque glicol não revela as maclas de origem mecânica, que só se tornam visíveis com o ataque acético-picral, mas é mais efetivo para atacar a microestrutura eutética[5].

8.10.13 Níquel e suas ligas

O níquel resiste ao ataque das soluções alcalinas. Mas é lentamente atacado por HCl ou H_2SO_4 diluídos, embora seja rapidamente dissolvido no HNO_3 diluído. Por consequência, o níquel e suas ligas são atacados preferencialmente por soluções fortes. Se o teor de níquel for elevado numa liga, pode ser difícil atacar as respectivas amostras. A revelação dos contornos de grãos é relativamente fácil, mas o contraste de grão é difícil. Assim, o uso de ataques eletrolíticos para o níquel e suas ligas é bastante comum[5].

Entre os reagentes usados por imersão, o de Kalling n. 2, uma solução com 92% de HCl, 5% de H_2SO_4 e 3% de HNO_3 assim como diversas variantes do ataque "glicerégia" são muito usados para atacar o níquel e suas ligas, particularmente as superligas de níquel. Mas ao longo de décadas, muitos ataques foram desenvolvidos para o níquel e suas ligas[5].

No caso do níquel com 99,4% de pureza (200Ni), a microestrutura pode ser revelada com o uso de uma solução com 33% de ácido acético, 33% de ácido nítrico e 34% de água, embora apenas parcialmente, com parte dos contornos de grãos não sendo revelada. Isso também ocorre com o ataque realizado com uma solução aquosa de persulfato e com outros ataques, como Kalling n. 2. O ataque colorido de Beraha proporcionou melhores resultados[5].

A microestrutura das superligas de níquel é bastante complexa, contendo precipitados endurecedores, como os das fases γ' e η (ambas: $Ni_3(Al,Ti)$, vários tipos de carbetos, TiN e, às vezes, outras fases. Muitos reagentes atacam preferencialmente a fase γ' ou a deixam em relevo. Nas ligas com alto teor de nióbio, forma-se a fase γ" (Ni_3Nb) com características endurecedoras e resposta ao ataque metalográfico semelhantes às da fase γ'. Para revelar os carbetos, podem ser utilizados os ataques tradicionalmente usados nos aços com essa mesma finalidade[5].

8.10.14 Nióbio

O nióbio resiste ao ataque de ácidos inorgânicos, com exceção do ácido fluorídrico (HF). Assim, os reagentes químicos usados para atacar o nióbio contêm HF e, por esse motivo, devem ser manipulados com muito cuidado, inclusive com equipamentos de proteção individual, pois se sabe que a exposição cutânea ao HF causa uma dolorosa lesão de tecidos moles e uma lesão profundamente penetrante, além de toxicidade local e, às vezes, sistêmica, por fluoreto. Apesar de todos esses riscos, que podem ser contornados com os cuidados descritos, a adição do ácido nítrico, aparentemente, acelera o ataque. Outros componentes do reagente de ataque são utilizados para controlar a formação de complexos insolúveis ou para inibir o surgimento de pites de corrosão. Misturas contendo HF, HNO_3 e outras substâncias químicas ou solventes são instáveis e devem ser usados somente nessa ocasião e descartados dentro de 1 hora após misturados[5].

Quando a amostra de nióbio apresenta qualquer grau de passividade em relação ao reagente de ataque, o ataque ocorre, preferencialmente, em locais sem a proteção da camada de passivação, como poros e impurezas. A velocidade do ataque varia com os teores de elementos de liga, assim as amostras puras são atacadas muito mais lentamente do que as ligas ou mesmo o metal com mais alto nível de impurezas. As características dos solventes usados também afetam a velocidade do ataque[5].

O nióbio, assim como o cromo, o alumínio e o titânio, é protegido por uma camada de óxido (Nb_2O_5), pois é aderente ao metal, impermeável ao meio externo e transparente. Essa camada protetora, tecnicamente denominada "passivada", é atacada pelo HF, mas esse ataque não atinge o substrato metálico protegido por ela. Foi experimentada, para o ataque, uma solução ácida de cloreto férrico, mas essa solução não rompeu a camada superficial de Nb_2O_5. Entretanto, quando adicionado HF, a solução atacou o nióbio. A continuação desse trabalho experimental demonstrou que a concentração mínima de HF necessária para atacar o nióbio fica em torno de 4%. Aumentar a concentração de HF acima desse valor percentual não acelera o ataque, mas alguma concentração de HF em excesso é necessária para garantir o rompimento da camada protetora. Contudo, em soluções não ácidas de cloreto férrico, a concentração crítica mínima é um pouco maior, chegando a 5,8%[5].

Anodização é o processo de criar ou aumentar a espessura de um filme de óxido sobre certos metais por meio da imersão em um banho eletrolítico no qual o metal a anodizar é ligado ao polo positivo de uma fonte de eletricidade, transformando-se no anodo da cuba eletrolítica. Pode ser realizado com o propósito de aumentar a resistência à corrosão de um metal, pela formação ou pelo aumento de espessura, da camada "passivada" de óxido que, por suas características específicas de adesão, impermeabilidade e estabilidade, protege o substrato metálico da ação corrosiva de agentes externos, funcionado como "barreira" ao avanço ou ao prosseguimento do processo corrosivo nesses metais.

A anodização é um procedimento muito utilizado para tingir de cores o nióbio e suas ligas, como ocorre com o alumínio e suas ligas. Os reagentes utilizados produzem uma camada fina de interferência e as cores podem ser visualizadas tanto com iluminação em campo claro tradicional como com luz polarizada. Adicionalmente, a anodização ajuda a identifica fases no nióbio e suas ligas[5].

Várias soluções já foram desenvolvidas para a anodização do nióbio, tântalo e zircônio e suas ligas, como as ligas Nb-Sn. A anodização é capaz de revelar várias fases que não são visíveis com o ataque químico[5].

8.10.15 Metais preciosos

Ocasionalmente, metalógrafos podem precisar realizar análises microestruturais em metais precisos, como o ouro, a prata e os metais do chamado "grupo da platina", como o rutênio, o ródio, o paládio, o ósmio, o irídio e a platina. O ouro não é atacado por ácidos inorgânicos, mas é atacado por cloro nascente, gerado a partir da água régia (mistura de ácido clorídrico e ácido nítrico) e por alguns agentes fortemente oxidantes. As ligas de ouro são atacadas com mais facilidade do que o outro comercialmente puro. Como os resíduos de ataque em metais preciosos podem produzir compostos explosivos, é perigoso experimentar reagentes desconhecidos sem um completo conhecimento a respeito da química envolvida nos produtos dessas reações. A liga de prata contendo 40% de ouro e 10% de índio pode ser atacada com uma solução de 50% NaCN e 50% de persulfato de amônia. O ouro comercialmente puro pode ser atacado com água régia (50% de HCl e 50% de HNO_3)[5].

A prata é atacada pelo HNO_3 e pelo H_2SO_4 quente, mas não pelo ácido sulfúrico a quente nem pelos ácidos halogênicos (HCl, HBr e outros baseados no grupo VIIA da tabela periódica). A prata é atacada pelas soluções alcalinas de cianetos, então vários reagentes de ataque à prata foram desenvolvidos com essas soluções. Esses ataques devem ser preparados com todo cuidado e dentro de uma capela de exaustão de vapores, pois pode ocorrer a emanação de vapores de cianeto de hidrogênio que, uma vez inalado, é mortal. Também como no caso do ouro, os produtos das reações de ataque à prata são frequentemente explosivos. Os oxalatos, nitritos e o cloreto de prata são explosivos, mas não detonam quando estão úmidos. Os reagentes nos quais esses produtos se formam devem ser descartados imediatamente após o uso[5].

O rutênio também apresenta extrema resistência ao ataque dos ácidos inorgânicos e não é atacado pela água régia. Felizmente, o rutênio apresenta estrutura cristalina hexagonal compacta e, assim, sua microestrutura pode ser observada com luz polarizada. Ataques eletrolíticos são comumente utilizados para o rutênio e suas ligas[5].

O ródio também é muito resistente ao ataque dos ácidos inorgânicos e, do mesmo modo, não é atacado pela água régia. Geralmente, é utilizado o ataque eletrolítico por esfregamento com uma solução contendo 50% de ácido nítrico e 50% de ácido acético[5].

O paládio, ao contrário de outros metais do grupo da platina, é atacado pelo ácido nítrico com a ajuda do oxigênio ou de compostos de óxido de nitrogênio. A água régia ataca o paládio muito lentamente, mas assim é inviável como reagente de ataque para esse metal. Foram desenvolvidos alguns ataques químicos e eletrolíticos para o paládio. Uma liga de paládio com 25% de prata soldada a arco pode ser atacada por imersão em uma solução obtida a partir da mistura de uma solução aquosa de 10% de KCN com uma solução aquosa de 10% persulfato de amônia. Esse mesmo reagente pode ser utilizado para atacar uma liga fundida de paládio com 0,1% de silício[5].

O ósmio resiste ao ataque por ácidos inorgânicos e não é atacado por água régia. O ataque eletrolítico é o preferido. O ósmio apresenta estrutura cristalina hexagonal compacta e pode ser observado com o uso de luz polarizada sem necessidade de ataque metalográfico[5].

O irídio é resistente ao ataque por todos os ácidos e bases (alcalinas). Somente o ataque eletrolítico produz efeitos úteis em termos de resultados. Uma liga de irídio com 10% de tântalo e 10% de háfnio apresenta uma microestrutura interdendrítica para ir em uma matriz Hf-Ta, quando é realizado um ataque eletrolítico com 67% de HCl e 33% de água a 4 V em corrente alternada (CA) ao ser observada com iluminação oblíqua[5].

A platina é resistente aos ácidos inorgânicos, mas pode ser atacada com água régia quente. O ataque eletrolítico também produz bons resultados na platina. Um exemplo é o ataque eletrolítico a 3 V com uma mistura de HCl e NaCl utilizado para uma liga de platina monofásica com 24% de cobalto, resfriada rapidamente a partir de 1.000 °C e, depois, ordenada mediante aquecimento a 600 °C por 50 minutos[5].

8.10.16 Terras raras

As chamadas "terras raras", metais com elevado número atômico, principalmente o lantânio e o cério, mas também o escândio e o ítrio, que são muito similares às terras raras, já foram objeto de análises metalográficas. Esses metais são muito reativos e, assim, as suas microestruturas podem ser facilmente reveladas por oxidação ao ar. Muitos desses metais e ligas podem ser atacados com nital. O cério e o lantânio podem ser anodizados. A camada fina de óxido, produzida na superfície por oxidação, protege a superfície do avanço da oxidação, permitindo uma análise demorada sem interferência da oxidação. A microestrutura do hólmio pode ser revelada pelo ataque catódico em vácuo. Outras técnicas também podem ser utilizadas na análise microestrutural das terras raras, como luz polarizada e ataques coloridos[5].

8.10.17 Titânio e suas ligas

A microscopia tem desempenhado uma importante função no desenvolvimento das ligas de titânio. O titânio é atacado por ácidos inorgânicos como o ácido clorídrico, o ácido fluorídrico, o ácido sulfúrico e o ácido nítrico. Porém, passivação da superfície do titânio pela fina camada de TiO_2 requer o uso de ataques fortes.

Assim, a maioria dos ataques para titânio contêm HF e HNO_3 em água, glicerina ou ácido lático. Quando esses dois ácidos estão presentes, o ácido fluorídrico ataca a superfície, enquanto o ácido nítrico a torna brilhante. O reagente de Kroll, uma solução aquosa diluída contendo HF e HNO_3 é um dos reagentes de ataque metalográfico mais antigos e mais comumente utilizados. Esse reagente Kroll revela detalhes microestruturais, inclusive contornos de grãos em algumas amostras. Para minimizar problemas de manchamento, que poderiam obscurecer a microestrutura, o reagente de Kroll e semelhantes devem ser aplicados por esfregamento. Em geral, o esfregamento produz um ataque mais brilhante nessas ligas. Em alguns casos, o peróxido de hidrogênio é adicionado para minimizar o manchamento[5].

O reagente de Remington A, cuja ação é semelhante à de Kroll, também contém HF e HNO_3, sendo também aplicado por esfregamento. Porém, o reagente de Remington B não contém ácido nítrico para tornar a superfície brilhante. Mas esse ataque pode ser usado vantajosamente em ligas bifásicas alfabeta, pois, nesse caso, a fase alfa é escurecida, enquanto a fase beta é delineada[5].

No desenvolvimento de ataques metalográficos para ligas de titânio com ácido fluorídrico, água e solventes orgânicos, descobriu-se que o hidreto de titânio pode se formar em locais preferenciais do reticulado cristalino, quando esses reagentes são usados. Nas ligas que contêm metais mais nobres do que o titânio, precipita-se o metal mais nobre, em vez de se precipitar o hidreto de titânio. A presença de ácidos oxidantes, como o HNO_3, por exemplo, normalmente o reagente de ataque inibe a formação do hidreto de titânio[5].

Um popular reagente de ataque aquoso, contendo hidróxido de potássio e peróxido de hidrogênio escurece a fase alfa, mas não afeta a fase beta. Os ácidos nítrico e fluorídrico também são adicionados ao ácido lático e aplicados por esfregamento. Para níveis mais elevados de ácido fluorídrico, esse ataque também gera uma ação de polimento químico durante o esfregamento, que pode ser útil para obter microestruturas definidas[5].

Para o titânio monofásico alfa, o ataque com uma solução aquosa de 0,5% de ácido fluorídrico escurece os grãos de fase alfa preferencialmente. Esse ataque é aplicado por imersão. O reagente de Kroll frequentemente produz resultados similares, quando é aplicado por imersão. Como a fase alfa apresenta estrutura cristalina hexagonal compacta, responde à luz polarizada. Por sua vez, a fase beta, com estrutura cristalina cúbica de corpo centrado, não responde à luz polarizada, aparecendo escura, mesmo com a rotação do estágio sob a ação de polarizadores cruzados, enquanto a fase alfa alterna contraste claro e escuro, principalmente sem ataque metalográfico. Uma placa sensível à cor é útil em conjunto com a luz polarizada. Nas ligas bifásicas alfabeta, o ataque pode melhorar os resultados com luz polarizada, mas somente quando a fase alfa é equiaxial e não acicular[5].

O ataque colorido por aquecimento, entre 400 e 700 °C, ao ar, foi experimentado e revelou-se bastante eficaz para discriminar e delinear fases. Mas essa técnica só deve ser usada quando não altera a microestrutura da amostra. O ataque colorido por aquecimento pode gerar ótimos efeitos de coloração em amostras de titânio e proporciona a melhor resolução da microestrutura, quando é precedido por um leve ataque com um reagente de uso geral[5].

Embora alguns ataques coloridos tenham sido desenvolvidos, a anodização eletrolítica tem se mostrado mais efetiva e mais comum na coloração seletiva de fases, desde o início dos anos 1950, porém com modificações posteriores nesse método. As cores dos filmes de interferência produzidos são bastante sensíveis à orientação cristalina e composição química das fases[5].

8.10.18 Zircônio e suas ligas

O zircônio é consideravelmente inerte, sendo atacado somente pelo ácido fluorídrico e pela água régia. Como apresenta uma estrutura cristalina hexagonal compacta, responde bem à luz polarizada, assim como a suas ligas[5].

Esses materiais são, com frequência, polidos quimicamente, o que produz um leve ataque. Mesmo após esse leve ataque, utiliza-se a luz polarizada para analisar a microestrutura do zircônio e suas ligas. A maior parte das soluções usadas para o polimento químico do zircônio e suas ligas contém ácido fluorídrico que ataca a superfície e o ácido nítrico que, por sua vez, evita seu escurecimento. Os solventes que podem ser utilizados são a água, o peróxido de hidrogênio, a glicerina e o ácido lático. Na maior parte das vezes, esses solventes são aplicados vigorosamente por esfregamento, o que facilita a remoção das manchas de escurecimento. Algumas dessas soluções funcionam mais como reagentes de ataque do que de polimento, ao contrário de outras. Mas todas contêm ácido fluorídrico ou alguma substância semelhante contendo flúor[5].

Geralmente, a observação em campo claro é utilizada para a determinação do teor de inclusões não metálicas, mas pode ser útil também para a análise de ligas bifásicas atacadas. O ataque excessivo pode revelar detalhes interessantes para a análise em campo claro, mas o relevo pode ser excessivo, obscurecendo detalhes finos. Por causa dessas dificuldades, o uso de luz polarizada é indispensável para a análise microestrutural de ligas de zircônio[5].

Já foram desenvolvidos vários procedimentos de ataque eletrolítico para esses materiais metálicos. O ataque colorido já foi experimentado, mas não é tão útil como a luz polarizada. A anodização colorida também já foi testada e os filmes anódicos se formam a diferentes taxas de oxidação relacionadas com as fases presentes nas ligas de zircônio. Assim, as cores de interferência geradas correspondem a cada fase, de modo bem-definido. Adicionalmente, os efeitos de anisotropia são realçados com a luz polarizada. Uma das soluções usadas, na anodização do zircônio e suas ligas, contém cerca de 5% de KOH (hidróxido de sódio)[5].

8.10.19 Ataque metalográfico e observação da microestrutura

Quando a amostra é lixada e polida, está adequada para a observação macroscópica ou microscópica, desde que as características microestruturais possam ser observadas, quase sempre por diferenciação de cor/níveis de cinza, relevo/aspectos topográficos e defeitos que acarretam diferenciação visualmente detectável, como trincas e poros[1].

Entretanto, estando perfeitamente polida, uma superfície metálica não permite distinguir os detalhes da microestrutura de uma amostra metalográfica uma vez que a superfície dessa amostra polida reflete a luz visível incidente de modo muito uniforme, sem proporcionar contraste significativo[1].

Assim, o método mais comum para a obtenção desse contraste, necessário para visualizar detalhes microestruturais, é o ataque com um reagente químico, também denominado "ataque metalográfico", que, ao promover a corrosão localizada de determinados elementos da microestrutura da amostra, como contornos de grãos (cristais), precipitados/partículas de fases minoritárias e outros elementos, inicialmente invisíveis após o polimento, diminuindo significativamente a reflexão nessas regiões limitadas da amostra, proporciona o contraste de cor/níveis de cinza necessário para a observação e a identificação de sua microestrutura[1].

Assim, após o polimento, obtendo-se uma superfície plana e espelhada na amostra, realiza-se o ataque metalográfico com uma solução, que pode ser ácida ou alcalina, podendo ser realizado por imersão, fricção ("esfregação") ou ataque eletrolítico.

O ataque metalográfico é uma atividade que apresenta requisitos de segurança uma vez que envolve manuseio e armazenamento de reagentes químicos.

O armazenamento deve ser realizado em local adequado, com sombra e sem vibrações. Alguns solventes não podem ficar próximos a reagentes ácidos, por exemplo.

Recomenda-se a realização do ataque metalográfico dentro de uma "capela" para a exaustão dos vapores, mais intensos no caso de alguns reagentes, por exemplo, o ácido clorídrico.

Os requisitos de segurança ambiental exigem que os solventes orgânicos e os reagentes ácidos sejam descartados em locais adequados para esta finalidade.

Após a realização do ataque, observa-se, inicialmente a "olho nu", a amostra. O técnico precisa ter a sensibilidade para perceber se a amostra não "queimou" (não foi excessivamente atacada). Então, leva-se essa amostra ao microscópio ótico para se verificar a qualidade visual do ataque com mais detalhe.

Se a amostra estiver "queimada" (excessivamente atacada, dificultando a visualização da microestrutura), é necessário remover o ataque por polimento ou lixamento, dependendo da intensidade/severidade do ataque. O tipo de lixamento a ser realizado depende do grau de severidade do dano: se for apenas superficial, basta lixar com lixas de grana 600 ou 1.200. Porém se o dano infligido pelo ataque for mais profundo, são necessárias lixas mais grossas, dos tipos 220 ou 320. O ideal é o técnico polir e verificar se o ataque foi removido; se não for, deve-se iniciar o lixamento com a lixa de grão mais fino (1.200) e aumentar a grana da lixa até que o ataque seja removido por completo.

8.11 ARMAZENAMENTO DA AMOSTRA ATACADA

O armazenamento da amostra atacada deve ser feito em dessecador com sílica gel, em alguns casos, de materiais muito reativos, em vácuo, podendo também ser usada vaselina, ou resina equivalente, para proteção da superfície de fratura de materiais metálicos para evitar ou minimizar a oxidação.

Após o ataque, normalmente é realizada observação e registro de imagens ao microscópio ótico, eventualmente também ao microscópio eletrônico de varredura (MEV).

8.12 NORMAS PARA PREPARAÇÃO/ATAQUE DE AMOSTRAS METALOGRÁFICAS

O ataque metalográfico segue normas internacionais que determinam qual ataque deve ser utilizado para cada tipo específico de metal. As normas utilizadas na preparação de amostras metalográficas são:

- **ASTM E3:** preparação de amostras[17].
- **ASTM E407:** ataques metalográficos para obtenção de micrografias[18].

Entretanto, as normas apenas orientam o procedimento de preparação de amostras metalográficas, não determinam rigorosamente as etapas de preparação. O tempo de ataque, por exemplo, depende muito da sensibilidade do técnico que observa o efeito do ataque na amostra, a olho nu e ao microscópio ótico. Até mesmo a composição do ataque, melhor dizendo, os percentuais de cada reagente utilizado podem ser modificados em função do efeito na amostra.

Os ataques para macrografia, quase sempre, são específicos e diferenciados dos ataques recomendados para a obtenção de micrografias. A macrografia ou simplesmente a análise macrográfica não requer polimento, podendo as amostras ser lixadas até a grana 400, por exemplo. Mais uma vez, é a sensibilidade do técnico que vai determinar se o que se busca na macrografia foi atingido com o lixamento ou se a amostra requer ou não um polimento.

Um exemplo de ataque utilizado para macrografia é, no caso de uma análise de juntas soldadas, o nital 5% (5% de ácido nítrico em etanol).

A técnica conhecida como "réplica" é quando um filme de carbono depositado sobre a superfície da amostra metalográfica, ao ser retirado e observado ao microscópio (ótico e eletrônico de transmissão: MET), mostra a microestrutura do material (precipitados e partículas em geral). Normalmente, é acondicionada numa placa de Petre ou em lâminas de vidro.

Após o ataque, é realizada a observação e/ou a captura de imagens da amostra metalográfica ao microscópio ótico, eletrônico de varredura (MEV e EBSD), eletrônico de transmissão (MET) e, quando se tratar de uma análise macrográfica, ao estéreo microscópio.

O ataque metalográfico pode ser realizado com o propósito de proporcionar a observação da macroestrutura ou da microestrutura, a depender da escala das características da amostra sob observação.

O macroataque tem por objetivo evidenciar a macroestrutura, que é a que pode ser observada a olho nu, por uma lupa de baixo aumento ou estereomicroscópio. Muitas vezes, a preparação metalográfica para o macroataque se resume ao lixamento, porém, em alguns casos, é necessário realizar um pré-polimento[1].

O microataque tem como finalidade revelar a microestrutura do material analisado, que apenas pode ser observado por mio de um microscópio ótico, geralmente com ampliação mínima de 50 vezes (50×)[1].

Amostras que apresentam poros, fendas e outras cavidades semelhantes, quando submetidas a uma limpeza inadequada, podem acumular resíduos do reagente de ataque metalográfico, podendo, posteriormente, exudar (expelir) essa substância e, assim, adulterar a microestrutura observada, ou mesmo danificar as lentes objetivas do microscópio quando o reagente usado no ataque metalográfico contém substâncias muito agressivas como o ácido fluorídrico[1].

8.12.1 Métodos de ataque químico para metalografia[1]

Ataque por imersão: talvez seja o mais comum, no qual a amostra é inserida na solução de ataque, de modo que sua superfície fique completamente imersa durante alguns segundos ou minutos, a depender do tipo de ataque.

Ataque por gotejamento: a solução reagente é gotejada sobre a superfície da amostra, tipo de ataque utilizado quando a solução é muito cara, ou seja, contém reagentes muito caros, dispendiosos.

Ataque por lavagem: a superfície da amostra é lavada, ou seja, enxaguada com a solução de ataque. Esse tipo de ataque é utilizado quando a amostra é muito grande, apresenta grandes dimensões ou quando há possibilidade de que ocorra considerável desprendimento de gases durante o ataque, como no caso de soluções que contenham elevadas proporções de ácido clorídrico.

Ataque alternativo por imersão: variação do primeiro (ataque por imersão), em que a amostra é imersa, de modo alternado, em duas soluções de ataque diferentes. Assim, as camadas, formadas durante a imersão na primeira solução de ataque, são removidas durante a imersão na segunda solução reagente.

Ataque por esfregação: a solução embebida em um chumaço de algodão ou num pano é esfregada sobre a superfície da amostra, o que permite remover as camadas resultantes da reação com a solução.

Ataque-polimento: a amostra, imersa na solução de ataque, é submetida ao polimento, evitando, assim, a formação de camadas resultantes da reação química. Normalmente, esse processo é realizado após o polimento mecanoeletrolítico.

Ataque múltiplo e duplo: a amostra é submetida ao ataque com duas ou mais diferentes soluções, de modo que várias fases subsequentes são reveladas.

Ataque de identificação: esses ataques utilizam determinadas formulações específicas de reagentes/soluções com a finalidade de realçar algumas fases de um modo característico. É o caso de ataques específicos para revelar fases secundárias, como precipitadas e partículas de carbetos, nitretos etc.

8.12.2 Reprodutibilidade do ataque metalográfico

Tradicionalmente, o ataque metalográfico, sobretudo o ataque químico (com substâncias químicas apenas, como ácidos e outras) sempre foi considerado, até certo ponto, uma atividade empírica, envolvendo, com frequência, a prática de tentativa e erro. A grande variedade de técnicas de ataque, sua nomenclatura não uniforme e a falta de conhecimentos sobre os processos básicos deixaram essa importante etapa, da preparação de amostras metalográficas, confusa e pouco clara[6].

O ataque químico convencional, que é o mais comum, em razão de sua simplicidade e economia, é de reprodutibilidade especialmente difícil por causa das reações eletroquímicas que acontecem e muitos outros fatores que interferem nesse processo, além do reagente de ataque em si, como efeitos inibidores na superfície da amostra, como o fenômeno de polarização, a possibilidade de formação de sobrepotencial, entre outros. Quando o objetivo é obter maior reprodutibilidade, outras técnicas são mais adequadas, como os ataques potenciostático e iônico[6].

A reprodutibilidade do ataque metalográfico é particularmente importante para a análise automática de imagens. A avaliação numérica da microestrutura, com o uso de equipamentos que realizam essa análise de modo totalmente automático, requer um contraste uniforme e reprodutível da microestrutura porque os equipamentos utilizados não são capazes de considerar e descartar irregularidades de contraste, assim acumulando dados errôneos[6].

No capítulo 13 deste livro, é apresentada uma relação com alguns reagentes químicos mais comumente usados para metalografia.

Capítulo 9
SEGURANÇA: EQUIPAMENTOS DE PROTEÇÃO

A realização das diversas etapas da preparação de amostras metalográficas pode acarretar alguns riscos para a saúde e para a segurança dos técnicos que realizam essas atividades. Assim, como em várias outras tarefas desempenhadas por outros profissionais, a exemplo das que são efetivadas por operários da indústria, eletrotécnicos, soldadores ou por profissionais de Saúde em instalações hospitalares, é muito importante a utilização de equipamentos de proteção que possam minimizar riscos de contaminação por substâncias tóxicas ou evitar que diferentes partes do corpo humano sejam atingidas por fragmentos ou outros objetos que possam causar ferimentos, mais ou menos graves, entre outros riscos à integridade física e à saúde[1].

A Figura 9.1 mostra um par de luvas usado na preparação de amostras metalográficas, principalmente quando há possibilidade de contato entre os reagentes químicos e as mãos, o corpo do preparador. Em caso de contato com objetos aquecidos em altas temperaturas, são usadas luvas térmicas. Além dos óculos de segurança, para a proteger a vista do preparador, quando há possibilidade de escaparem fragmentos metálicos, como quando se usa esmeril, para a retirada de rebarbas e outras protuberâncias em amostras metálicas, a Figura 9.2 apresenta uma máscara de plástico transparente para proteção facial. A Figura 9.3 apresenta uma capela para a exaustão de vapores e a Figura 9.4, um aparato de "lava-olhos". A capela é utilizada em grande parte, preferencialmente em todos, dos ataques metalográficos com soluções à base de reagentes ácidos e alcalinos. Até mesmo o ataque eletrolítico pode ser realizado com a cuba dentro da capela e a fonte eletrolítica, a ela ligada por cabos/fios elétricos, posicionada fora da capela. O aparato de "lava-olhos", como indicado por sua denominação, é destinado a lavar os olhos, quando estes, por algum motivo inesperado, são atingidos por respingos de reagentes e outros agentes que possam ser nocivos para a vista[1].

Figura 9.1 Par de luvas para preparação de amostras.
Fonte: Acervo do autor.

Figura 9.2 Máscara de plástico transparente para proteção facial.
Fonte: Acervo do autor.

Figura 9.3 Capela para a exaustão de vapores.
Fonte: Acervo do autor.

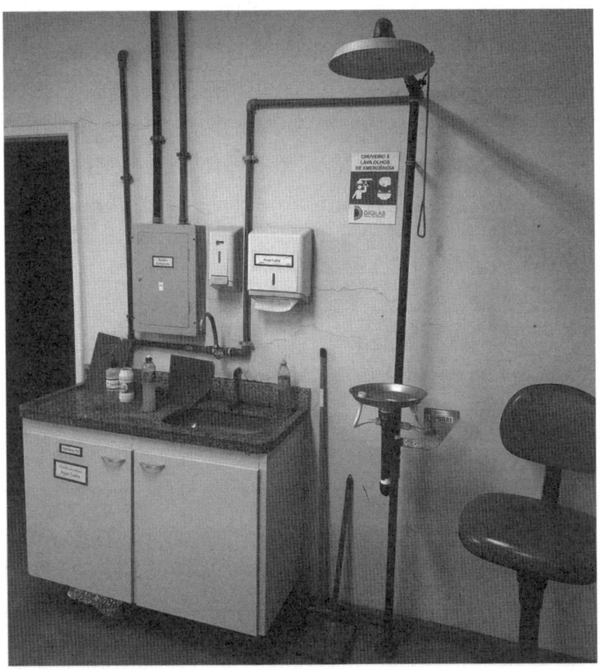

Figura 9.4 Aparato de "lava-olhos".
Fonte: Acervo do autor.

De modo geral, a limpeza, tanto pessoal como de equipamentos e utensílios, é um dos cuidados que mais contribuem para reduzir os riscos à segurança, para minimizar a possibilidade acidentes, potencialmente perigosos ou que possam apresentar riscos à saúde das pessoas envolvidas e à integridade dos equipamentos e do ambiente de trabalho. No que se refere à limpeza pessoal, à higiene, é importante lavar as mãos após cada etapa de manuseio de reagentes químicos ou de outros materiais consumíveis menos perigosos, como pasta de diamante e alumina[5].

Do mesmo modo, é importante lavar cuidadosamente em água a vidraria de laboratório após o uso das substâncias químicas, como também descartar, de modo adequado, as soluções já usadas e inservíveis. Algumas dessas soluções podem causar explosões, como a de ácido perclórico, ou a emanação de vapores (gases) tóxicos, como o ácido clorídrico, cuja manipulação e utilização, além do uso de outros equipamentos de proteção, devem ser realizadas dentro de uma capela de exaustão de vapores (Figura 9.3). Outros reagentes podem ser inflamáveis ou corrosivos. Todas essas características dificultam e podem inviabilizar o armazenamento de reagentes e soluções que, quando é possível, geralmente por tempo não muito longo, deve ficar restrito a pequenas quantidades e evitar a oxidação e outros tipos de degradação. Assim, o armazenamento desses reagentes e soluções deve ser cuidadoso e criterioso, de modo a evitar a queda e quebra de garrafas e outros recipientes de vidro[5].

O contato com reagentes, soluções e demais substâncias químicas usadas na preparação de amostras metalográficas pode causar danos à pele humana. Outros danos podem advir da inalação de vapores e de respingos nos olhos. Uma máscara de plástico transparente para proteção facial pode proteger contra respingos de soluções ácidas (ou alcalinas) nos olhos, mas também do impacto com o desprendimento de partículas metálicas durante operações como o esmerilhamento[5].

Como já mencionado, a capela é essencial para evitar que o ambiente de trabalho seja contaminado por gases/vapores que possam emanar da manipulação de substâncias químicas durante a preparação metalográfica. Geralmente, essas capelas dispõem de drenos que permitem coletar a água da lavagem e as soluções ácidas (ou alcalinas) já usadas e inservíveis, mas o descarte desses resíduos deve ser cuidadoso para evitar danos ambientais ou mesmo à tubulação predial[5].

Ácidos fortes precisam ser muito diluídos em água antes do descarte. Soluções contendo ácido fluorídrico (HF) são muito nocivas à tubulação predial. Outras substâncias, que reagem violentamente com a água, como o cloreto de alumínio anidro e o sódio metálico, também podem causar problemas no descarte em esgoto de água encanada. Outro aspecto importante é o acondicionamento, em local adequado, de garrafas de reagentes químicos com a respectiva identificação, que deve ser realizada com rótulos legíveis, limpos e permanentes[5].

Outro equipamento de fundamental importância para laboratórios de preparação de amostras metalográficas é o aparato de lava-olhos (Figura 9.4). Esse equipamento de segurança deve estar localizado dentro do ambiente de trabalho de preparação de amostras metalográficas e situado o mais próximo possível do local de uso e de manipulação de substâncias e partículas que possam causar danos aos olhos, de modo que possa ser alcançado e utilizado o mais fácil e rapidamente possível[5].

Da mesma forma, no mesmo local devem estar disponíveis extintores de incêndio adequados, principalmente de CO_2 (dióxido de carbono do tipo B para uso em incêndio causado por líquidos inflamáveis) e pó químico (do tipo C para uso em incêndio causado por equipamentos elétricos energizados)[5].

Em geral, os equipamentos usados na preparação de amostras metalográficas são bastante seguros no uso. As informações divulgadas pelos fabricantes, geralmente, descrevem os procedimentos para a operação segura de cada equipamento. Em todo caso, é recomendável que cada laboratório sistematize suas práticas seguras de operação, incluindo uma descrição dos riscos associados ao uso de cada equipamento. Esse tipo de informação deve estar disponível para todos os usuários e operadores de equipamentos[5].

As serras de fita e máquinas de corte com discos abrasivos são comumente usadas na preparação de amostras metalográficas. Em geral, a área de corte de uma serra de fita está exposta, com perigo em potencial. As mãos nunca devem ser usadas como guia numa operação de corte, sendo recomendável utilizar, para essa finalidade, um pedaço de madeira ou outro objeto descartável que possa ser usado como anteparo durante a operação de corte. Após a conclusão do corte, o equipamento de cote com serra de fita deve ser desligado antes que as amostras próximas à serra sejam removidas. As amostras devem ser manipuladas com cuidado uma vez que podem ser aquecidas bruscamente por causa do calor gerado pelo atrito durante o corte[5].

Como consequência do corte, podem surgir rebarbas agudas e ásperas na amostra que, depois, podem ser removidas por esmerilhamento ou lixamento grosseiro. O corte por máquinas com discos abrasivos rotativos é considerado mais seguro uma vez que a área de corte, geralmente, permanece fechada durante essa operação. Normalmente, com esse tipo de corte, o maior perigo está associado a pedaços de um disco abrasivo que podem se desprender como consequência da quebra do disco e projetar-se num "voo" descontrolado, até atingir uma pessoa ou equipamento, se não forem tomados os devidos cuidados. A quebra do disco, geralmente, acontece quando este não está devidamente fixado ao equipamento de corte ou, ao contrário, quando essa fixação foi realizada com pressão excessiva, o que também pode danificar a amostra, e não apenas o disco e o equipamento de corte[5].

A poeira gerada pelo lixamento de metais é sempre perigosa e, a de alguns metais, como berílio, magnésio, chumbo, manganês e prata, é extremamente tóxica. Para esses materiais, é preferível o lixamento com água, tanto para evitar o aquecimento por atrito, que danifica a amostra, como para minimizar a geração de poeira tóxica. Poeira pode ser gerada durante o uso de lixadeiras com baixa velocidade, mas isso, geralmente, só ocorre no lixamento mais grosseiro. Para metais tóxicos como chumbo e berílio, o lixamento deve ser realizado, preferencialmente, em uma capela de exaustão de vapores. Resíduos devem ser descartados somente de acordo com os procedimentos específicos para o descarte e, quando se tratar de materiais radioativos, adicionalmente, a manipulação precisa ser feita a uma distância segura, com equipamentos especiais para essa finalidade e segundo todos os padrões de segurança[5].

Os pratos e anéis de lixamento devem estar bem fixos para evitar movimentos repentinos inesperados. Devem ser observados cuidados para não lixar os dedos e nem batê-los contra os anéis para evitar ferimentos[5].

Com frequência, é necessário o uso de furadeiras num laboratório de preparação de amostras metalográficas. A eventualmente necessária perfuração de amostras metalográficas exige que estas estejam firmemente fixadas de modo a evitar movimentos indesejados e imprevistos que possam causar acidentes, inclusive ferimentos no operador. Além disso, é desejável o uso de óculos de proteção aos olhos durante as operações de perfuração para evitar que o desprendimento de partículas possa causar acidentes com consequências sérias para a visão do operador[5].

Prensas de embutimento e fornos de tratamento térmicos também devem ser utilizados com os devidos cuidados para evitar queimaduras nos operadores. Nesses casos, também é recomendável o uso de luvas térmicas para proteção das mãos contra queimaduras. Também é desejável colocar avisos indicando que o forno de tratamentos térmicos está em uso[5].

Outro aspecto que não pode ser negligenciado, em termos de cuidados com a segurança em um laboratório metalográfico, é o uso de vestimentas adequadas, ou seja, uniformes de trabalho como jalecos e semelhantes. O jaleco protege a roupa utilizada pelo operador, mas não é eficaz o suficiente para proteger a pele humana contra respingos de soluções ácidas ou alcalinas. Por causa do desgaste natural, os jalecos precisam ser substituídos ao longo do tempo. depara a proteção da pele humana contra respingos corrosivos, aventais emborrachados ou poliméricos ("plásticos") podem ser mais efetivos. O avental emborrachado, quase sempre, é pesado e quente, ao passo que o polimérico, normalmente, é mais confortável[5].

Muitos tipos de luvas estão disponíveis no comércio e são úteis para manusear amostras relativamente volumosas e para trabalhar com materiais quentes ou soluções perigosas. Luvas finas, como as usadas por cirurgiões, são muito populares para o manuseio de amostras durante o polimento e o ataque já que permitem ao operador "sentir" a amostra. Essas luvas precisam ser verificadas com frequência quanto ao surgimento de furos e outros danos que podem surgir facilmente ao longo do tempo de uso. Luvas mais grosseiras são preferidas para outras atividades, como o polimento químico, o macroataque e a decapagem e mesmo estas precisam ser verificadas com certa frequência. É difícil conseguir diferenciar o suor das mãos de algum tipo de vazamento. Em todo caso, é recomendável que o metalógrafo esteja sempre atento e não se deixe levar pela sensação de que o uso de luvas possa garantir proteção total às mãos, pois há outros recursos mais eficazes para proteção das mãos. Quando do manuseio de líquidos perigosos, o uso de protetor facial é muito importante também[5].

Em certas atividades de preparação de amostras metalográficas, pode ser necessário aquecer soluções para realizar algum ataque ou outra atividade. Embora os assim denominados "bicos de Bunsen" possam ser usados para essa finalidade, o ideal é utilizar alguma placa de aquecimento ou banho quente de água e evitar o uso da chama. Se necessário usar um bico de Bunsen, sua chama não pode agir diretamente sobre um *becher* ou outro recipiente de vidro, sendo importante utilizar algum tipo de manta térmica ou outro "anteparo" que proteja o recipiente de vidro da ação direta da chama[5].

A maioria dos laboratórios mistura reagentes, geralmente para produzir soluções específicas para ataques metalográficos, limpeza de amostras e ouras finalidades. Nesses casos, quase sempre são utilizados recipientes de vidro fechados com tampas, inclusive garrafas de reagentes previamente lavadas, para acondicionar soluções com volume que pode variar entre 200 mL e 1 L, armazenadas em local adequado para reutilização posterior. Entretanto, geralmente, esse procedimento de armazenamento só é adotado para soluções usadas com certa frequência[5].

Uma das soluções mais frequentemente armazenadas dessa maneira é o nital, 2% a 5% de ácido nítrico em etanol, porém o nital pode gerar gases em pressão dentro da garrafa fortemente vedada, sendo recomendado que a tampa tenha uma válvula de alívio ou um furo que exerça essa função, pois, do contrário, poderia ocorrer uma explosão causada por esses gases em pressão. É muito importante que o armazenamento da solução seja reconhecidamente seguro e que seja feito apenas com pequenas quantidades. Em adição, as garrafas devem ser devidamente rotuladas. No armazenamento de soluções que contenham ácido fluorídrico, é obrigatório o uso de recipientes ou garrafas de plástico, polímero do tipo polietileno, pois o ácido fluorídrico ataca o vidro[5].

A maioria das listas de ataques metalográficos relaciona os reagentes por peso (massa) quando estes são sólidos, ou por volume quando líquidos. Alguns poucos ingredientes são mencionados em valores percentuais; entretanto, na maioria dos ataques metalográficos, a quantidade exata de um reagente não é crítica. Balanças comuns e recipientes graduados usados em laboratório apresentam precisão adequada para quantificar os reagentes que formam uma solução para ataque metalográfico. Contudo, após o uso, estes recipientes devem ser submetidos a uma limpeza adequada para evitar acidentes em que o próximo usuário poderia estar envolvido[5].

A respeito da balança, um pedaço de papel poroso, como o de filtro, já seria suficiente para acondicionar o reagente sólido, proteger a superfície do prato da balança e facilitar a transferência para o recipiente onde será misturado, geralmente algum *becher* graduado. Novamente, se usado ácido fluorídrico, somente recipientes de "plástico" (polietileno) poderão ser usados. Em alguns tipos de ataque, a ordem de colocação dos reagentes é importante, sobretudo quando utilizados reagentes perigosos, como os que eventualmente podem causar explosões. O ideal é sempre usar água destilada já que a água comum da torneira pode conter sais minerais, cloretos ou fluoretos que podem influir no resultado da preparação dos ataques metalográficos, o que pode gerar resultados ruins ou inesperados. Do mesmo modo, recomenda-se usar água em temperatura ambiente, nunca aquecida, pois o calor pode tornar algumas reações muito violentas[5].

Ao se fazer a mistura, o ideal é colocar, primeiro, os solventes, como água e álcool etílico, por exemplo, e só depois os sais ou ácidos a serem dissolvidos. Um agitador magnético ajuda muito no processo de mistura/dissolução. Somente, então, ao fim, são adicionados os ácidos, em especial os mais perigosos, como o ácido sulfúrico, que praticamente sempre deve ser o último a ser adicionado à mistura, muitas vezes necessitando de resfriamento, pois, geralmente, provoca aquecimento, sobretudo quando se concentra no fundo do recipiente, podendo causar aquecimento suficiente para provocar transbordamento da solução para fora do recipiente[5].

O ideal é sempre utilizar reagentes e solventes de alta pureza para a preparação de amostras. Embora esses reagentes sejam mais caros, as quantidades usadas nos ataques são relativamente pequenas, e o ganho em confiabilidade e segurança compensa essa diferença de custo. Como a deterioração desses reagentes químicos durante o armazenamento é significativa, somente pequenas quantidades devem ser compradas de cada vez, e o armazenamento deve ser feito em local adequado, protegido da luz e do calor[5].

A literatura sobre metalografia apresenta referências a grande número de fórmulas para ataque metalográfico, polimento químico e eletrólitos muito perigosos. Em muitas dessas referências, não aparecem comentários sobre requisitos para procedimentos de manuseio seguro ou sobre riscos em potencial. Felizmente, as aplicações metalográficas envolvem o uso de pequenos volumes dessas soluções, de modo que, quase sempre, os acidentes não acarretam consequências desastrosas.

Contudo, mesmo com pequenas quantidades dessas substâncias perigosas, pode ocorrer dano considerável, já tendo sido reportados casos assim[5].

9.1 SOLVENTES

Vários solventes orgânicos são utilizados em metalografia para limpeza, ataques, polimentos químicos e eletrolíticos de amostras. São importantes para controlar a ionização, velocidade e modo de ataque. Os solventes mais frequentemente utilizados são a água, acetona, benzeno, éter etílico, etileno glicol, glicerina, querosene, éter etílico ("de petróleo"), tricloroetileno ("clorofórmio"), butil celosolve e diversos tipos de álcool, como o álcool amílico, etanol, metanol e álcool isopropílico. A maioria deles é inflamável e seus vapores podem formar misturas explosivas com o ar. Devem ser mantidos hermeticamente fechados, quando não estão em uso, e armazenados em locais frescos e distantes do calor, principalmente de chamas[5].

A acetona (CH_3COCH_3) é um líquido incolor com odor levemente mentolado, volátil e muito inflamável, com elevado risco de incêndio, além de irritar os olhos e as membranas mucosas[2].

O benzeno (C_6H_6) é um líquido claro e incolor, mas seus vapores são muito tóxicos, até mesmo cancerígenos. No estado líquido, é altamente volátil, podendo ser inflamável e representar risco de explosões. Uma vez assimilado por um indivíduo, o benzeno fica acumulado no organismo e pode causar sérios problemas no sangue. Em muitos lugares, seu uso é proibido ou restrito por lei, com regulação obrigatória[5].

O éter etílico ($CH_2H_5OC_2H_5$) pode formar peróxidos, os quais podem explodir se aquecidos sob temperaturas em torno de 100 °C. A eletricidade estática pode causar a ignição e a explosão de vapores. Os depósitos do tipo *container* precisam ser aterrados eletricamente. O éter derivado de petróleo é, de algum modo, semelhante, porém menos perigoso[5].

O butil celosolve ($CH_4H_9OCH_2CH_2OH$) é um líquido incolor com odor rançoso, azedo, usado em soluções utilizadas em polimento eletrolítico. É inflamável, porém apresenta risco de incêndio somente moderado. O vapor emanado por esse reagente irrita as membranas mucosas, olhos, pele e vias respiratórias[5].

O carbitol (éter dietileno glicol monoetil) é um solvente incolor e viscoso, compatível com a água e usado em soluções de polimento eletrolítico. Irrita a pele, embora bem menos do que a glicerina. Apresenta risco de incêndio somente moderado, mas é venenoso quando ingerido[5].

Etileno glicol ($HOCH_2CH_2OH$) é um líquido incolor com sabor adocicado. É tão tóxico quanto o metanol, porém não é tão rapidamente absorvido pelo organismo humano. É inflamável, mas com risco de incêndio apenas moderado[5].

Glicerina (glicerol: $CH_2OHCHOHCH_2OH$) é um líquido incolor, ou ligeiramente amarelado, inodoro, com aspecto xaroposo e sabor doce e morno. Até certo ponto, não é tóxico e nem volátil, mas pode causar irritação na íris ocular. É combustível e apesenta risco moderado de incêndio. A glicerina nunca deve ser usada em soluções anidras contendo ácidos sulfúrico e nítrico já que, nesse caso, pode formar nitroglicerina. Com frequência, a glicerina é adicionada à água régia. Essa mistura se deteriora muito rapidamente, devendo ser descartada logo após o uso, que não deve se estender além de 15 minutos após feita a mistura[5].

O querosene é usado ocasionalmente como lubrificante, no lixamento de amostras e também no polimento com pasta de diamante. Apenas a variedade inodora deve ser usada na preparação de amostras metalográficas. É inflamável, mas os vapores que emana não são imediatamente explosivos. O contato com a pele humana pode provocar dermatite e outros problemas[5].

O tricloroetileno ($CHCl{=}CCl_2$) é um líquido incolor e estável, com odor de clorofórmio. Em temperatura ambiente, não é inflamável, também não é explosivo, mas pode apresentar riscos de incêndio e explosões em temperaturas mais elevadas. Em presença de substâncias fortemente alcalinas, com as quais pode reagir, pode formar misturas explosivas. É tóxico quando inalado ou ingerido e pode causar grave envenenamento[5].

O tolueno ($C_6H_5CH_3$) é um solvente semelhante ao benzeno. É inflamável e apresenta elevado risco de incêndio. Os vapores do tolueno são tóxicos[5].

O xileno ($C_6H_4(CH_3)_2$) é um solvente incolor usado para remover óleo ou graxa de superfícies de diversos produtos. É inflamável e apresenta elevado risco de incêndio e de explosão. Embora não seja tão tóxico quanto o benzeno e o tolueno, os vapores que emana são considerados venenosos[5].

O álcool amílico ($CH_3(CH_2)_3CH_2OH$) é um líquido incolor, com um odor forte e intoxicante. É inflamável e apresenta risco moderado de incêndio. Além de ser tóxico, os vapores que emana são irritantes aos olhos e às vias respiratórias[5].

O álcool etílico, ou etanol (CH_3CH_2OH), é um solvente incolor e inofensivo frequentemente usado em metalografia. É higroscópico (absorve umidade facilmente) até cerca de 5% da umidade do ar. É fornecido pelo comércio com diferentes graus de pureza, podendo conter certo teor de, ou praticamente não conter outras substâncias como água e metanol. Assim, existem o álcool anidro (praticamente sem água) para análise (P.A.: 99,5% de álcool etílico em volume), álcool etílico 96, 92 e 70 (todos: também porcentagem de álcool etílico em volume). De modo geral, o etanol apresenta elevado risco de incêndio e seus vapores irritam os olhos e as vias respiratórias. Altas concentrações podem causar intoxicação. Como o etanol é totalmente queimado pelo organismo humano, não se acumula como contaminante venenoso, o que é o caso do metanol. Assim, soluções diluídas de até 2% de ácido nítrico (nital) podem ser misturadas de modo relativamente seguro e armazenadas em pequenas quantidades. Contudo, concentrações mais elevadas de ácido nítrico podem resultar no aumento da pressão dentro de garrafas hermeticamente fechadas. Desse modo, podem ocorrer explosões como resultado da falta de alívio em garrafas contendo soluções com cerca de 5% de ácido nítrico. Em concentrações ainda superiores, as soluções devem ser usadas em recipientes abertos para que possam ser manipuladas de forma segura, com descarte após o uso. Misturar mesmo uma pequena quantidade de ácido nítrico concentrado com uma pequena quantidade de nital envelhecido pode resultar na formação de vapores de óxido nitroso, emanando da garrafa[5].

O álcool metílico (CH_3OH), também conhecido como "metanol", é um solvente não higroscópico, mas também é um veneno que se acumula no corpo. A ingestão ou absorção de metanol prejudica o sistema nervoso central, os rins, o fígado, o coração e outros órgãos. O envenenamento por metanol pode causar cegueira. Desse modo, sempre que possível, o etanol deve ser usado em substituição ao metanol. É fundamental usar uma capela de exaustão de vapores ao manipular o metanol. Misturas de metanol com ácido sulfúrico podem formar dimetil-sulfato, que também é extremamente tóxico. Misturas de metanol com ácido nítrico são mais estáveis do que misturas de outros tipos de álcool, mais complexos, com o mesmo ácido. Misturas de metanol com até 5% de ácido nítrico podem ser armazenadas em pequenas quantidades. Misturas de metanol com mais de 5% de ácido nítrico, se aquecidas, estão sujeitas a violenta decomposição. Misturas de metanol com 33% de ácido nítrico decompõem-se repentina e violentamente[5].

O álcool isopropílico ($CH_3CHOHCH_3$) é um líquido claro e incolor que, como o etanol, não se acumula no organismo humano e não tem o mesmo efeito inebriante do álcool etílico para as pessoas. É um líquido inflamável, com grande risco de provocar incêndio. É relativamente tóxico, mas não muito perigoso, pois apresenta propriedades que favorecem a notificação de avisos, alarmes e advertências quanto à segurança das pessoas no local[5].

9.2 ÁCIDOS

Tanto ácidos inorgânicos como orgânicos são reagentes comumente usados em ataques metalográficos e soluções para polimento eletrolítico. Os ácidos inorgânicos, ou minerais, incluem ácidos muito comuns como o clorídrico, o nítrico, o perclórico, o fosfórico e o sulfúrico. Em geral, os ácidos minerais são altamente corrosivos e venenosos. Devem ser armazenados em locais frescos e ventilados, distantes de riscos potenciais de incêndio e, evidentemente, longe de chamas abertas. Também não devem ser armazenados em locais que recebem luz solar direta.

Quando ácidos puros entram em contato com metais, a maioria libera o hidrogênio gasoso, com risco de incêndio e de explosão. Os ácidos orgânicos estão naturalmente presentes em leite azedo, frutas e plantas, incluindo os seguintes ácidos: acético; láctico; cítrico; oxálico; e tartárico[5].

O ácido clorídrico (HCl), muito usado em metalografia, é um líquido incolor, com odor forte e que emana vapores. Além disso, é perigoso para os olhos e pode irritar a garganta e as vias respiratórias[5].

O ácido nítrico (HNO_3), também muito usado em metalografia, é um líquido incolor, porém ligeiramente amarelado, que pode emanar vapores, altamente tóxico e perigoso para os olhos. Se entrar em contato com material orgânico ou outros materiais altamente oxidáveis, pode causar incêndio e explosões. Quando reage com outros materiais, são gerados óxidos de nitrogênio bastante tóxicos, de acordo com as condições no local, como o ácido nitroso, o dióxido de nitrogênio, o óxido nítrico, o óxido nitroso e a hidroxilamina. Um problema frequente ocorre quando o ácido nítrico é colocado num recipiente contendo resíduos de metanol ou de etanol, previamente utilizados naquele frasco. Os vapores de cor marrom que emanam são bastante prejudiciais[5].

Misturas de ácido nítrico com outros tipos de álcool, mais complexos, não devem ser armazenadas. Misturas de ácido nítrico com ácido sulfúrico são muito perigosas, ao passo que misturas de ácido nítrico com glicerina, ou com glicóis, podem ser explosivas. A água régia, que é uma mistura de ácido nítrico com ácido clorídrico concentrados (1:2 ou 1:4), forma vários produtos, como o cloreto de nitrosilo (NOCl), um gás excepcionalmente tóxico. A água régia é um reagente muito usado para ataques metalográficos, mas deve ser manipulada com cuidado, em uma capela de exaustão de vapores[5].

Vários relatos afirmam que ataques contendo ácido nítrico são muito instáveis. Sabe-se que os ácidos misturados no ataque com glicerol (20 mL de HF, 10 mL de HNO_3 e 30 mL de glicerina) são instáveis se permanecerem muito tempo em uso ou aguardando uso (depois de 18 horas a 20 °C, depois de 8 horas a 35 °C ou depois de 1 minuto a 100 °C). Se o aço inoxidável for imerso nessa solução, ocorrerá um violento borbulhamento a 20 °C após 3 ou 4 horas. A solução de ataque deve ser usada logo pós ser preparada e imediatamente descartada após o uso. Fenômeno muito semelhante ocorre com um ataque metalográfico contendo 20 a 30 mL de HCl, 10 mL de HNO_3 e 30 mL de glicerina, quando mantido por 2 a 3 horas em temperatura ambiente. Já foi relatado que uma garrafa fechada, com uma solução contendo 40 mL de ácido acético, 40 mL de acetona e 40 mL de ácido nítrico, usada para atacar níquel, explodiu 4 horas após a preparação[5].

Já foi registrado o caso de uma mistura com 10 mL de ácido nítrico, 10 mL de ácido láctico e 20 mL de acetona, que reagiram espontaneamente após 2 minutos de mistura, com evolução de calor e vapores emanados de óxidos nitroso e nítrico. Isso pode ser controlado, mediante o resfriamento da mistura ácida, vazando lentamente na acetona resfriada por um banho de água fria. A solução deve ser mantida fria e descartada imediatamente após o uso[5].

Relatos de trabalhos experimentais mostraram que uma solução química, contendo 5 partes de ácido láctico, 5 partes de ácido nítrico, 2 partes de água, 1 parte de ácido fluorídrico, é instável e não deve ser armazenada. O ácido láctico e o ácido nítrico reagem de forma autocatalítica, gerando calor e emanando vapores após algum tempo de mistura. A pressão dos vapores emanados é alta o suficiente para causar ruptura do recipiente de plástico. Uma explosão semelhante foi relatada no caso de armazenamento de uma solução para polimento químico para nióbio e tântalo, contendo 50 mL de ácido láctico, 30 mL de ácido nítrico e 2 mL de ácido fluorídrico[5].

O ácido nítrico fumegante é aquele que, adicionalmente, contém NO_2 e N_2O_4. É mais tóxico e mais reativo que o ácido nítrico comum. Embora seja recomendado para alguns ataques e polimento químico, é um reagente de alto risco para o uso em laboratórios e, por esse, motivo não é recomendável utilizá-lo com frequência[5].

O ácido sulfúrico (H_2SO_4) é um líquido incolor e oleoso, muito corrosivo, perigosamente reativo e um agente oxidante muito forte. Reage com a água e com substâncias orgânicas, com substancial liberação de calor. Assim, o ácido sulfúrico deve ser adicionado à água muito devagar, devendo ser a mistura mexida constantemente. Se não for mexida, essa mistura gerará um bolsão de vapor no fundo do recipiente, que provocará o transbordamento de seu conteúdo. O contato da pele com o ácido sulfúrico concentrado rapidamente destrói tecidos e causa queimaduras. O contato repetido com soluções diluídas de ácido sulfúrico causa dermatite, enquanto a inalação de seus vapores pode acarretar bronquite crônica[5].

O ácido fluorídrico (HF) é um líquido claro, incolor, fumegante com um odor forte e penetrante. É muito perigoso para os olhos, para a pele e para as vias respiratórias. Embora seja um ácido mineral relativamente fraco, ataca o vidro e compostos à base de silício e, por causa da toxicidade dos vapores que emana, e também da agressividade em contato com a pele humana, podendo até perfurá-la, o ácido fluorídrico é muito perigoso no que se refere à manipulação, que deve ser sempre muito cuidadosa. Adicionalmente, fluoretos, em geral, são muito tóxicos, quase tão perigosos quanto cianetos[5].

O ácido fosfórico (H_3PO_4) é o ácido mais importante contendo fósforo, não é tão perigoso quanto o nítrico, o sulfúrico ou o fluorídrico. Entretanto, o ácido fosfórico é corrosivo, tóxico e apresenta risco de incêndio. As reações desse ácido com os metais não são perigosas geralmente. O contato com a pele deve ser evitado.

O ácido fosfórico pode reagir com certos compostos orgânicos, formando compostos do tipo organofosforados, como o gás neurotóxico, extremamente tóxicos[5].

O ácido perclórico ($HClO_4$) é um dos ácidos mais fortes conhecidos, como em concentrações superiores a 72%, e muito instável; comercialmente, está disponível em concentrações da ordem de 70% a 72%, ou menos. Mesmo nessa forma, o contato do ácido perclórico causa irritação na pele e queimaduras, ao passo que os vapores, emanados por esse ácido, irritam muito as membranas mucosas. Em contato com substâncias orgânicas ou outras facilmente oxidadas, pode formar percloratos muito instáveis que podem favorecer a ignição ou causar explosões. Não se deve, nunca, realizar o polimento eletrolítico de amostras embutidas, em baquelite ou resinas poliméricas, em soluções de ácido perclórico. Ao se preparar essas soluções, é necessário o uso de capelas de exaustão de vapores que possam filtrar os vapores de percloratos antes que eles entrem no sistema de exaustão[5].

O ácido perclórico é muito útil em soluções para polimento eletrolítico. A mistura de ácido perclórico e anidrido acético é de difícil preparação e altamente explosiva. Porém, desde o advento do desenvolvimento dessa mistura por Pierre Jacquet, já foram descritos, por ele e também por outros pesquisadores, procedimentos de segurança para evitar esse tipo de acidente, que pode ser fatal, como o que ocorreu em Los Angeles, em fevereiro de 1947, numa indústria de revestimentos, que causou a morte de 17 pessoas e ferimentos em outras 150[5].

Mesmo para faixas de composição consideradas mais seguras, podem acontecer acidentes durante a manipulação dessas soluções ácido perclórico-anidrido acético, portanto é melhor evitar o uso dessas soluções no polimento eletrolítico, que é proibido em muitas empresas, instituições e mesmo regiões. Por sua vez, soluções de ácido perclórico e álcool ou ácido acético glacial são consideradas seguras para uso no polimento eletrolítico. Mesmo assim, ao se usar essas soluções consideradas mais seguras, ainda é necessário seguir as instruções de segurança cuidadosamente, misturar apenas pequenas quantidades, manter a temperatura sob controle e evitar a formação de vapores. Além disso, essas soluções não devem ser armazenadas[5].

Existem estudos também sobre o risco associado com misturas de butil-celosolve com 10% a 95% de ácido perclórico 70%. Misturas desse tipo, com 60% a 90% de ácido perclórico, revelaram-se explosivas em temperatura ambiente. Concentrações desse ácido de 30% ou menos mostraram-se inflamáveis, porém foram consideradas seguras desde que a temperatura não exceda 20 °C[5].

O bismuto ou ligas contendo bismuto jamais devem ser submetidos ao polimento eletrolítico com soluções contendo ácido perclórico porque se forma, nessa situação, um composto com grande potencial explosivo. Acredita-se que o arsênico, o antimônio e o estanho também sejam incompatíveis com eletrólitos contendo ácido perclórico[5].

O ácido acético (CH_3COOH) é um líquido claro e incolor com um odor cáustico, típico de vinagre. É um bom solvente e não é facilmente oxidado nem decomposto. Embora seja inflamável, não entra com facilidade em ignição. O contato com a pele resulta em sérias queimaduras. A inalação dos vapores que emana irrita as membranas mucosas. O ácido acético é considerado um bom solvente para o ácido nítrico, de modo que uma solução a 50% pode ser preparada, porém não armazenada, sem que haja riscos. Contudo, segundo algumas outras fontes, misturas de ácido acético e ácido podem ser perigosas[5].

O anidrido acético ($(CH_3CO)_2O$), também conhecido como "óxido acético", é um líquido incolor com forte odor de ácido acético. É muito nocivo para os olhos e perigosamente reativo com água ou com ácido sulfúrico. Já foi relatado um acidente envolvendo uma mistura de trióxido de cromo e anidrido acético usada em polimento eletrolítico: 100 g de CrO_3 foram dissolvidos em 200 mL de água. Essa solução foi resfriada até a temperatura ambiente e 700 mL de anidrido acético foram adicionados, numa corrente lenta, mas com agitação constante. O béquer ficou aquecido, o que pôde ser sentido ao toque. Após cerca de 20 segundos, a solução transbordou espontaneamente do béquer[5].

O ácido cítrico ($C_3H_4(OH)(COOH)_3.H_2O$) se apresenta como cristais transparentes e incolores. É venenoso quando ingerido e, se inalado, irrita as vias respiratórias e o aparelho digestivo. O contato com a pele resulta em queimaduras por ação cáustica, além de descolorir e fragilizar as unhas. Não é compatível com o ácido nítrico[5].

O ácido pícrico ($(NO_2)_3C_6H_2OH$), o trinitrofenol, se apresenta como cristais amarelos, que são misturados com 10 a 20%? de água. Quando o ácido pícrico está seco, é um explosivo perigoso. É tóxico e mancha a pele; os picratos, sais metálicos do ácido pícrico, são explosivos. Devem ser compradas pequenas quantidades e o armazenamento deve ser realizado em local fresco e seguro. O ácido pícrico é praticamente insolúvel em água. A solubilidade atinge 6 g por 100 mL no máximo. O picral (solução de ácido pícrico em etanol) pode ser armazenado de modo seguro. Durante o uso, não se deve deixar a solução secar. O resíduo do ataque deve ser descartado até o final da jornada de trabalho para evitar potenciais explosões[5].

O ácido tartárico ($HOOC(CHOH_2)COOH$) é um ácido relativamente fraco. É inflamável, mas apresenta um risco de incêndio apenas moderado. Não deve ser armazenado próximo a agentes oxidantes poderosos[5].

9.3 OUTRAS SUBSTÂNCIAS QUÍMICAS USADAS NA PREPARAÇÃO METALOGRÁFICA

Bases, como o hidróxido de amônia (NH_4OH), hidróxido de potássio (KOH) e hidróxido de sódio (NaOH) são frequentemente utilizadas na preparação de amostras metalográficas. O hidróxido de amônia apresenta baixo risco de incêndio e de explosão, enquanto os hidróxidos de potássio e de sódio não são inflamáveis, mas são bases fortes que destroem tecidos e causam queimaduras graves. Esses dois hidróxidos são perigosos para os olhos e, se inalados, causam irritação e ferimentos nas vias respiratórias; se ingeridos, causam danos ao sistema digestivo. Ambos são fornecidos sob a forma de pastilhas ou pelotas sólidas. Nunca devem ser dissolvidos em água quente, pois o calor liberado pode causar efervescência e eventual transbordamento da solução[5].

O peróxido de hidrogênio (H_2O_2), popularmente conhecido como "água oxigenada", geralmente é fornecido como um líquido em concentrações de 3% e de 30%. A solução com 3% é razoavelmente segura para o uso, mas a solução com 30% é um oxidante muito poderoso, cujo efeito em contato com a pele é nocivo e equivalente ao do ácido sulfúrico. O peróxido de hidrogênio não é combustível por si próprio, mas se entrar em contato com substâncias combustíveis, pode gerar uma combustão violenta. Além disso, é prejudicial para os olhos. Como o peróxido de hidrogênio libera oxigênio, pode gerar altas pressões em recipientes e em reservatórios que, por esse motivo devem ser ventilados em suas tampas[5].

O bromo (Br_2) é comumente usado para soluções destinadas a ataques severos. É um líquido muito corrosivo e perigoso que deve ser manipulado somente por pessoas bem-treinadas, qualificadas. Os vapores, que emana irritam muito os olhos, a pele e as membranas mucosas. O contato com a pele produz queimaduras profundas e penetrantes que levam muito tempo para curar completamente. O contato do bromo com substâncias orgânicas causa incêndios[5].

O ácido crômico (H_2CrO_4) é formado quando o trióxido de cromo (CrO_3) é dissolvido em água. O CrO_3 é usado em soluções de polimento eletrolítico, e soluções aquosas diluídas são utilizadas amplamente para ataque e polimento. Como se trata de um poderoso agente oxidante, é muito importante usar luvas ao manipulá-lo para polimento e ataque ou usar dispositivos automáticos para essas finalidades[5].

O permanganato de potássio ($KMnO_4$) é outro agente oxidante poderoso utilizado em ataques metalográficos. Apresenta elevados riscos de explosão e de incêndio. A ingestão desse permanganato causa sérios danos ao aparelho digestivo. Não pode ser misturado com o ácido sulfúrico, pois essa mistura pode resultar em uma violenta explosão. O dicromato de potássio ($K_2Cr_2O_7$) é outro poderoso agente oxidante também usado em ataques metalográficos[5].

Compostos de cianetos são, às vezes, utilizados em aplicações metalográficos. O cianeto de potássio (KCN) e o cianeto de sódio (NaCN) são extremamente perigosos, enquanto o ferrocianeto de potássio ($K_3Fe(CN_6)$, embora venenoso, é mais seguro ao ser utilizado. Os vapores emanados pelo KCN e pelo NaCN são intensamente venenosos. O envenenamento também pode ocorrer pelo conato com a pele.

São particularmente perigosos quando entram em contato com ácidos ou vapores de ácidos, por causa da liberação de cianeto de hidrogênio (HCN), que é de extrema toxicidade e altamente inflamável[5].

Alguns nitratos, como o nitrato ferrítico ($Fe(NO_3)_3.6H_2O$), nitrato de chumbo ($Pb(NO_3)_6$) e o nitrato de prata ($AgNO_3$) são utilizados na preparação de amostras metalográficas. Como são poderosos agentes oxidantes, apresentam risco de incêndio. Em sua maioria, os nitratos são venenosos e corrosivos[5].

Sumarizando os conceitos aqui descritos, é possível dizer que, observados determinados cuidados, um laboratório de preparação de amostras metalográficas pode ser considerado um ambiente razoavelmente seguro. Alguns materiais, mais reativos e eventualmente até radioativos, são mais perigosos para preparar, o que é bastante evidente, mas outros não. Neste livro, alguns dos riscos mais comuns evidentes foram abordados[5].

Muitos acidentes podem ser evitados com regras simples. A melhor atitude é assumir que todas as substâncias químicas e pós-metálicos são potencialmente perigosos, podem acarretar riscos à saúde e à integridade física. A inação de poeiras e vapores, a ingestão de partículas, ou o contato destas com o corpo devem ser totalmente evitados. Os equipamentos de proteção individuais (EPIs) são muito úteis, mas não podem ser considerados substitutos das boas práticas de segurança laboratorial. Assim, somente o uso desses EPIs não constitui garantia total contra acidentes, ferimentos e outros eventos adversos[5].

A literatura metalográfica contém muitas referências ao uso de muitos materiais perigosos, muitas vezes sem mencionar adequadamente os perigos envolvidos na manipulação dessas substâncias. Isso é muito ruim, pois sem essas informações relativas aos procedimentos de segurança, as pessoas podem se ferir, com maior ou menor gravidade. Muitas pessoas, envolvidas em atividades potencialmente perigosas, caem na tentação de improvisar modificações nessas atividades, quando um procedimento recomendado não funciona como esperado. O desenvolvimento de eletrólitos, de reagentes para polimento químico ou para ataques metalográficos deve ser realizado por aqueles que estão plenamente cientes de todos os riscos envolvidos nessas tarefas. Os laboratórios de metalografia devem, todos, ter e disponibilizar o acesso a publicações sobre normas e procedimentos de segurança, principalmente quando é necessário trabalhar com novos reagentes ou com aqueles raramente utilizados[5].

Capítulo 10
MICROSCOPIA (CONCEITOS BÁSICOS E REFERÊNCIAS)

Não é o propósito deste livro ser um tratado de ótica da luz visível ou um descritivo dos princípios de formação e captura da imagem em microscópios óticos e eletrônicos. Sobre estes temas, existem vários bons livros específicos, que podemos recomendar aqui[1,8,19-22].

Entretanto, faz parte do escopo desta obra uma abordagem sucinta de alguns aspectos que norteiam a observação de amostras metalográficas a microscópios óticos, que constitui a etapa final de todo o processo de preparação dessas amostras.

O microscópio metalográfico consiste num desenvolvimento do microscópio ótico comum, ao qual foram adaptadas características inerentes ao tipo de amostra específica para a observação desses aspectos microestruturais de materiais metálicos. Essas amostras metálicas são opacas, com espessura considerável, de, pelo menos, alguns milímetros, e, desse modo, só podem ser observadas a partir da reflexão do feixe luminoso incidente gerado a partir de alguma fonte de iluminação, acoplada a esse microscópio ótico, que emite radiação de luz dentro do espectro visível ao olho humano, ou seja, ente 400 e 700 nm (nanômetros)[1].

Assim, existem dois tipos de microscópios adequados à observação de amostras metálicas preparadas por técnicas metalográficas: o estereomicroscópio, semelhante a uma lupa, cuja capacidade de ampliação geralmente fica na faixa de 5 a 70 vezes (abreviada por: 5 a 70×), é destinado à observação de amostras macrográficas, como as que contêm superfícies de fratura com baixo aumento e cordões de solda, ou juntas soldadas, com dimensões consideráveis (vários milímetros: 20 ou 30, p. ex.); e o microscópio ótico para observação de imagens micrográficas, com ampliações (aumentos) entre 50 e 1.000 vezes (50 a 1.000×), podendo chegar a 2.000 vezes (2.000×) mediante o uso de um dispositivo de amplificação de imagem, conhecido como *zoom*.

O microscópio ótico é composto por elementos mecânicos, óticos, iluminadores e acessórios[1].

Entre os elementos mecânicos, estão a estativa, a platina, o tubo de encaixe, a focalização e o revólver porta-objetivas[1].

A estativa é exatamente o suporte do microscópio, a peça sólida que sustenta os demais elementos, de diferentes tipos, mencionados anteriormente. Deve apresentar rigidez/resistência mecânica suficiente para evitar vibrações que prejudiquem a observação das amostras e a captura das imagens metalográficas (Figura 10.1)[1]

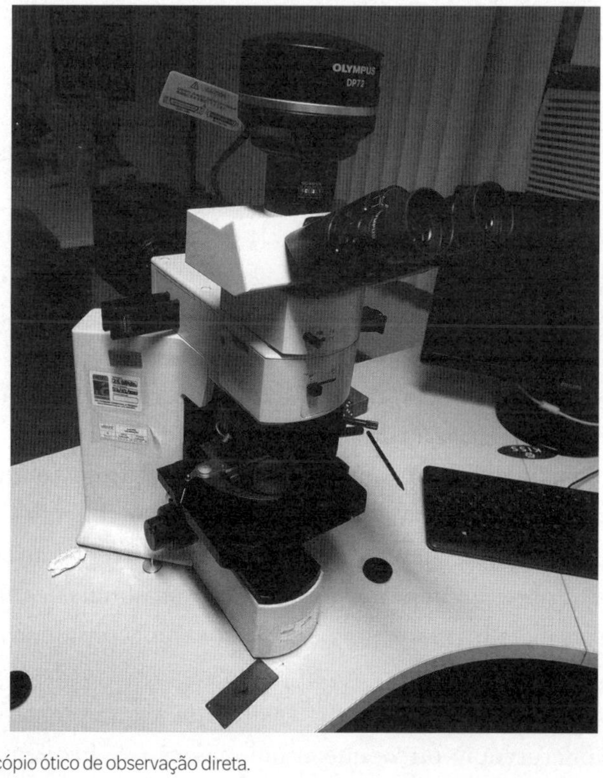

Figura 10.1 Microscópio ótico de observação direta.
Fonte: Acervo do autor.

A platina é outra peça, com formato circular ou quadrado, que pode ser fixa à estrutura do microscópio ou móvel. É a base de apoio na qual é posicionada a amostra metalográfica que será observada. Em geral, as platinas fixas têm um dispositivo deslizante, denominado "charriot" (Figuras 10.1 e 10.2). Por sua vez, as platinas móveis dispõem de um dispositivo de deslocamento comandado coaxialmente, o que facilita muito a operação desse sistema[1].

De modo geral, é possível dizer que os microscópios óticos utilizados na observação da microestrutura de amostras metálicas utilizam o princípio da iluminação por reflexão em que a radiação incidente atinge a superfície da amostra, já polida e atacada, e reflete essa radiação. Essa radiação incidente é gerada em uma fonte luminosa, que faz parte do microscópio ótico e, geralmente, é acionada por um interruptor, percorre uma trajetória não muito longa, quase sempre inferior a 1 metro, até atingir a superfície da amostra posicionada em uma base, denominada "platina", embora não tenha nenhuma relação com o metal nobre conhecido há séculos por esse nome[1].

O tipo de "platina" acoplada ao microscópio ótico é um dos critérios para distinguir os diferentes tipos de microscópio ótico. Ao microscópio de platina direta, a amostra é posicionada com a face que se deseja observar para cima, recebendo a radiação incidente sobre a sua superfície de cima para baixo (Figura 10.2). Ao microscópio de platina invertida (Le Chatelier), ao contrário, a amostra é posicionada para baixo, com a face, na qual aparece a superfície metálica da amostra, virada para baixo, por onde recebe a radiação incidente (Figura 10.2)[1].

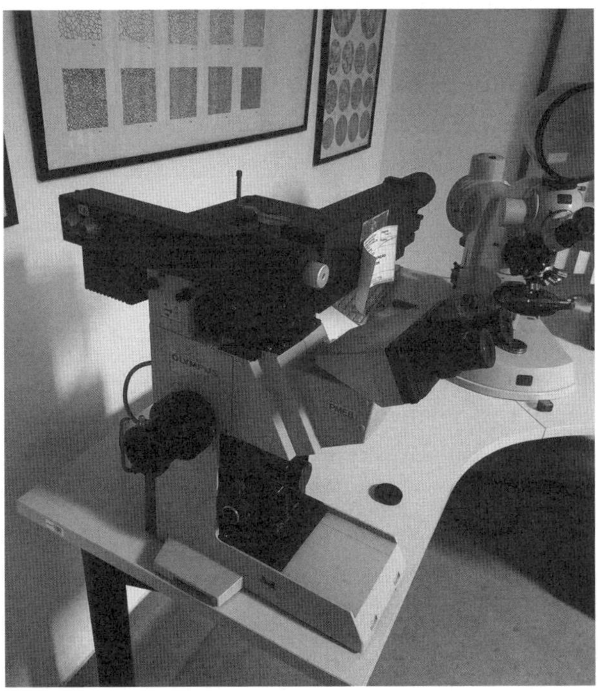

Figura 10.2 Microscópio ótico de platina invertida.
Fonte: Acervo do autor.

Existem também microscópios portáteis, sem platina, mas geralmente só são utilizados para a observação de peças metálicas de grande porte, com grandes dimensões, que não podem ser analisadas ao microscópio ótico metalográfico convencional, sendo, então, usados em trabalhos de metalografia não destrutiva, *in situ*, ou seja, no local onde a própria peça está instalada.

O tubo de encaixe é uma parte integrante do microscópio ótico metalográfico que consiste em um cilindro metálico vazado, com encaixe posterior de precisão, onde se situa a ocular, lente mais próxima ao olho humano. A dimensão do tubo de encaixe, ou seja, seu comprimento, da borda superior ao plano inferior do revólver porta-objetiva, influi bastante no desempenho ótico do microscópio[1].

O sistema de focalização é um sistema mecânico de precisão composto por uma cremalheira e um pinhão. A focalização mais grosseira é acionada mediante a variação da altura da platina, acarretando mudança na distância entre a amostra e a platina. Por sua vez, a focalização mais fina, conhecida como "focalização micrométrica", acontece a partir do ajuste com precisão do tubo de encaixe que, geralmente, chega a no máximo 2 mm[1].

O revólver porta-objetiva consiste num tambor rotativo contendo quatro ou cinco orifícios rosqueados, nos quais são inseridas as objetivas. Estas devem ser colocadas sempre em ordem crescente de ampliações/aumentos. Desse modo, basta girar o revólver porta-objetiva em determinado sentido, único, para obter aumentos sucessivamente maiores, ou no sentido contrário, para voltar às ampliações subsequentemente menores. Entretanto, nos microscópios atualmente utilizados, é necessário ajustar a focalização mínima quando se passa de uma lente objetiva menor para uma maior e vice-versa[1].

10.1 ELEMENTOS ÓTICOS

10.1.1 Formação da imagem: princípios óticos

No olho humano, a imagem se forma na retina de acordo com os princípios da ótica geométrica. Assim, a dimensão do objeto observado e a distância deste para o observador determinam o tamanho da imagem que é projetada na câmara ocular, parte do olho onde essa imagem se forma, definindo-se, assim, o ângulo de visão no qual o objeto é percebido pelo olho[1].

Porém, se o objeto estiver situado a uma distância muito grande ou for muito pequeno, com dimensões muito reduzidas, consequentemente o ângulo de visão também será muito pequeno, o que impossibilita que esse objeto seja reconhecido pelo olho. O limite fisiológico desse ângulo é 1' (1 minuto = 1/60 do grau: °). Mesmo que o objeto ficasse muito próximo do globo ocular, a acomodação limitada desse órgão não permitiria manter esse objeto em foco. A curvatura máxima possível ao cristalino do olho humano para sua focalização varia do infinito até a distância prática de 250 mm, conhecida como "distância visual convencional"[1].

Assim, o único modo de tornar visível um objeto, menor do que é possível o olho humano visualizar, é, artificialmente, aumentar o ângulo visual com o uso de instrumentos óticos, como a lupa, que é o mais simples deles. A ampliação que pode ser obtida com uma lupa pode ser calculada pela equação: M = 250/f, na qual f é a distância focal da lupa. Entretanto, com o objetivo de melhorar a imagem virtual, em geral, as lupas são compostas por duas ou mais lentes. Mas isso só é viável para ampliações relativamente pequenas, que permitam distâncias focais não muito pequenas. Para ampliações maiores, a solução ideal é efetivar essas ampliações em dois estágios, com um conjunto de lentes compostas que possam corrigir as aberrações óticas, resultando no equipamento denominado "microscópio ótico", que contém uma lente objetiva e uma lente ocular. Nesse sistema, a lente objetiva tem por função formar uma imagem real ampliada do objeto, ao passo que a ocular permite formar uma imagem virtual com aumento adicional ao da objetiva, resultando, dessa conjugação, a imagem ampliada final obtida ao microscópio ótico[1].

- **Objetivas:** sistemas de quatro, seis ou mais lentes conjugadas e superpostas. São elementos muito importantes, pois, além de formarem a imagem inicial ampliada, permitem a correção das aberrações óticas[1].

As objetivas utilizadas em microscópios óticos metalográficos são basicamente semelhantes às que são usadas em microscópios óticos para análises de amostras biológicas, mas apresentam algumas diferenças no que se refere às correções específicas necessárias para compensar as diferenças no comprimento do tubo de encaixe e na luz refletida pelo objeto, já que amostras metalográficas não precisam de uma lâmina (geralmente de vidro) de cobertura, necessária para a amostra biológica e, desse modo, evitam as perdas associadas à passagem da luz pela cobertura e à reflexão parcial por esse vidro[1].

10.1.2 Tipos de objetivas

Os principais tipos de objetivas realizam correções otimizadas, de acordo com a sua finalidade, descritas a seguir:

- **Acromática:** lente objetiva usada na maioria dos microscópios óticos, é corrigida para aberração esférica na faixa de cores de amarelo (comprimentos de onda de 565 a 590 nm) até verde (500 a 565 nm). Também é corrigida para aberração cromática para duas cores: verde e vermelha (625 a 740 nm). É possível que, quando a luz branca é utilizada com esse tipo de objetiva, franjas coloridas possam surgir na imagem. Após os tipos e características das objetivas, são descritas as aberrações: esférica, cromática e astigmatismo[1].

Para que seja possível eliminar, ou minimizar, o surgimento dessas franjas coloridas, que podem ser consideradas defeitos, ou falhas, na formação da imagem, é necessário utilizar, na fonte de iluminação, um filtro verde, evitando-se o uso de filtros vermelhos, azuis ou da cor lilás/violeta[1].

- **Apocromática:** considerada a lente de maior grau de precisão para trabalhos de metalografia. Apresenta elevado grau de correção para as anomalias esféricas e cromáticas. É muito apropriada para uso em situações em que se desejam precisão, alto poder de resolução e qualidade de imagem primorosa e para a obtenção de imagens a cores. Essa espécie de objetiva é corrigida para aberrações esféricas no caso de luz azul (440 a 485 nm) e verde, assim também para aberrações cromáticas no caso das radiações de cores primárias do espectro da luz visível: vermelho, verde e azul. Quando utilizada, a objetiva apocromática deve estar conjugada com oculares de compensação para que seja possível formar uma imagem final isenta de franjas coloridas[1].
- **Semiapocromática/fluorita:** equivale a uma configuração intermediária entre as objetivas acromática e apocromática. As objetivas semiapocromáticas do subtipo de imersão em óleo precisam ser utilizadas com oculares de compensação para que o resultado final seja satisfatório[1].
- **Objetiva plana:** totalmente corrigida para a aberração esférica[1].
- **Objetiva de imersão em óleo:** proporciona elevado grau de ampliação (aumento) e apresenta elevada abertura numérica, fator que muito contribui para seu grande poder de resolução. Quando a ampliação é mais elevada, proporcionalmente diminui a luminosidade, tornando necessário todo o cuidado para que o aproveitamento da luz disponível seja o máximo possível. Com esse propósito, é colocada, entre a objetiva e o objeto observado, uma gota de óleo de cedro ou de óleo sintético que apresente um índice de refração próximo ao do vidro da lente. Uma informação importante: objetivas desse tipo são concebidas, projetadas e fabricadas para essa finalidade específica, não permitindo desempenho satisfatório sem o uso do óleo mencionado[1].

10.1.2.1 Características das objetivas

As principais características técnicas das objetivas são as seguintes: ampliação; abertura numérica; poder de resolução (capacidade de visualizar/distinguir pequenas distâncias/pequenos objetos separadamente); e capacidade de correção das aberrações óticas[1].

A ampliação é também conhecida como "aumento" ou magnificação, podendo ser de 5 vezes (5×), 10 vezes (10×), 20 vezes (20×), 50 vezes (50×) e 100 vezes (100×). Conjugada com a ampliação fixa da ocular (10×), resulta nos aumentos totais obtidos ao microscópio ótico: 50; 100; 200; 500; e 1.000×. Microscópios óticos não tão antigos dispõem de um sistema de *zoom* que multiplica por 2 o aumento de 1.000×, gerando artificialmente um aumento de 2.000×. Acima disso, somente o microscópio eletrônico de varredura pode proporcionar ampliações ainda maiores[1].

A expressão "abertura numérica" (AN) representa a quantidade de luz que pode ser recebida por determinado objeto, correspondendo, assim, ao poder da lente de receber/captar a luz. Matematicamente, é definida pela equação:

$$AN = n.sen\alpha$$

onde n corresponde ao índice de refração do meio e α, à metade do ângulo de abertura da objetiva.

Já o poder de resolução é a característica mais importante de toda e qualquer objetiva, uma vez que significa sua capacidade de reproduzir detalhes, estando associada com a abertura numérica dessa lente. Embora a resolução do olho humano varie, é possível dizer que, numa distância normal de trabalho, em torno de 25 cm, é possível, para o olho humano, distinguir uma separação da ordem de 0,25 mm. Assim, para que um microscópio ótico permita visualizar uma separação de 0,25 µm entre dois pontos, ampliando essa dimensão para 0,25 mm, é necessário que a ampliação seja de 1.000×[1].

O limite de resolução (LR), que é essa menor distância que pode ser distinguida/separada, é definido como a razão entre o comprimento de onda da radiação/luz (λ) em micrometros e a abertura da objetiva (AN)[1]:

$$LR = \lambda/AN$$

Portanto, quanto menor o comprimento de onda da radiação e quanto maior a abertura numérica da lente, menor o limite de resolução, ou seja, menor a distância que pode ser distinguida/separada, aumentando, assim, o poder de resolução, ou seja, a capacidade do microscópio permitir distinguir pequenas distâncias[1].

10.1.2.2 Profundidade de foco e profundidade de campo

A profundidade de foco e a profundidade de campo são conceitos da formação da imagem em fotografia, fotografia que definem a nitidez de elementos que compõem a imagem.

10.1.2.3 Profundidade de foco

A profundidade de foco exprime a distância sobre a qual a luz é focalizada no sensor da câmera que permite a observação e a captura da imagem ao microscópio. Assim, esse conceito determina a tolerância relativa à planicidade do objeto para que haja foco em todas as regiões da imagem[3].

10.1.2.4 Profundidade de campo

Define a abrangência do foco que pode ser percebida numa imagem, ou seja, o quanto um objeto está focado em relação aos demais situados em regiões próximas dentro do mesmo campo observado ao microscópio.

A profundidade de campo é determinada pela distância entre a câmera e o objeto, abertura da lente e distância focal da lente.

Em geral, a profundidade de campo é muito maior num microscópio eletrônico de varreduras do que em um microscópio ótico convencional, embora os modernos microscópios óticos confocais, como o microscópio confocal a *laser* de varredura, disponham de sistemas computacionais que corrigem totalmente essa heterogeneidade de foco ao longo do campo observado[3].

A microscopia confocal foi desenvolvida para aplicações na área de Ciências Biológicas. A microscopia a *laser* de varredura combina a microscopia ótica confocal às vantagens proporcionadas pelo uso do laser. Assim, é possível a observação de amostras em alta temperatura com alta resolução. O sistema ótico computadorizado do microscópio confocal permite selecionar o sinal originário do plano onde há foco, diminuindo a intensidade dos sinais das regiões que estão fora do plano de foco. Quando se ajusta o foco para as outras regiões desfocadas, o sistema realiza novas varreduras, uma para cada região inicialmente desfocada e agora com foco, de modo que a justaposição das imagens, agora focadas, das diferentes regiões permite ao sistema reconstruir uma imagem tridimensional com alta resolução e foco completo em todas as regiões do campo observado. Desse modo, é possível obter imagens com foco total de superfícies com topografia irregular e com relevo significativo; e, como a intensidade da radiação de *laser* incidente é muito maior que a radiação emitida pela amostra em elevada temperatura, é viabilizada a observação das diferentes fases do material da amostra sem a interferência da radiação[3].

10.1.2.5 Aberrações esférica, cromática e astigmatismo

Esses são os principais tipos de aberração que podem surgir na imagem obtida em um microscópio ótico consequentes a diferenças na trajetória dos raios de luz que percorrem a distância desde a fonte de iluminação até incidir na lente objetiva de modos diferentes, causando imprecisão na imagem formada, conhecida como "aberração ótica".

Na aberração esférica, os raios paralelos que incidem em diferentes distâncias a partir do centro da lente objetiva (variando do centro da lente para a periferia) são focalizados em pontos do eixo ótico (distâncias da lente ao longo da trajetória do eixo ótico que passa pela região central da lente). Desse modo, os raios mais próximos à periferia são focalizados num ponto mais próximo à lente, enquanto os raios mais próximos ao centro da lente são focalizados num ponto mais distante desta. Assim, a imagem final formada é um círculo impreciso, confuso, em vez de um ponto definido, focalizado, acarretando perda de qualidade na imagem observada ao microscópio[23].

Na aberração cromática, os raios referentes a cores diferentes, que correspondem a comprimentos de onda diferentes (inversamente proporcionais aos níveis de energia das respectivas radiações), passam pela lente objetiva e são focalizados em diferentes pontos do eixo ótico: a radiação azul é focalizada num ponto mais próximo da lente objetiva e a radiação vermelha (com maior comprimento de onda: menor nível de energia) é focalizada num ponto mais distante da mesma lente, por exemplo (Figura 10.3).

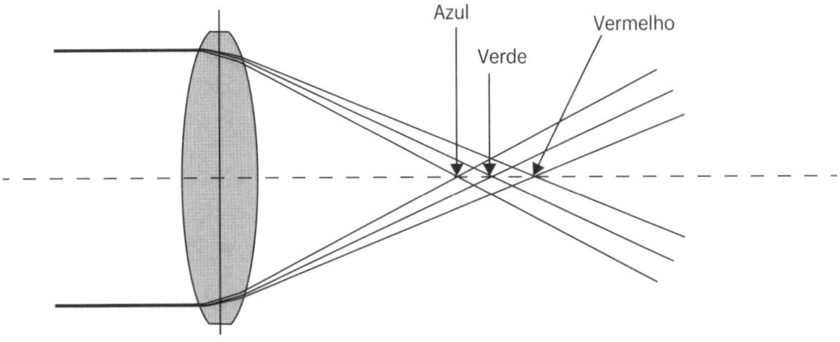

Figura 10.3 Ilustração esquemática de aberração cromática.
Fonte: Adaptada de H. Modin, S. Modin, 1973.[23]

O astigmatismo é um tipo de aberração ótica que decorre da focalização, em pontos diferentes do eixo ótico, dos raios de luz que atingem a lente objetiva nos planos vertical e horizontal desta. Como resultado, a imagem, que deveria ser de um ponto, fica distorcida sob a forma de linhas ou círculos difusos que, com muita frequência, assumem um caráter direcional, causando assimetria na imagem. Assim, a radiação eletromagnética situada no plano T1 da lente é focalizada a uma menor distância, correspondente ao ponto T1, enquanto a radiação eletromagnética situada no plano S1 da lente, é focalizada a uma distância maior, correspondente ao ponto S1 no eixo ótico (Figura 10.4).

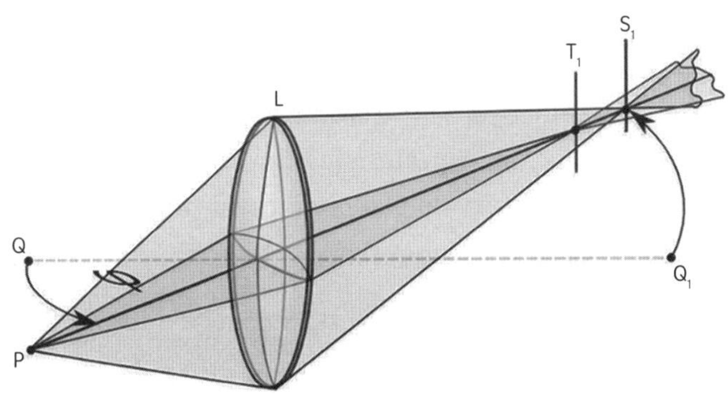

Figura 10.4 Ilustração esquemática de astigmatismo.
Fonte: Adaptada de H. Modin, S. Modin, 1973.[23]

Existem outros tipos de aberrações óticas que podem afetar a visualização de amostras em microscópios óticos, mas provavelmente esses três tipos de aberrações citados são os mais comuns e relevantes; por esse motivo, foram descritos neste livro. Se houver necessidade de se aprofundar no tema quanto a outros tipos de aberrações óticas, recomendamos as fontes da literatura específica sobre microscopia[23].

- **Oculares:** lentes do microscópio ótico mais próximas do olho humano, localizadas na extremidade superior do tubo de encaixe. Assim, podem ser retiradas e substituídas com relativa facilidade sempre que isso se torne necessário. As oculares apenas ampliam um pouco mais as imagens formadas na objetiva que influi mais na qualidade da imagem. Porém, os erros introduzidos pelas objetivas podem ser compensados pelo uso de oculares específicas que os corrigem, como é o caso das oculares de compensação, utilizadas conjuntamente com as objetivas apocromáticas e semiapocromáticas. De modo geral, a ampliação final obtida pelo uso de dada objetiva simultaneamente com determinada ocular é definida pela multiplicação dos valores de ampliação de cada tipo de lente. Assim, se uma objetiva de 5× é usada com uma ocular de 10×, o aumento final obtido para a imagem será de 50×. Na objetiva de 10× com a ocular de 10×, a ampliação final será de 100× e assim por diante[1].

10.1.2.6 Calibração do microscópio ótico com uma escala micrométrica

Algumas vezes, torna-se necessário saber com exatidão, ou com a maior precisão possível, a ampliação obtida na imagem gerada num microscópio ótico com o uso de um par objetiva-ocular. Nessas situações, é necessário usar uma escala micrométrica para realizar a calibração do microscópio ótico. Essa escala é um pequeno objeto, colocado na platina, em forma de régua, com marcações por partes decimais de milímetro (mm). Sendo um padrão de referência, com dimensão conhecida, sua medição permite determinar, com maior exatidão, o aumento real, verdadeiro, obtido com o par objetiva-ocular usado ao microscópio ótico. Outro padrão de referência é o retículo, com aspecto quadriculado, que é colocado na ocular e permite a realização de medições no plano bidimensional[1].

10.1.2.7 Sistema de iluminação

Também conhecido como fonte luminosa, o sistema de iluminação num microscópio ótico consiste basicamente de uma lâmpada, geralmente com filamento de tungstênio, sendo responsável pela geração da radiação luminosa (luz visível no caso do microscópio ótico) que incide na amostra posicionada sobre a platina[1].

No passado, existiram outros tipos de fontes luminosas, em microscópios óticos mais antigos, como a lâmpada de arco de carvão, que tinha, entre seus componentes, um eletrodo de carvão vertical e outro horizontal, a partir dos quais se abria um arco elétrico que, assim, fornecia a iluminação[1].

10.1.2.8 Filtros

São elementos óticos que podem ser colocados no trajeto entre ocular e objetiva e que modificam o aspecto da imagem obtida, geralmente com o propósito de melhorar a qualidade da imagem obtida ao microscópio ótico, podendo realizar alguma das seguintes funções: remoção do calor da luz; absorção de radiações ultravioleta e infravermelha indesejáveis; correção da temperatura de cor da fonte luminosa; aumento de contraste na imagem; e compensação de efeitos de cor na imagem colorida[1].

10.1.2.9 Absorção infravermelha

Geralmente, as fontes luminosas, utilizadas em microscopia ótica, produzem certa quantidade de radiação infravermelha. Esse calor, assim gerado, deve ser removido pelos filtros de absorção infravermelha da iluminação para evitar a alteração/distorção da imagem final. Esse calor também poderia danificar alguns elementos óticos mais sensíveis, sendo esse outro motivo para sua remoção por esses filtros[1].

10.1.2.10 Absorção ultravioleta

A luz azul e ultravioleta também pode afetar a qualidade da imagem final obtida ao microscópio ótico, pois pode dificultar a observação de detalhes na imagem. Assim, é necessário o uso de filtros de absorção específicos para radiação ultravioleta[1].

10.1.2.11 Tipos de iluminação

Existem quatro tipos básicos de iluminação utilizados em microscopia ótica para amostras metalográficas: campo claro; luz polarizada; contraste de fase; e contraste de interferência[1].

Campo claro é o tipo de iluminação utilizado para trabalhos de rotina, usando a iluminação incidente[1].

10.1.2.12 Luz polarizada

Além da observação de cristais isotrópicos convencionais, a luz polarizada é bastante adequada para a visualização de cristais com características anisotrópicas (que variam de acordo com a direção/orientação) que, assim, podem ser podem ser evidenciadas por diferentes tonalidades de cor, como é o caso de diferentes fases, metálicas e não metálicas, que podem estar presentes numa amostra metalográfica[1].

10.1.2.12.1 Conceitos fundamentais

A iluminação convencional, como a de uma lâmpada comum, é proporcionada pela luz não polarizada, aquela que se propaga em todas as direções (planos). Entretanto, quando se utiliza um dispositivo denominado "polarizador", por exemplo, um prisma de Nicol, é possível direcionar a propagação do feixe de luz em uma única direção (plano), então, nesse caso, a luz é denominada "polarizada". A Figura 10.5 ilustra esquematicamente essa diferença entre luz polarizada e luz não polarizada, mostrando que a primeira resulta da oscilação (vibração) num único plano, ao passo que a última se caracteriza pela oscilação/vibração em diferentes planos, com diferentes orientações.

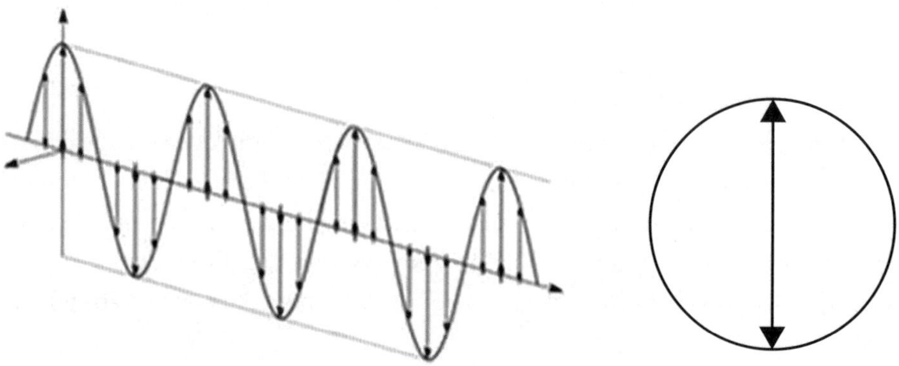

Luz polarizada: onda eletromagnética (luz) oscila (vibra) num único plano.

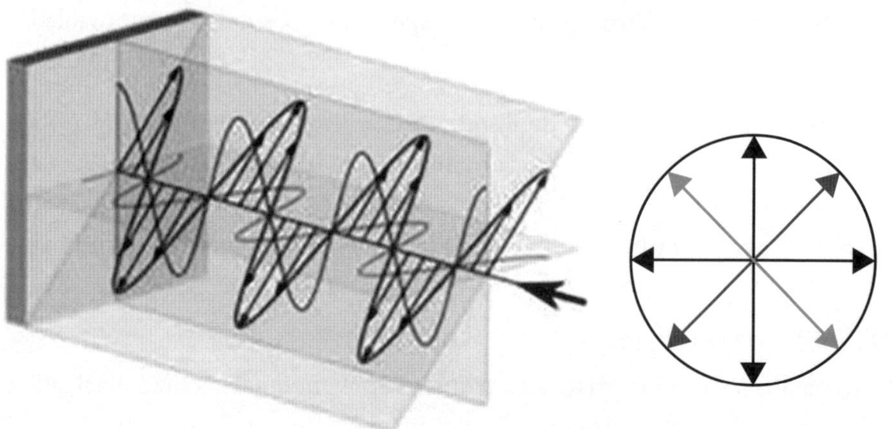

Luz não polarizada: onda eletromagnética (luz) oscila (vibra) em vários planos, com diferentes direções.

Figura 10.5 Diagrama esquemático: luz polarizada e luz não polarizada.
Fonte: Adaptada de H. Modin, S. Modin, 1973.[23]

Assim, um filtro polarizante, também denominado "polarizador", é colocado entre a fonte de luz e a amostra, enquanto um segundo polarizador, denominado "analisador", é colocado entre a lente objetiva e a ocular. Esses filtros modificam o modo de propagação da luz e são eficientes na análise de materiais biorrefringentes (que produzem dupla refração).

A utilização da luz polarizada, por meio desses dispositivos polarizadores, em microscópios óticos, permite a observação de características microestruturais em materiais metálicos em condições não convencionais, por exemplo, materiais em que o ataque metalográfico, de diferentes tipos, é muito complicado, difícil de ser obtido, ou que, por outro motivo, precisa ser evitado.

Antigamente (há várias décadas), a polarização da luz, na maioria dos microscópios óticos metalográficos, era obtida por meio da utilização de um prisma de Nicol que contém dois cristais de calcita (essencialmente $CaCO_3$) unidos. Posteriormente, esse tipo de componente foi substituído por cristais dicroicos (selecionam a luz que passa em uma pequena faixa de cores e refletem a luz de uma cor determinada) ou sulfato de iodoquinona dicroico, depositados sobre uma película de plástico (material polimérico)[1].

O princípio da polarização da luz se manifesta ao microscópio ótico por meio da inserção desses filtros classificados como filtro polarizador e filtro analisador, de acordo com as funções que executam. O primeiro filtro polariza a luz incidente, o que significa que ele modifica a propagação da luz, o que resulta em que esta ocorra em apenas um único plano, ao contrário da propagação da luz não polarizada, que ocorre em todos os planos. O segundo filtro pode ser deslocado de 0 a 90°, o que permite examinar/analisar a luz refletida pela amostra. Porém, quando os dois filtros, polarizador e analisador, estão alinhados em 90°, a luz é totalmente extinta, a não ser que os detalhes opticamente ativos na amostra permitam girar o plano de polarização. Em alguns equipamentos, é colocada uma placa sensitiva entre esses dois filtros com o objetivo de revelar possíveis refrações duplas[1].

10.1.2.12.2 Contraste de fase

Esse tipo de iluminação é indicado para a observação de determinados detalhes microestruturais, como contornos de grãos, interfaces entre fases, partículas de segunda fase ou formadas como precipitados e maclas, principalmente[1].

O contraste de fase é obtido quando, além do anel primário, colocado logo após a lente condensadora, que recebe a radiação incidente, existe outro anel quase no fim do caminho ótico, antecedendo somente a ocular, denominado "anel de fase", com geometria semelhante à do anel primário, mas que tem uma placa de fase com espessura variável, resultando numa diferença de fase entre a luz que atravessa a sua área mais espessa e a sua área mais fina[1].

Assim, quando ocorre a superposição da imagem do anel primário com a do anel de fase, todo o feixe de luz refletido pela superfície da amostra passa através do anel de fase, gerando, desse modo, a variação de fase de pretendida. A luz difratada, originária desse mesmo feixe luminoso, atravessa a outra área da placa, assim não sofre alteração e, assim, contribui para gerar a imagem. Em geral, a diferença de fase está em torno de 90° e, então, em um quarto do comprimento de onda, se origina um contraste de fase positivo. Desse modo, as irregularidades superficiais da amostra surgirão no campo visual de forma que as depressões estarão obscurecidas e as regiões protuberantes estarão brilhantes[1].

Por sua vez, o contraste de fase negativo surge quando o anel de fase é deslocado, deixando que o feixe de luz atravesse a placa em sua região de menor espessura, o que gera um avanço da fase da luz refletida em um quarto do comprimento de onda[1].

10.1.2.12.3 Contraste de interferência

O contraste de interferência permite revelar e identificar defeitos e irregularidades na superfície de amostras metalográficas, que não poderiam ser observados na microscopia ótica com iluminação convencional, conferindo, assim, uma característica de análise "topográfica"[1].

Esse tipo de contraste se baseia na interferência de dois grupos de fontes luminosas proporcionadas por um prisma de quartzo de dupla refração posicionado antes da objetiva. Se esse prisma for colocado por cima de um polarizador, a luz polarizada incidente será separada em duas componentes, que permanecem linearmente polarizadas verticalmente, uma em relação à outra. Assim, os dois grupos de ondas luminosas, após saírem do prisma, continuam o trajeto em determinado ângulo, um em relação ao outro, até alcançarem um analisador cujo plano de oscilação é perpendicular ao do polarizador e, deste modo, diagonal aos dois grupos de ondas luminosas, gerando, dessa maneira, o efeito de interferência. Portanto, os dois feixes luminosos produzem imagens idênticas, porém com um pequeno desvio no plano da imagem. Como consequência, são ampliadas e diferenciadas as irregularidades superficiais, o que resulta num contraste colorido que aguça o efeito tridimensional aparente[1].

10.1.2.12.4 Acessórios

Os microscópios óticos utilizados em análise microestrutural (metalográfica) são concebidos para o acoplamento de vários acessórios, como retículos, escalas micrométricas, telas de projeção (atualmente em microcomputadores agregados ao microscópio) e dispositivos para a captura e o registro das imagens (também atualmente em microcomputadores agregados ao microscópio)[1].

O objetivo desses acessórios é comparar e registrar os detalhes e peculiaridades dos microconstituintes observados em uma microestrutura[1].

Os retículos são objetos transparentes com marcação quadriculada, geralmente inseridos na ocular, com o propósito de delimitar pequenas regiões onde podem se localizar determinados detalhes da microestrutura de um material metálico, como partículas de segunda fase, precipitados, inclusões não metálicas, partículas intermetálicas, poros e outros. Assim, por observação e constatação da localização desses detalhes/aspectos microestruturais específicos, esses retículos auxiliam na determinação quantitativa (fração em área, densidade superficial, distribuição etc.) da presença desses aspectos microestruturais específicos, que possam, eventualmente, afetar as propriedades, mecânicas, de resistência à corrosão, e outras, do material analisado[1].

As escalas micrométricas apresentam o aspecto de pequenas "réguas" graduadas, com divisões e subdivisões micrométricas definidas. São utilizadas basicamente para a calibração do microscópio ótico para a realização de medições lineares, como comprimentos e distâncias. Esse tipo de calibração é de fundamental importância para garantir a confiabilidade/precisão/acurácia desse tipo de medição[1].

- **Telas de projeção:** o passar dos anos, principalmente com o desenvolvimento de novos microscópios acoplados a microcomputadores, modificou muito o conceito e o aspecto das telas de projeção auxiliares. Inicialmente, ainda na época dos microscópios analógicos, não informatizados, uma tela de projeção era um simples acessório que auxiliava a visualização mais detalhada ou a determinação quantitativa de algum parâmetro microestrutural, como o tamanho de grão (cristal) de certo material metálico. Porém, com o desenvolvimento da computação, da fabricação de microcomputadores, que permitiu o acoplamento destes aos novos microscópios óticos, passou a ser possível visualizar as imagens micrográficas e realizar operações de quantificação desses parâmetros microestruturais diretamente nas telas desses microcomputadores, que também passaram a dispor de programas (*softwares*) para o processamento/editoração das imagens micrográficas e para a quantificação dos parâmetros microestruturais, o que proporciona maior rapidez e maior precisão nas determinações quantitativas (atualmente em microcomputadores agregados ao microscópio e a dispositivos). Do mesmo modo, o uso de computadores facilitou a captura e o registro de imagens micrográficas, revolucionando totalmente a prática metalográfica, no que se refere à obtenção e ao armazenamento as imagens, sobretudo entre o final do século XX e o início do século XXI.

10.1.3 Técnicas específicas de preparação de amostras para análises em outros tipos de microscópios e seus dispositivos

A preparação de amostras para microscopia não se resume à prática metalográfica para microscópio ótico. Existem outras técnicas específicas de análise realizadas em outros tipos de equipamentos e de microscópios que requerem algum tipo de preparação de amostras mais específica que, por sua vez, pode ser muito semelhante ou muito diferente da preparação adequada para a observação em microscópio ótico. Seguem-se alguns comentários relativamente sucintos, sem a pretensão de aprofundar os temas, mas apenas apresentá-los de forma compacta, complementando com referências bibliográficas quando pertinente.

MEV (microscopia eletrônica de varredura): muito semelhante à preparação de amostras para microscopia ótica, porém, em algumas situações, pode ser necessário um ataque metalográfico um pouco mais intenso. Como essa técnica proporciona ampliações mais elevadas do que as obtidas em microscópio ótico, é recomendável que o polimento seja bastante cuidadoso de modo a evitar a permanência de riscos surgidos nas etapas anteriores de preparação, pois, geralmente, esses riscos parecerão ainda maiores, quando a amostra é observada em MEV, em comparação com a amostra polida de modo semelhante e observada em microscópio ótico.

*10.1.3.1 EBSD (*electron back scattering diffraction – *difração de elétrons retroespalhados)*

A técnica de EBSD consiste em coletar os elétrons retroespalhados que escapam das regiões mais superficiais de uma amostra cristalina, promovendo a difração desse feixe de elétrons resultantes da interação do feixe de elétrons primários, originados da fonte do MEV. Esse feixe difratado, assim coletado no detector de EBSD, gera as chamadas "linhas de Kikuchi" ou "bandas de Kikuchi" que, ao serem indexadas, geram os chamados "padrões" que permitem, pela maior ou menor coincidência com a base de dados cristalográficos disponível, determinar a estrutura cristalina mais provável de determinada amostra, permitindo, assim, a identificação de fases por estrutura cristalográfica e parâmetros cristalográficos, como a orientação/desorientação dos cristais (direções e planos cristalinos), seu tamanho (não só o valor médio como também um histograma de variação) e outros dados cristalográficos.

Entretanto, como o sinal de elétrons retroespalhados que serão difratados, permitindo disponibilizar todas essas informações, vem de uma região bastante superficial da amostra, é de fundamental importância que essa superfície esteja muito bem-preparada, bastante plana, com pouca o nenhuma deformação/encruamento superficial, aspecto "espelhado" e sem riscos, para que seja possível coletar esse sinal nas melhores condições possíveis, o que permite obter todas essas informações cristalográficas importantes.

Assim, a preparação para a análise de EBSD deve ser a mais rigorosa possível, resultando numa superfície plana, lisa e espelhada. Mais detalhes sobre a preparação de amostras para análises de EBSD podem ser obtidos nos trabalhos publicados pelo renomado especialista estadunidense George Vander Voort (Vander Voort – Preparação de amostras para EBSD).

10.1.3.2 MET

Ao contrário da observação de amostras metálicas por microscopia ótica e por MEV, nas quais a imagem se forma a partir da radiação refletida pela amostra, na microscopia eletrônica de transmissão (MET), a observação das amostras metálicas por microscopia é realizada a partir do feixe de elétrons transmitido através de uma amostra muito fina.

Assim, basicamente, a preparação de amostras para MET tem por objetivo principal a obtenção de amostras muito finas, através das quais o feixe de elétron possa ser transmitido e, depois, coletado para formar a imagem.

Desse modo, o principal aspecto da preparação de amostras para MET consiste em reduzir a espessura da amostra metálica, muitas vezes produzindo um furo sua região central, cujas bordas são ainda mais finas, de modo a garantir que o feixe de elétrons atravesse essa região das bordas, o que permite formar uma imagem projetada numa tela, que é, então, ampliada.

Existem diferentes métodos para a preparação dessas amostras metálicas muito finas. O mais antigo de todos é um tipo de polimento eletrolítico por meio de um jato de uma solução ácida refrigerada que atinge o centro da amostra metálica. Porém, antes desse polimento com jato de solução ácida, a amostra inicial é cortada de um material metálico e submetida a uma operação de torneamento (um dos processos de usinagem) para ser transformada num bastão cilíndrico com algumas dezenas de milímetros (centímetros) de comprimento e 3 mm de diâmetro: tipicamente 30 mm de comprimento e 3 mm de diâmetro. Essa pequena amostra é, então, cortada em várias fatias, quantas se deseja preparar para analisar no MET, cada uma com cerca de 200 a 300 μm de espessura (0,2 a 0,3 mm). Cada fatia é, então, submetida a um lixamento manual que permite reduzir sua espessura para 100 μm (0,1 mm) ou pouco menos. Cada amostra com essa espessura e o diâmetro constante de 3 mm (correspondente ao porta-amostra do MET) é submetida, na sequência, ao polimento eletrolítico com jato de solução ácida refrigerada, que fura a amostra, de tal modo que a região das bordas desse furo pode chegar a 10 μm de espessura, o que permite que seja atravessada pelo feixe de elétrons para formar a imagem de MET.

Além do polimento eletrolítico com jato de solução ácida, há outros métodos de preparação com bons resultados: o bombardeamento iônico (*ion milling*) e o uso do feixe de íons focalizados (FIB: *focused ion beam*). No bombardeamento iônico, os íons de gálio (Ga), gerados por uma fonte, atingem a superfície da amostra e retirando massa dessa região gradualmente, de modo a promover o afinamento (redução de espessura) da amostra, até causar o surgimento de um furo na região central e menos espessa da amostra. Embora seja um método de preparação de amostras bem diferente do polimento eletrolítico com jato de solução ácida, resulta na obtenção de amostras geometricamente semelhantes: finas e com um furo na região central. Como vantagem, apresenta a possibilidade de preparar amostras não condutoras de eletricidade, como amostras de materiais cerâmicos, por exemplo, embora também possa ser usado para a preparação de amostras condutoras de eletricidade, como as metálicas. Como desvantagem, pode promover o surgimento de danos significativos nas amostras.

A preparação de amostras por feixe de íons focalizados (FIB: *focused ion beam*) corresponde a uma espécie de variação tecnologicamente mais avançada do bombardeamento iônico. Nesse outro método, a amostra tem sua espessura reduzida pela ação de um feixe de gálio (Ga) focalizados. A região-alvo da amostra a granel pode ser seletivamente afinada para uma forma desejada, enquanto é monitorada e controlada mediante observação por MEV da região de afinada/desbastada. Essa técnica é particularmente indispensável para análise de falhas de dispositivos semicondutores.

O procedimento de preparação no FIB é o seguinte: primeiro, a superfície da região-alvo é revestida com um filme protetor de platina ou carbono no sistema FIB para evitar o desbaste da região-alvo. Em seguida, a região-alvo é desbastada com um feixe de íons de Ga de alta tensão de aceleração, de cerca de 30 kV, para preparar uma seção de espessura de alguns μm ou menos. Em seguida, a seção preparada é retirada do corpo de prova e fixada em uma grade de amostra para MET. Finalmente, a amostra fixa é desbastada com um feixe de íons de Ga de baixa tensão de aceleração, de cerca de 5 kV (para diminuir os danos à amostra), para criar uma seção fina de espessura de 10 a 100 nm. Se as camadas danificadas por causa da irradiação de íons Ga permanecerem, elas são removidas por outro desbaste com um feixe de íons Ga de uma tensão de aceleração mais baixa (cerca de 3 kV ou menos), ou com um feixe de íons de argônio (Ar).

Capítulo 11

METALOGRAFIA DE CAMPO/ NÃO DESTRUTIVA

Com frequência, é necessário realizar atividades de obtenção e preparação de amostras metalográficas, geralmente como parte da realização de trabalhos de análise de falhas, em locais e peças que inviabilizam o transporte para um ambiente laboratorial, como pontes, tubulações, plataformas de exploração e produção de petróleo e outras grandes estruturas permanentes. Algumas vezes, é possível utilizar equipamentos portáteis para a obtenção e preparação de amostras metalográficas nos locais dessas grandes estruturas, possibilitando lixamento, polimento, ataque e análise microscópica no local. Uma técnica alternativa é a obtenção de réplicas, da área de interesse para análise e, depois, essa réplica ser analisada no laboratório em condições mais favoráveis[6].

11.1 RÉPLICA METALOGRÁFICA

11.1.1 Definição

A técnica de obtenção e observação de uma réplica metalográfica de campo consiste na realização de um ensaio não destrutivo, que permite a avaliação microestrutural das regiões afetadas, ou que estão situadas nas áreas mais expostas durante o funcionamento do equipamento e, assim, com as informações obtidas, planejar ações corretivas de reparos com a finalidade de prolongar a vida útil do equipamento. É como capturar uma imagem da microestrutura de um material em seu ambiente natural. Porém, em vez de extrair uma amostra (corpo de prova) para sua análise, utilizam-se materiais de impressão específicos, como resinas ou fita de acetato metalizado, aplicadas em finas camadas (filmes) diretamente sobre a superfície do material, para se obter uma reprodução exata dessas características microestruturais da amostra (réplica exata) nessa camada superficial do filme de resina ou acetato.

11.1.1.1 Obtenção

- **Preparação do material:** primeiramente, é necessário selecionar a região de interesse no material, que pode ser um vaso de pressão, uma tubulação, uma caldeira, uma máquina ou maquinário de grandes proporções, ou qualquer estrutura metálica de grande porte que precise ser analisada no local onde se encontra.
- **Aplicação do agente de impressão, que é o material aderente (resina ou fita de acetato) a ser depositado sobre a superfície da região de interesse:** esse material aderente deve ser aplicado cuidadosamente sobre a superfície do material. Esse agente de impressão aderido à superfície, então, se solidificará para formar a réplica que, assim, por contato com a superfície, apresentará todas as características morfológicas dessa superfície.
- **Pausa para o tempo de espera:** é necessário esperar que o agente de impressão seque/se solidifique durante curto período, especificado, geralmente, em alguns minutos.
- **Remoção da réplica:** depois que a resina ou fita de acetato metalizado estiver totalmente seca (solidificada), é necessário remover esse material aderido à superfície com cuidado para preservá-lo como réplica, que é uma "cópia" fiel da morfologia e da microestrutura originais do material da superfície da estrutura de grande porte que não pode ser cortado/retirado e analisado como amostra em laboratório.

11.1.1.2 Características que tornam a réplica importante

A réplica metalográfica de campo possibilita analisar a microestrutura de um material sem afetar sua integridade, sendo, por isso, considerada uma atividade de metalografia não destrutiva. Isso é fundamental em situações em que não é possível remover amostras para análise em laboratório ou quando é necessário observar, *in situ*" (no próprio local), os efeitos dos fatores ambientais que afetam a microestrutura do material.

Exemplos de aplicações práticas:

- Controle de qualidade na indústria: avaliação da integridade e qualidade dos materiais/produtos.

- Perícia/investigação forense: análise de falhas e danos em estruturas.
- Acompanhamento do desempenho e da deterioração/vida útil dos produtos/componentes/estruturas: estudo da evolução da microestrutura em componentes mecânicos, monitoramento de serviço em altas temperaturas e avaliação das condições operacionais de componentes e equipamentos em serviço.

Em suma, a réplica metalográfica de campo é uma técnica importante que possibilita a obtenção de informações detalhadas sobre a microestrutura e morfologia de materiais, sem que seja necessário retirar amostras. As aplicações são muito variadas e essa técnica pode ser utilizada para prognosticar, com razoável probabilidade, o comportamento do metal, além de ser útil para inspecionar as condições superficiais em locais de difícil acesso e constatar e caracterizar eventuais acidentes. Essa técnica proporciona muitas vantagens, principalmente em determinadas situações, já mencionadas, em que é indispensável e permite a superação de limitações e desafios. Assim, a réplica metalográfica do campo permite visualizar o invisível e compreender o inexplorado no âmbito dos materiais, quando estes estão em condições que não permitem a retirada de amostras para a observação em laboratório.

11.1.1.3 Diretrizes consideradas no planejamento da obtenção de réplicas

A réplica metalográfica é uma ferramenta no âmbito da caracterização de materiais metálicos, mas apresenta seus desafios. Permite caracterizar a microestrutura do material sem comprometer sua integridade, mas requer habilidade, precisão, conhecimento e experiência.

A seguir, são apresentadas algumas diretrizes básicas para a obtenção de réplicas com boa qualidade, ressaltando-se os danos potenciais que podem ocorrer durante o processo de obtenção da réplica. A compreensão das dificuldades e dos desafios que devem ser superados é de fundamental importância para avaliar efetivamente as condições em que o material se encontra.

Fatores mais importantes para a obtenção bem-sucedida de uma réplica metalográfica: a preparação superficial da amostra, o ataque metalográfico, a fita de material adesivo para obtenção da réplica e o tempo de cura podem afetar significativamente a qualidade da réplica.

Identificação de danos: a detecção precoce de problemas na aplicação do material adesivo pode prevenir a ocorrência de falhas consideráveis na réplica obtida, o que torna crucial essa etapa para um bom controle de qualidade da réplica.

Compreensão adequada da réplica: eventualmente, algum defeito surgido na réplica, durante sua obtenção, pode dar margem a interpretações errôneas de que o resultado desse defeito poderia ser alguma característica da amostra metálica que, na realidade, não existe. Os resultados dessas "armadilhas" são conhecidos no idioma inglês como *artefacts*, denominação que ainda não tem uma equivalente no idioma português, embora em alguns casos tenham sido traduzidos literalmente como "artefatos", o que, no entanto, parece ser um substantivo mais adequado para designar objetos produzidos manual ou industrialmente. Ao reconhecer essas "armadilhas", é possível melhorar a interpretação das condições do material e evitar erros comuns.

Esses são os desafios mais comuns durante o trabalho de obtenção de réplicas. O conhecimento e a atenção para essas dificuldades favorecem o sucesso na obtenção de réplicas adequadas para análise.

11.1.1.4 Preparação prévia (lixamento/desbaste e polimento)

Logo após a definição e marcação (com caneta especial) do local/ponto/região do componente/equipamento/estrutura onde será obtida a réplica, essa região é submetida ao lixamento/desbaste (em geral, começando com lixas com 120 malhas, ou mais grosseira se a superfície for mais grosseira, prosseguindo até chegar a 600), ao polimento (pasta de diamante de 1 μm ou alumina de 0,05 μm) e ao ataque, anteriores à obtenção da réplica, realizados em campo com o uso de equipamentos rotatórios, semelhantes a brocas, em que são colocados acessórios de suporte para pequenos discos, nos quais também podem ser colocadas lixas. Outro equipamento tem um eixo flexível usado para direcionar os discos nos quais são posicionados as lixas e os panos de polimento. Por sua vez, áreas superficiais mais extensas, como regiões trincadas e camadas de corrosão, podem ser preparadas diretamente com métodos convencionais, como lixamento com lixas carbeto de silício e panos de polimento com pasta de diamante ou alumina. Quando o material é bem-conhecido e a microestrutura precisa ser analisada em diferentes áreas, como as juntas soldadas, materiais volumosos e heterogêneos, por exemplo, o polimento eletrolítico é uma boa opção. Equipamentos de polimento eletrolítico portáteis, com uma fonte de energia, um eletrólito e um recipiente que o contém, podem ser bastante úteis, especialmente quando as condições de polimento são conhecidas[3, 6].

O ataque, geralmente, é realizado por esfregamento com algodão saturado com a solução do reagente de ataque. É importante trabalhar cuidadosamente e seguir todos os procedimentos de segurança. É necessário usar protetores faciais e luvas, a área circundante precisa ser protegida, devendo ser evitado o derramamento e simples respingos dessas substâncias químicas, o que obriga a transportar esses líquidos corrosivos em recipientes e garrafas devidamente fechados. Quando é necessário realizar o ataque eletrolítico, deve ser seguido um procedimento específico e bem-estabelecido para cada material em particular[6].

Para a observação inicial da microestrutura, existem pequenos microscópios que podem ser utilizados em campo. Entretanto, se as áreas de interesse estão em locais de difícil acesso e é absolutamente necessário obter seu registro fotográfico, pode ser obtida uma réplica que, depois, poderá ser analisada no laboratório[6].

Existem três tipos básicos de técnicas (procedimentos) para a obtenção de réplicas. O primeiro consiste na colocação de uma folha fina amolecida, geralmente com uma base de acetato de etila, com menos de 0,1 mm de espessura, sobre a superfície previamente preparada (lixada e polida), na espera para que essa folha de acetato de etila endureça, por vários minutos, e, finalmente, faça-se sua remoção com pinças/tenazes ou coma fita adesiva dupla-face. Na segunda técnica, um material polimérico com dois componentes, endurecíveis a frio, é aplicado à superfície da amostra e removido desta, quando endurece completamente. A terceira técnica consiste em jogar gotas de pasta de diamante sobre a superfície do material metálico[6]. Inicialmente, é feito um desbaste com um abrasivo grosseiro (80 malhas), seguido por limpeza com álcool isopropílico e, então, por lixamento com lixa de 220 malhas; e, sempre com limpeza intercalada com álcool isopropílico a cada etapa, dá-se prosseguimento ao lixamento com 320, 400, 600 e 1.200 malhas. Depois de outra etapa de limpeza com álcool isopropílico, é realizado o polimento com alumina, então nova etapa de limpeza, seguida por outra etapa de limpeza com álcool isopropílico. Depois, vem a obtenção da réplica propriamente dita, com a aplicação de fita de acetato ou resina, sendo que, no caso desta, com o uso de lâmina para aplainar a resina. Algumas pequenas diferenças, porém de pouca significância, podem ser observadas entre as microestruturas de um mesmo material nas réplicas obtidas com fita de acetato e com resina. Do mesmo modo, pouca diferença pode ser notada entre as microestruturas de um mesmo material obtidas com réplica e com amostras metalográficas tradicionais: isso decorre, primordialmente, das diferentes direções em que são obtidas.

A réplica retém detalhes do relevo da superfície do material, representando um "negativo" de sua morfologia e microestrutura. Para melhorar o contraste, pode ser realizado o bombardeamento com alumínio ou ouro. Ao microscópio ótico, as réplicas costumam ser observadas com ampliações da ordem de 500×, enquanto ao microscópio eletrônico de varredura (MEV), geralmente, são observadas com ampliações de até 5.000×. As réplicas podem ser obtidas de áreas de difícil acesso, de superfícies de fratura e em outras situações. A seguir, são listados alguns tipos de técnicas e materiais (fabricante de denominação comercial) usados para a obtenção de réplicas[6].

Materiais radioativos também podem ser analisados com o uso da técnica de réplicas. O material da folha fina polimérica absorve somente uma pequena fração da radioatividade existente nesses materiais radioativos e, por isso, ela pode ser manipulada desde o momento em que é extraída da amostra, sem a habitual precaução para se evitar a contaminação radioativa. Outra importante aplicação da técnica de obtenção de réplicas está na análise de superfícies de fratura. Réplicas obtidas a partir de superfícies redondas ou abauladas, como arames, fios, vergalhões, bastões etc., podem ser aplainadas, achatadas, para a análise em microscópio. A Tabela 11.1 apresenta alguns materiais e réplicas usados com essa finalidade[6].

Tabela 11.1 Técnicas para a obtenção de réplicas e os respectivos materiais utilizados com essa finalidade[6].

Nome/ Fornecedor	Materiais	Técnica de aplicação	O que pode ser observado por microscopia (ótica e MEV)
Bioden, Buehler	Folhas finas com 0,05 mm de espessura e arestas de 100 mm. Solvente: acetona	Aplicar a folha fina amolecida sobre a superfície do material metálico, esperar a secagem por alguns minutos e removê-la com tenazes, pinças ou uma fita dupla-face para, depois, ser colocada num suporte. A aplicação requer alguma experiência	Apesar da versatilidade de aplicações, não são adequadas para aplicação em materiais metálicos contendo cavidades e fendas. Apresentam excelentes resultados para materiais metálicos contendo poros, carbetos e muitos contornos de grãos
Traifol BN, Bayer	Folhas finas com 0,1 a 0,15 mm de espessura e arestas de 50 mm. Solvente: acetona	Aplicar a folha fina amolecida sobre a superfície do material metálico, esperar a secagem por alguns minutos e removê-la com tenazes, pinças ou uma fita dupla-face para, depois, ser colocada num suporte. A aplicação requer alguma experiência	Apesar da versatilidade de aplicações, não são adequadas para aplicação em materiais metálicos muito rugosos. Apresentam excelentes resultados para materiais metálicos contendo trincas e poros, assim como muitos contornos de grãos
Transcopy, Struers	Folhas finas com 0,1 a 0,15 mm de espessura, reforçadas em um lado com alumínio, e arestas de 10 e 30 mm. Solvente: fluido Transcopy	Amolecer suavemente a superfície da folha fina, sem exagerar no umedecimento, e pressioná-la sobre a superfície com o polegar. Não mexe nela, deixá-la endurecer sob pressão por cerca de 2 minutos, removê-la e colocá-la num suporte. A aplicação requer alguma habilidade	Obtenção de réplicas planas de trincas. Reprodução de características microestruturais: de boa a satisfatória
Technovit 3040 ou 5071, Kulzer	Dois componentes, polimerização a frio. Pó e líquido	Misturar duas partes de pó com uma parte de líquido, fazer uma barreira de plasticina e verter Technovit. Aspergir um resfriador com um *spray* após o endurecimento e remover a réplica com uma pancada leve	-
Pioloform F50, Wacker Chemie	2% de Pioloform disolvido em clorofórmio (laca)	Molhar a superfície de fratura com o Pioloform dissolvido em clorofórmio e deixar secar por 2 minutos aproximadamente. Aplicar o tecnovit como descrito anteriormente e remover a réplica cuidadosamente com uma pancada muito leve	Reprodução de superfícies de fratura. Resolução abaixo de 1 μm
Vernis Replic, Presi	Laca	Boa para amostras redondas, abauladas, para propagação de trincas, características microestruturais e poros, cavidades. Remover a laca com água morna	Excelente resolução para ampliações de até 1.000×
Xantopren, Bayer	Borracha de silicone com ativador	Baixa viscosidade, adequada para amostras com cavidades de perfuração, cavidades de outros tipos e trincas	Boa reprodução de topografia, contornos de grãos, mas não de poros

Fonte: Adaptada de G. Petzow, Metallographic Etching, 1999.[6]

11.1.2 Descrição do procedimento de obtenção de réplicas

De modo geral, entre outros significados, por "réplica" entende-se "cópia", "imitação", "reprodução". Assim, a réplica metalográfica seria a reprodução da microestrutura e da morfologia de um material. Ao ser obtida por um método que não provoca a destruição do material metálico, a réplica é o resultado de um ensaio não destrutivo (END), sendo ideal para possibilitar a análise microestrutural, sem o seccionamento/corte desse material, e sim por meio da aplicação de um material adesivo sobre a superfície metálica, decalcando-a como um negativo do relevo dessa superfície, o que se denomina "réplica".

O material metálico, contendo protuberâncias (inclusões não metálicas, partículas de segunda fase, intermetálicas, carbetos, nitretos e outras) e cavidades (trincas, poros, pites, ranhuras e outras) em sua superfície, após a preparação no local (lixamento, polimento etc.), está apto para a aplicação do material adesivo que gerará a réplica.

Esse material consiste de partes de folhas finas de acetato, imersas em um solvente, que são aplicadas sobre a superfície metálica de modo a viabilizar a extração de uma "cópia" (perfil reverso) como réplica da topografia/morfologia da região analisada. Após extraída, a réplica pode ser colocada/apoiada em uma lâmina de vidro, ou em algum outro tipo de suporte, para sua observação/análise ao microscópio.

A Figura 11.1, a seguir, ilustra o processo de obtenção de uma réplica metalográfica. Nessa Figura, é possível visualizar como a réplica metalográfica permite a

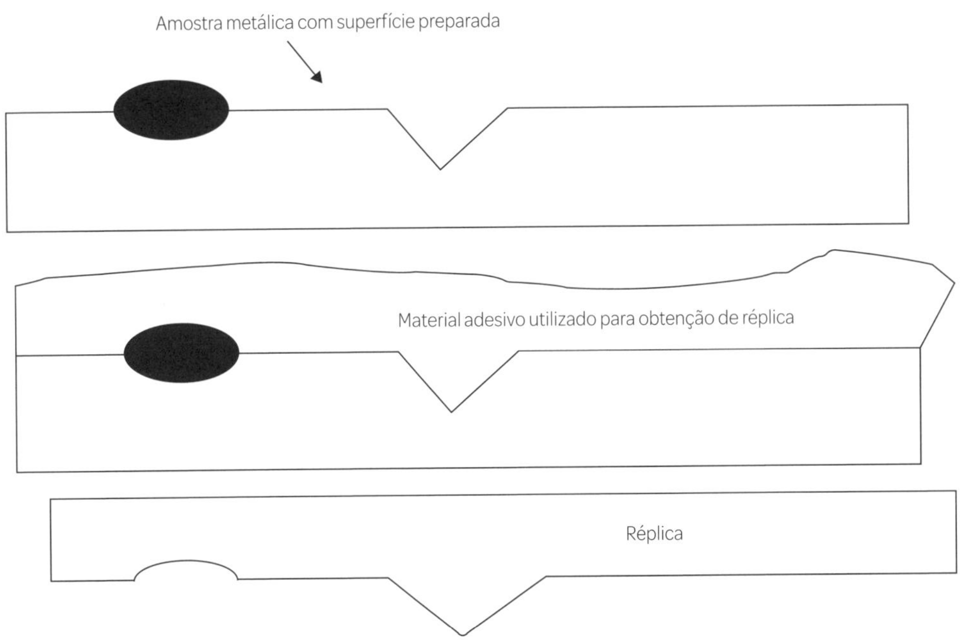

Figura 11.1 Ilustração esquemática da obtenção de uma réplica metalográfica.
Fonte: Desenvolvida pelo autor.

observação de uma partícula e de uma cavidade que afloram à superfície de uma amostra metálica.

A utilização da réplica metalográfica permite visualizar, sem a necessidade de extrair amostras, ou seja, mantendo a integridade do material, fenômenos como o crescimento dos grãos, envelhecimento/endurecimento por precipitação, presença de descontinuidades, como poros, trincas e cavidade, em geral, danos e mudanças microestruturais causadas por diferentes processos, de fabricação e também de tratamentos térmico-termoquímicos/termoquímicos/termomecânicos, assim como pela exposição do material a diversos ciclos de temperatura e pressão.

11.1.3 Dificuldades operacionais relacionadas com as condições de trabalho

Muitas vezes, a obtenção de réplicas metalográficas ou mesmo a realização de metalografia de campo em geral se tornam um verdadeiro desafio num ambiente totalmente hostil que envolve sujeira, poeira, vibração, ruído excessivo e outras condições desfavoráveis que não podem existir num laboratório de metalografia padronizado. Ainda assim, realizar uma análise microestrutural/metalográfica de alto padrão, num local/ambiente/situação que impossibilita a extração de amostras metálicas para análise laboratorial convencional, representa um desafio, a possibilidade de aprendizado e desenvolvimento de uma técnica alternativa e, muitas vezes, a única possibilidade de obter resultados importantes que seriam inviáveis pelos métodos tradicionalmente empregados no trabalho de metalografia convencional.

11.1.4 Outras técnicas analítico-experimentais utilizadas na metalografia de campo

A metalografia de campo não se limita à obtenção de réplicas metalográficas, embora esta seja uma técnica muito importante nesse contexto. Assim, a seguir, é apresentada uma relação de equipamentos e materiais de consumo usados no âmbito de outras técnicas analítico-experimentais que, muitas vezes, são complementares à técnica de obtenção de réplicas.

A seguir é apresentada uma relação de equipamentos e materiais de consumo usados no âmbito de outras técnicas analítico-experimentais que, muitas vezes, são complementares à técnica de obtenção de réplicas. Entre esses equipamentos e materiais estão: espectrômetro de fluorescência de raios X portátil, um torno de bancada para fixação de peças, politriz manual portátil com lixas e panos, equipamento portátil para polimento eletrolítico, lâminas de vidro, microscópio ótico de bancada, lixadeira manual portátil com lixas mais grosseiras, algodão, etanol, acetona, lixas e panos de polimento.

Capítulo 12

PROCESSAMENTO DE IMAGENS METALOGRÁFICAS/ANÁLISE AUTOMÁTICA DE IMAGENS/METALOGRAFIA QUANTITATIVA

No momento da captura das imagens por microscopia, ou logo após, é possível trabalhar essas imagens com diferentes finalidades, desde o aprimoramento da qualidade visual, por exemplo, a redução de ruídos, melhora no contraste, eventualmente na nitidez da imagem, procedimento conhecido como "processamento da imagem"[24] até a obtenção de dados quantitativos de determinadas características microestruturais, como tamanho de grão, teor de inclusões e outras, procedimento conhecido genericamente como metalografia quantitativa (ou estereologia quantitativa), antigamente realizado de modo manual, com telas quadriculadas e outros dispositivos semelhantes[25], e, hoje, realizadas de forma automática, com muito maior precisão e rapidez, por meio do uso de computadores com programas (*softwares*) desenvolvidos especificamente para essa finalidade[24].

Entretanto, o processamento e a análise automática de imagens não fazem parte do escopo deste texto, centrado na realização das técnicas de preparação de amostras metalográficas/para observação por microscopia; portanto, não nos estenderemos no tema e recomendamos leitura que apontamos como referências bibliográficas.

Capítulo 13
RELAÇÃO DE ALGUNS ATAQUES METALOGRÁFICOS RECOMENDADOS PARA METAIS OU LIGAS METÁLICAS MAIS USADOS NA INDÚSTRIA

13.1 AÇOS

13.1.1 Ataques para aços carbono (comuns: ligas Fe-C):

- **Le Pera:** ataque metalográfico colorido: revela martensita (clara), ferrita (cinza) e bainita (escura): 100 mL de etanol, 1 g de metabissulfito de sódio ($K_2S_2O_5$) e 4 g de ácido pícrico, tempo: 15 s: imergir amostra sem agitar para não depositar partículas de metabissulfito e de ácido pícrico que, assim, bloqueia o ataque em algumas regiões de amostra.
- **Nital 2% para micrografias:** 100 mL de etanol e 2 mL ácido nítrico: para revelar contornos de grãos de ferrita e de perlita.
- **Nital 3 ou 5% para macrografias:** para revelar a macroestrutura: juntas soldadas com cordões grosseiros, visíveis a olho nu e outras características microestruturais igualmente visíveis nessa escala.
- **Picral 2%:** 100 mL de etanol e 2 g de ácido pícrico: revela melhor as lamelas de perlita.
- **Ataque para aço carbono AISI 1045:** reagente de Vilella: 100 mL de etanol (ou metanol), 5 mL de ácido clorídrico e 1 g de ácido pícrico: tamanho de grão da austenita prévia.

- **Ataque para aço microligado AISI 5160:** determinação de tamanho de grão: 100 mL de água destilada, 1 mL de ácido clorídrico, 1 g de ácido pícrico e 15 mL de detergente, tempo: 6 minutos.
- **Ataque para aço DIN 20MnCr5:** 100 mL de água destilada, 2 g de ácido pícrico e 4 mL de tensoativo: sulfonato-tridecil-benzeno de sódio: tamanho de grão da austenita prévia.
- **Ataque micrográfico para aço carbono:** austenita prévia. Ataque: 50 mL de água destilada, 1 g de ácido pícrico e 4 mL de tensoativo.
- **Ataque para revelar tamanho de grão da austenita prévia em aços martensíticos:** 100 mL de água destilada, 10 g de ácido pícrico e 10 mL de glicerina: temperatura; 80 °C e tempo: 10 minutos.
- **Ataque para revelar tamanho de grão da austenita prévia em aços martensíticos:** 75 mL de água destilada, 3 g de ácido pícrico, 55 mL de detergente industrial (Teepol).
- **Ataque para revelar tamanho de grão da austenita prévia em aços martensíticos:** solução saturada de ácido pícrico em água, 1% de ácido clorídrico e agente tensoativo (detergente).
- **Ataque para revelar tamanho de grão da austenita prévia em aços-ferramenta (D2):** 100 mL de metanol ou etanol e 3 mL de ácido nítrico.
- **Ataque para revelar austenita retida em aços:** 100 mL de água destilada, 2 g de ácido pícrico e tensoativo (sulfonato tridecilbenzeno de sódio ou dodecil): esfregar por 3 a 4 minutos, repolir e atacar.
- **Outro ataque para revelar austenita retida e tamanho de grão de austenita prévia em aços:** 100 mL de água destilada, 10 g de ácido pícrico, 10 mL de glicerina: temperatura: 80 °C e tempo: 10 minutos aproximadamente.
- **Ataque para revelar tamanho de grão de austenita prévia em aço martensítico AISI-SAE 1045:** 240 mL de água destilada, 2 mL de ácido clorídrico, 2 g de ácido pícrico e 5 gotas de tensoativo (detergente neutro).
- **Ataque para revelar austenita prévia em aço contendo 9% de níquel:** 250 mL de água destilada, 15 g de ácido pícrico, temperatura: 60 °C, tempo: 5 minutos. Adicionar 275 mL de detergente neutro e 5 mL de cromato de potássio. Deixar em temperatura ambiente, colocar a amostra em imersão por 20 minutos, jogar água quente nela e secá-la. Alternativa: diluir em mais 375 mL de água destilada a solução descrita.
- **Ataque para revelar austenita prévia em aço contendo 9% de níquel:** 100 mL de água destilada, 10 g de metabissulfito de sódio ($Na_2S_2O_5$), tempo: 1 minuto.
- **Ataque para revelar austenita prévia em aço contendo 9% de níquel:** solução A: nital 2% (2 mL de ácido nítrico em 98 mL de etanol), solução B:

metabissulfito de sódio a 10% em água destilada (10 mL em 90 mL), tempo: 15 segundos na solução A e 20 segundos na solução B.

- **Ataque para revelar austenita prévia em aço API 5L X70 (ferrita, perlita e bainita):** 200 mL de água destilada, 4 g de ácido pícrico e 4 g de cloreto férrico. Cobrir a superfície da amostra com detergente e com o algodão encharcado pela solução, esfregar a superfície da amostra durante cerca de 60 segundos.
- **Ataque para aços hipereutetoides (perlita-cementita) para fabricação de trilhos:** reagente de Marshall: solução A: 100 mL de água destilada, 8 g de ácido oxálico e 5 mL de ácido sulfúrico; solução B: 100 mL de água oxigenada (peróxido de hidrogênio: H_2O_2): misturar A com B e atacar.
- **Outro ataque para aços hipereutetoides (perlita-cementita) para fabricação de trilhos, para colorir a cementita:** Klemm modificado: 50 mL de água destilada, sulfito de sódio (Na_2SO_3) até a saturação e 1 g de metabissulfito de potássio ($K_2S_2O_5$).
- **Ataque micrográfico para revelar carbetos em aços:** 100 mL de água destilada, 2 g de ácido pícrico, 25 g de hidróxido de sódio, temperatura: 90 a 100 °C: revela M_3C e M_6C.
- **Ataque de Murakami para revelar carbetos (M_7C_3, M_6C e M_2C) em aços:** 100 mL de água destilada, 10 g de hidróxido de sódio, 10 g de ferrocianeto de potássio ($K_3Fe(CN_6)$), temperatura: 20 °C.
- **Ataque de Groesbeck para revelar carbetos (M_6C e M_2C) em aços:** 100 mL de água destilada, 4 g de hidróxido de sódio, 4 g de permanganato de potássio ($KMnO_4$), temperatura: 20 °C.
- **Ataque eletrolítico para revelar carbetos ($M_{23}C_6$, M_7C_3, MC e M_2C) em aços:** 100 mL de água destilada e 1 g CrO_3, 2 a 3 V, CC, tempo: 10 segundos.
- **Ataque eletrolítico para revelar carbetos ($M_{23}C_6$, M_7C_3, MC e M_2C) em aços:** 100 mL de água destilada e 10 g de persulfato de amônia ($(NH_4)_2S_2O_8$), 6 V, tempo: 10 segundos.
- **Ataque para aço com 9% de níquel:** 85 mL de água destilada, 15 mL de ácido nítrico e 5 mL de ácido acético.

13.1.2 Ataques para aços inoxidáveis

- **Ataque para aço inoxidável austenítico 316 L:** 100 mL de ácido clorídrico e 20 g de ácido pícrico.
- **Outro ataque para aço inoxidável austenítico 316 L:** 20 mL de metanol ou etanol, 45 mL de ácido clorídrico e 15 mL de ácido nítrico: tempo: 2 minutos e 30 segundos.
- **Ataque micrográfico para aço inoxidável austenítico:** 15 mL de ácido clorídrico, 10 mL de ácido nítrico e 10 mL de ácido acético.

- **Mais outro ataque para aço inoxidável austenítico 316 L:** glicerégia: 10 mL de ácido nítrico, 10 mL de ácido acético, 15 mL de ácido clorídrico e 2 a 5 gotas de glicerol (glicerina): mais forte que o glicerégia comum, define melhor os contornos.
- **Mais outro ataque para aço inoxidável austenítico 316 L:** glicerégia modificado: 100 mL de etanol, 5 mL de ácido clorídrico e 1 g de ácido pícrico.
- **Mais outro ataque para aço inoxidável austenítico 316 L:** 15 mL de ácido clorídrico, 10 mL de ácido nítrico e 10 mL de ácido acético.
- **Ataque modificado para aço inoxidável austenítico:** revela bem os contornos sem queimar: 60 mL de ácido clorídrico e 2,5 g de ácido pícrico.
- **Ataque para aço inoxidável austenítico:** 50 mL de HCl e 5 g de ácido pícrico.
- **Ataque para aço inoxidável austenítico:** eletrolítico: 10% de hidróxido de sódio em solução aquosa: 3 V e 15 segundos: para revelar fase sigma (σ).
- **Ataque para aço inoxidável austenítico:** eletrolítico: 10% de ácido oxálico em solução aquosa: 8 V e 60 segundos: para observar as fases ferrita (α ou δ) e austenita (γ).
- **Ataque para revelar corrosão intergranular em aço inoxidável austenítico:** eletrolítico com ácido oxálico: 10 g em 100 mL de água destilada.
- **Ataque para aço inoxidável austenítico carburizado:** Le Chatelier-Igewski: 100 mL de água destilada, 2 g de ácido pícrico e 25 g de hidróxido de sódio.
- **Ataque para aço inoxidável austenítico AISI 317 soldado por fricção:** 100 mL de água destilada, 20 mL de ácido clorídrico, 0,3 a 0,6 g de metabissulfito de potássio, temperatura de 40 a 80 °C: revelar ferrita e austenita.
- **Ataque para aço inoxidável austenítico AISI 317 soldado por fricção, para revelar carbetos:** eletrolítico: 100 mL de água destilada, 10 g de ácido oxálico, 9 V, tempo: 1 minuto.
- **Ataque para aço inoxidável austenítico AISI 347:** eletrolítico: 10 g de ácido oxálico em 100 mL de água destilada, 9V e tempo: 30 segundos, com a amostra no anodo. Revela contornos, maclas, precipitados (carbetos de nióbio: NbC e de cromo: $Cr_{23}C_6$). Também ressalta a martensita induzida por deformação.
- **Ataque micrográfico eletrolítico G para aços inoxidáveis austeníticos e endurecíveis por precipitação (AISI 660):** 12 mL de ácido fosfórico (H_3PO_4), 41 mL de ácido nítrico (HNO_3), 47 mL de ácido sulfúrico (H_2SO_4): 200/400 mA. Em capela.
- **Ataque eletrolítico para aço inoxidável (AISI 316) soldado por atrito** (*friction stir welding*: FSW): 40 mL de água destilada e 60 mL de ácido nítrico, 1,1 V, tempo: 15 segundos.

- **Ataque macrográfico para revelar solda em aço inoxidável austenítico (316 L):** 50 mL de água destilada, 50 mL de ácido clorídrico e 20 mL de água oxigenada (peróxido de hidrogênio: H_2O_2).
- Ataque para aço inoxidável austenítico 316 L (implante ortopédico); 20 mL de metanol (ou etanol), 45 mL de ácido clorídrico e 15 mL de ácido nítrico.
- **Ataque para aço inoxidável austenítico AISI 303:** 50 mL de ácido clorídrico e 5 g de ácido pícrico.
- **Ataque para aço inoxidável austenítico AISI 304:** Behara modificado: 100 mL de água destilada, 20 mL de ácido clorídrico, 0,3 g de metabissulfito de potássio ($K_2S_2O_5$): imersão com a face da amostra para baixo, tempo: 20 segundos, lavar com álcool e secar.
- **Ataque para aço inoxidável austenítico (25Ni-15Cr:** grau 660B): 15 mL de ácido clorídrico, 10 mL de ácido nítrico e 10 mL de ácido acético glacial: aquecer a amostra com secador até esquentar a superfície desta por 30 segundos, atingindo 50 °C.
- **Ataque para aço inoxidável austenítico:** reagente de Ralph: 100 mL de água destilada, 200 mL de etanol, 100 mL de ácido clorídrico, 2 g de cloreto de cobre ($CuCl_2$), 7 g de cloreto de ferro ($FeCl_2$), 5 mL de ácido nítrico: esfregar na amostra.
- **Ataque para aço inoxidável ferrítico (AISI-SAE 430 com solda):** Kalling n. 1: 33 mL de água destilada, 33 mL de etanol, 33 mL de ácido clorídrico e 1,5 g de cloreto de cobre ($CuCl_2$).
- **Ataque para aço inoxidável ferrítico (AISI-SAE 430):** Vilella: 100 mL de etanol, 5 mL de ácido clorídrico e 1 g de ácido pícrico.
- **Ataque para aço inoxidável ferrítico (AISI-SAE 430):** 100 mL de água destilada e 10 g de ácido oxálico. Revela fase sigma (σ) e carbetos. Austenita minoritária é pouco atacada e a ferrita (matriz) não é atacada.
- **Ataque para aço inoxidável ferrítico AISI 430 sensitizado:** 90 mL de água destilada e 10 mL de ácido sulfúrico, tempo: 20 segundos.
- **Ataque para aço inoxidável martensítico (instrumental cirúrgico):** reagente de Vilella: 100 mL de etanol, 5 mL de ácido clorídrico e 1 g de ácido pícrico.
- **Ataque para aço inoxidável martensítico AISI 420:** 200 mL de etanol, 5 g de ácido pícrico e 5 mL de ácido clorídrico: tempo: 5 minutos.
- **Ataque para aço inoxidável martensítico AISI 440C:** 100 mL de etanol e 10 mL de ácido clorídrico.
- **Ataque para aço inoxidável martensítico:** 200 mL de etanol, 5 g de ácido pícrico e 5 mL de ácido clorídrico.
- **Ataque eletrolítico para aço inoxidável martensítico:** 100 mL etanol e 10 mL ácido clorídrico: 6 a 10 V, tempo: 10 a 30 segundos.

- **Ataque para aço inoxidável duplex:** 100 mL de água, 10 g de ferrocianeto de potássio e 10 g de hidróxido de potássio: temperatura: 90 °C e tempo: 5 a 6 minutos.
- **Ataque eletrolítico para aço inoxidável duplex:** 100 mL de água destilada e 40 g de hidróxido de sódio, 1 a 3 V (corrente contínua), tempo: 5 a 60 segundos. Fases intermetálicas na cor marrom. Rinsar com água quente e, depois do ataque, acetona ou álcool.
- **Ataque eletrolítico para aço inox duplex:** para revelar fase sigma (σ): 100 mL de água destilada, 20 g de hidróxido de sódio: 5 V, tempo: 10 a 90 segundos.
- **Ataque eletrolítico para aço inox duplex:** 90 mL de água destilada e 10 g de hidróxido de sódio: 6 V, tempo: 15 a 30 segundos: para revelar fase sigma (σ).
- **Ataque para aço inox duplex:** Grosbeck: 100 mL de água destilada, 4 g de permanganato de potássio ($KMnO_4$) e 4 g de hidróxido de sódio: temperatura: 60 a 90 °C, tempo: 1 a 10 minutos.
- **Ataque eletrolítico para aço inox duplex:** Marble: 20 mL de água destilada, 4 g de sulfato de cobre ($CuSO_4$) e 20 mL de ácido clorídrico: tempo: 3 a 10 segundos.
- **Ataque micrográfico para aço inoxidável duplex:** Behara: 48 g de bifluoreto de amônia (NH_4HF_2), 400 mL de ácido clorídrico e 1 g de bissufilto de potássio ($KHSO_3$), tempo: 15 segundos.
- **Ataque eletrolítico para aço inoxidável duplex (2205):** 50 mL de água destilada e 50 g de hidróxido de potássio.
- **Ataque eletrolítico para aço inox duplex:** 100 mL de água e 10 g de ácido oxálico, 2 a 2,5 V, tempo: 10 a 20 segundos. Revela fase sigma (σ).
- **Ataque colorido** (*tint ecthant*: Behara) para aços inoxidáveis duplex (também para austeníticos, PH e *maraging*): solução A: 1.000 mL de água destilada e 200 mL de ácido clorídrico. Usar 100 mL de solução A para misturar com 1 g de metabissulfito de potássio. Imergir a amostra a 20 °C por 30 a 120 segundos com agitação. Colore a austenita, mas não afeta os carbetos.
- **Ataque micrográfico (Behara II) para aço inoxidável superduplex, para diferenciar ferrita de austenita:** solução 1: 800 mL de água destilada, 400 mL de ácido clorídrico, 48 g de bifluoreto de amônia. Adicionar à solução 1: 1 ou 2 g de metabissulfito de potássio, antes do ataque. Tempo: entre 3 e 5 segundos: observar: se a amostra escureceu, está pronta.
- **Ataque para aço inoxidável superduplex soldado:** 1.000 mL de água destilada, 200 mL de ácido clorídrico e 24 g de bifluoreto de amônia.
- **Ataque micrográfico para aço inoxidável superduplex:** 100 mL de álcool etílico, 100 mL de ácido clorídrico e 5 g de cloreto de cobre ($CuCl_2$): tempo: 5 a 10 segundos.

- **Ataque micrográfico para aço inoxidável superduplex:** 10 mL de ácido nítrico, 10 mL de ácido acético glacial, 15 mL de ácido clorídrico e 3 mL de glicerol (glicerina). Misturar e esperar 5 minutos antes do ataque, tempo de ataque: 30 a 45 segundos, tempo de validade do reagente: 45 minutos.
- **Ataque para aço inoxidável superduplex dobrado e soldado:** 150 mL de água destilada, 20 mL de ácido clorídrico, 2,4 g de bifluoreto de amônia, 1 g de metabissulfito de sódio, tempo: 3 segundos. Revela contornos de grãos e partículas de segunda fase (brancas).
- **Ataque para aço inoxidável superduplex:** Behara: 80 mL de água destilada, 20 mL de ácido clorídrico e 1 g de metabissulfito de sódio: imersão a temperatura: 50 °C: Diferencia ferrita de austenita.
- **Ataque para aço inoxidável superduplex:** eletrolítico: 80 mL de água destilada e 8 g de ácido oxálico, 3 V, tempo: 30 segundos. Revela contornos, nitretos, carbetos e fases TCP.
- **Ataque eletrolítico para aço inoxidável superduplex:** 100 mL de água destilada e 8 g de hidróxido de sódio.
- **Ataque eletrolítico para aço inoxidável superduplex para observação de fases no MEV:** 90 mL de água destilada e 10 g de ácido oxálico, 8,5 V, tempo: 90 segundos.
- **Ataque eletrolítico para aço inoxidável superduplex para observação de fases no MEV:** 60 mL de água destilada e 40 mL de ácido nítrico, 1,0 a 1,5 V, tempo: 2 minutos.
- **Ataque macrográfico para solda de aço inoxidável superduplex:** 50 mL de água destilada, 50 mL de ácido clorídrico e 20 mL de água oxigenada (peróxido de hidrogênio: H_2O_2). Misturar água destilada e ácido clorídrico; se necessário, aquecer a 70 até 80 °C, imergir a amostra e adicionar o peróxido de hidrogênio em etapas, quando a espuma para.
- **Ataque para aços multifásicos:** 100 mL de água destilada e 800 mg de metabissulfito de sódio.
- **Ataque para aços multifásicos:** metabissulfito de sódio: 10% em água destilada.
- **Ataques coloridos (*tint etchants*) para revelar bainita e martensita em aços:** Le Pera: reagente 1: 100 mL de água destilada e 1 g de metabissulfito de sódio; reagente 2: 100 mL de etanol e 4 g de ácido pícrico. Misturar o reagente 1 com o reagente 2 e atacar: 4 a 7 minutos. Pode ser feito um pré-ataque com nital 2%: remover o resíduo de nital, secar a amostra e atacar com o reagente de Le Pera: 1 + 2.
- **Ataque de Beraha com a mesma finalidade, também colorido (*tint etchant*):** 100 mL de água destilada e 3 g de metabissulfito de sódio: tempo: 1 minuto.

- **Ataque de Behara para aço inoxidável superduplex:** 100 mL de água destilada, 20 mL de ácido clorídrico e 0,3 a 0,6 g de metabissulfito de potássio, temperatura: 40 a 80 °C, para revelar fases.
- **Ataque eletrolítico revelar nitretos em aços inoxidáveis:** 60 mL de água destilada e 40 mL de ácido nítrico, 1,0 a 1,5 V, tempo: 2 minutos. Nitretos aparecem como "rios brancos" na ferrita.

13.1.2.1 Ataques para outros aços/ligas ferrosas

- **Ataque para aço ferramenta D3:** nital 5% (5 mL de ácido nítrico em 95 mL de etanol): tempo: 50 segundos.
- **Ataque para superliga de ferro Incoloy 800:** Kalling: 100 mL de etanol, 100 mL e 5 g de cloreto de cobre ($CuCl_2$).
- **Ataque eletrolítico para superliga de ferro Incoloy 800:** 50 mL de ácido nítrico em 50 mL de água destilada: 2 V.
- **Ataque eletrolítico para superliga de ferro Incoloy 800:** 95 mL de etanol, 5 mL de ácido nítrico: 5 a 10 V, tempo: 15 a 30 segundos.

13.1.2.2 Alumínio

- **Ataque para alumínio comercialmente puro:** 94 mL de água destilada, 2 g de hidróxido de sódio e 4 g de carbonato de sódio: tempo entre 1 e 10 minutos.
- **Ataque para alumínio comercialmente puro:** 100 mL de água destilada, 3 mL de ácido nítrico.
- **Ataque eletrolítico para alumínio comercialmente puro:** 70 mL de metanol ou de etanol, 30 mL de ácido nítrico, 15 V e temperatura de - 25 °C.
- **Ataque para ligas de alumínio:** reagente 1: 100 mL de água destilada, 4 g de hidróxido de sódio, tempo: 3 minutos; reagente 2: 95 mL de água destilada e 5 mL de ácido nítrico, tempo: 1 minuto.
- **Ataque micrográfico para ligas alumínio-cobre e alumínio-silício fundidas:** 100 mL de água destilada e 0,5 mL de ácido fluorídrico.
- **Ataque macrográfico para ligas alumínio-cobre e alumínio-silício fundidas:** 25 mL de água destilada, 2,5 mL de ácido fluorídrico, 25 mL de ácido nítrico e 60 mL de ácido clorídrico.
- **Ataque para liga de alumínio-silício:** 95 mL de água destilada e 10 mL de ácido nítrico: tempo: 40 minutos.
- **Ataque micrográfico para ligas alumínio-magnésio:** 60 mL de água destilada, 15 mL de ácido fluorídrico e 10 mL de ácido fosfórico.
- **Ataque micrográfico para ligas alumínio-magnésio:** 90 mL de etanol e 10 mL de ácido nítrico.

- **Ataque micrográfico para ligas alumínio-magnésio:** 90 mL de água destilada e 10 mL de ácido fosfórico.
- **Ataque micrográfico para ligas alumínio-magnésio:** 100 mL de água destilada e 20 g trióxido de cromo (CrO_3).
- **Ataque micrográfico para liga de alumínio-magnésio (AA5086) soldada:** 100 mL de água destilada e 2 mL de ácido fluorídrico, tempo: 1 minuto (metal base) e 1 minuto e 30 segundos (metal de solda e zona termicamente afetada): revela contornos de grãos.
- **Ataque micrográfico para liga de alumínio-magnésio-silício (6351) soldada:** 90 mL de água destilada e 100 mL de ácido fosfórico: temperatura: 50 °C, tempo: 60 a 120 segundos.
- **Ataque macrográfico para liga de alumínio-magnésio-silício (6351) soldada:** 50 mL de água destilada e 10 g de hidróxido de sódio.
- **Ataque para liga Al-Sn-Si:** 0,5 mL de ácido fluorídrico em 100 mL de água destilada.
- **Ataque para liga Al-Sn-Si:** Keller diluído: 150 mL de água destilada, 25 mL de ácido nítrico, 15 mL de ácido clorídrico e 10 mL de ácido fluorídrico: tempo: 5 segundos.

13.1.3 Cobre e suas ligas

- **Ataque para cobre comercialmente puro:** 25 mL de água destilada, 25 a 50 mL de peróxido de hidrogênio (água oxigenada: H_2O_2), tempo: 5 a 45 segundos.
- **Ataque para cobre comercialmente puro:** 100 mL de água destilada, 30 mL de ácido clorídrico e 5 g de cloreto férrico ($FeCl_3$).
- **Ataque para cobre (soldado por atrito** *friction stir welding*: FSW) com latão (liga cobre-zinco): 40 mL de água destilada, 60 mL de etanol, 6 mL de ácido clorídrico e 10 g de cloreto de ferro ($FeCl_3$), tempo: 10 a 15 minutos.
- **Ataque para latão (cobre-zinco):** 10 mL de água destilada, 20 mL de hidróxido de amônia e 15 mL de peróxido de hidrogênio (água oxigenada: H_2O_2).
- **Ataque para latão (cobre-zinco):** 50 mL de água destilada e 50 mL de ácido nítrico.
- **Ataque para latão 260 (70% cobre – 30% zinco):** 20 mL de água destilada, 20 mL de hidróxido de amônia (NH_4OH) e 5 gotas de peróxido de hidrogênio (H_2O_2: água oxigenada), tempo: 10 a 15 segundos.
- **Ataque para latão (liga cobre-zinco), latão com chumbo (cobre-zinco--chumbo) e latão com arsênio (cobre-zinco-arsênio):** 90 mL de água destilada, 10 mL de ácido clorídrico 8,5 g de cloreto de ferro ($FeCl_3$) ou sua variação: 100 mL de água destilada, 50 mL de ácido clorídrico 5 g de cloreto de ferro ($FeCl_3$).

- **Ataque para bronze (88% cobre e 12% estanho):** 100 mL de água destilada e 2 mL de hidróxido de amônia (NH_4OH).
- **Ataque para bronze (Cu-Sn):** 100 mL de água destilada, 50 mL de ácido clorídrico e 5 g de cloreto férrico ($FeCl_3$).
- **Ataque para bronze de bismuto e de chumbo (Cu-Sn-Bi e Cu-Sn-Pb:** C89520 e C84400): 40 mL de água destilada e 60 mL de ácido nítrico: tempo: 25 segundos. Depois rinsar em etanol.
- **Ataque para bronze de bismuto (Cu-Sn-Bi):** 300 mL de etanol, 30 mL de ácido clorídrico e 1g de cloreto férrico ($FeCl_3$).
- **Ataque para latão com bismuto (Cu-Zn-Sn-Bi):** 40 mL de água destilada, 60 mL de ácido nítrico, tempo: 25 segundos, lavar com etanol.
- **Ataque para liga Cu-Al-Ni:** 10 g de cloreto férrico (Fe_3Cl), 20 mL de ácido clorídrico (HCl), 60 mL de água destilada e 100 mL of glicerina.

13.1.4 Cobalto e suas ligas

- **Ataque para Stelite 6 (Co-Cr-W):** reagente de Murakami: 100 mL de água destilada, 10 g de ferrocianeto de potássio ($K_3Fe(CN)_6$), 10 g de hidróxido de sódio (NaOH) ou de potássio (KOH): tempo: 15 segundos.
- **Ataque para Co-Cr fundida:** eletrolítico: 23 mL de ácido clorídrico e 77 mL de monobutil-éter-etileno-glicol: 5 a 8 V (7,7 V) por 10 minutos.
- **Ataque eletrolítico para liga de cobalto-cromo-molibdênio:** 50 mL de ácido clorídrico e 2,5 mL de água oxigenada (peróxido de hidrogênio: H_2O_2): 4 V, tempo: 10 segundos.
- **Ataque para liga de cobalto-cromo-molibdênio:** 100 mL de ácido clorídrico e 0,5 mL de água oxigenada (peróxido de hidrogênio: H_2O_2): remover a camada atacada (oxidada), passando algodão molhado com reagente ou pingando reagente sobre a amostra.
- **Ataque para liga de cobalto-cromo-molibdênio:** 100 mL de ácido clorídrico, 5 mL de água oxigenada (peróxido de hidrogênio: H_2O_2).
- **Ataque eletrolítico para liga cobalto-cromo-molibdênio:** 90 mL de água destilada e 10 mL de ácido crômico (H_2CrO_4), 4 V, tempo: 12 segundos.
- **Ataque micrográfico para liga cobalto-cromo-molibdênio, fundida para aplicação em implantes ortopédicos:** 100 mL de ácido clorídrico e 0,5 mL (ou 5 mL: modificado) de água oxigenada (peróxido de hidrogênio: H_2O_2). Tempo muito curto, rápido.
- **Ataque micrográfico eletrolítico para liga cobalto-cromo-molibdênio, fundida para aplicação em implantes ortopédicos:** 100 mL de água destilada, 5 a 10 mL de ácido clorídrico: anodo de sacrifício de grafite (fixo) e catodo de aço inoxidável que se desloca pela amostra. O tempo é muito curto, rápido,

controlado "no olho", cerca de 20 segundos. O ataque é heterogêneo, só acontece em algumas regiões: é necessário deslocar o catodo para atacar outras regiões. Revela microestrutura dendrítica e precipitados, permitindo economizar reagente em comparação com outros tipos de ataque.

- **Ataque micrográfico para liga cobalto-cromo-molibdênio, fundida para aplicação em implantes ortopédicos:** Behara: solução A: 50 mL de água destilada e 50 mL de ácido clorídrico. Adicionar 0,6 a 1 g de metabissulfito de potássio. Depois, adicionar 1 a 1,5 g de cloreto férrico ($FeCl_3$). Imergir a amostra. Tempo: 60 a 150 segundos. Agitar a amostra. A matriz fica colorida, mas os carbetos e nitretos não são afetados.
- **Ataque micrográfico para liga cobalto-cromo-molibdênio, fundida para aplicação em implantes ortopédicos:** 25 mL de água destilada, 25 mL de ácido acético e 50 mL de ácido nítrico.
- **Ataque micrográfico para liga cobalto-cromo-molibdênio, fundida para aplicação em implantes ortopédicos:** 80 mL de ácido lático e 10 mL de água oxigenada (peróxido de hidrogênio: H_2O_2).

13.1.5 Ferros fundidos

- **Ataque micrográfico para ferro fundido:** nital 2%.
- **Ataque macrográfico para ferro fundido:** nital 5%.
- **Ataque macrográfico:** 100 mL de água destilada, 10 g de iodo sublimado e 10 g de iodeto de potássio
- **Ataque para magnésio e suas ligas (AZ 31: 35 de alumínio e 1% de zinco):** 90 mL de etanol, 10 mL de água destilada, 2 mL de ácido acético e 5,8 g de ácido pícrico, tempo: 20 segundos.

13.1.5.1 Níquel e suas ligas

- **Ataque para Hasteloy:** eletrolítico: 6 V, 10 segundos, 100 mL de água destilada e 10 g de ácido oxálico.
- **Ataque para Inconel 625:** Kalling modificado: 6 mL de água destilada, 60 mL de ácido clorídrico, 6 g de cloreto de cobre (cúprico).
- **Ataque para Inconel 625:**15 mL de ácido clorídrico, 10 mL de ácido nítrico e 10 mL de ácido acético.
- **Ataque macrográfico para Inconel 713 C:** 75 mL de ácido clorídrico e 25 mL de água oxigenada (peróxido de hidrogênio: H_2O_2).
- **Ataque para Inconel 718:** reagente de Marble: 50 mL de água destilada, 10 g de ácido pícrico e 50 mL de ácido clorídrico: tempo: 15 segundos.
- **Ataque para Inconel 718:** 10 g de ácido pícrico e 50 mL de ácido clorídrico (melhor que Marble).

- **Ataque para Inconel 718:** Kalling: 40 mL de água destilada, 60 mL de etanol (entre 40 e 80 mL), 40 mL de ácido clorídrico e 2 g de cloreto de cobre ($CuCl_2$).
- **Ataque para Inconel 718:** Kalling modificado: 6 mL de água destilada, 60 mL de ácido clorídrico e 6 g de $CuCl_2$ (cloreto cúprico): tempo: 15 segundos.
- **Ataque eletrolítico para superligas de níquel:** 30 mL de água destilada, 70 mL de ácido fosfórico (H_3PO_4), 5 a 10 V, tempo: 5 a 60 segundos.
- **Ataque eletrolítico para superligas de níquel:** 100 mL de água destilada, 10 g de cianeto de sódio (NaCN): 1,5 V, 3 a 5 mA, tempo: 20 a 30 segundos.
- **Ataque macrográfico para Inconel 718:** 20 a 30 mL de água destilada, 0 a 20 mL de ácido nítrico, 20 mL de ácido clorídrico e 10 mL de H_2O_2 (peróxido de hidrogênio: água oxigenada).
- **Ataque para Inconel revestido por camada de níquel:** 30 mL de água destilada, 20 mL de ácido clorídrico, 20 mL de ácido nítrico e 10 mL de H_2O_2 (peróxido de hidrogênio: água oxigenada).
- **Ataque para Inconel 718:** Kalling: 60 mL de etanol, 40 mL de ácido clorídrico e 4 g de cloreto de cobre ($CuCl_2$).
- **Ataque para Inconel 718, principalmente contornos de grãos e de maclas:** 40 mL de água destilada, 50 mL de ácido clorídrico, 2 mL de ácido fluorídrico e 10 mL de ácido nítrico.
- **Ataque para Inconel 718:** Kalling n° 2: 200 mL de metanol (ou etanol), 200 mL de ácido clorídrico e 10 g de cloreto de cobre ($CuCl_2$).
- **Ataque para Inconel 718:** Super-Kalling: 5 mL de água oxigenada (peróxido de hidrogênio: H_2O_2), 60 mL de ácido clorídrico e 6 g de cloreto de cobre ($CuCl_2$).
- **Ataque para Inconel 718:** 7 ácidos: 30 mL de água destilada, 30 mL de ácido clorídrico, 6 mL de ácido nítrico, 6 mL de ácido fosfórico, 3 mL de ácido fluorídrico (40%), 30 mL de ácido sulfúrico, 3 g de cloreto de ferro ($FeCl_3$) e 6 mL de etanol.
- **Ataque micrográfico e também macrográfico para Inconel 718:** 30 mL de água destilada, 20 mL de ácido clorídrico e 10 mL de água oxigenada (peróxido de hidrogênio: H_2O_2).
- **Ataque para Inconel 706:** 92 mL de ácido clorírdico, 5 mL de ácido sulfúrico e 3 mL de ácido nítrico.
- **Ataque para Inconel 738:** 60 mL de ácido clorídrico e 20 mL de ácido nítrico, tempo: 10 a 30 segundos.
- **Ataque para Nitinol (liga Ni-Ti):** 50 mL de glicerina, 18 mL de ácido acético, 20 mL de ácido nítrico e 16 mL de ácido fluorídrico, tempo: cerca de 15 minutos.

- **Ataque para revelar martensita em Nitinol (liga Ni-Ti):** 50 mL de ácido nítrico, 50 mL de ácido acéttico e 10 mL de ácido fluorídrico. Rinsagem com solução de 100 mL de água destilada e 10 g de pentaboreto de amônia ($(NH_4)B_5O_8$), tempo: 30 minutos.
- **Polimento eletrolítico para Nitinol (liga Ni-Ti) após lixamento com 1.200 malhas:** 92 mL de metanol e 8 mL de ácido perclórico: 20 V, tempo: 40 segundos.

13.1.6 Titânio e suas ligas

- **Keller; 190 mL de água, 1 mL de ácido fluorídrico, 3 mL de ácido clorídrico, 5 mL de ácido nítrico, tempo:** 15 s.
- **Kroll:** 100 mL água, 2 mL ácido fluorídrico e 4 mL de ácido nítrico, tempo: 1 minuto ou mais.
- **Ataque para Ti CP (comercialmente puro) usado em implantes dentais:** 100 mL água destilada, 10 mL de ácido fluorídrico e 5 mL de ácido nítrico.
- **Ataque para Ti CP (comercialmente puro):** Ogden Holden: 95 a 98 mL de água destilada, 1 a 4 mL de ácido clorídrico, 1 mL de ácido sulfúrico, fervendo 3 a 10 minutos.
- **Ataque para Ti CP (comercialmente puro):** 75 mL de água destilada, 25 mL de ácido nítrico e 5 mL de ácido fluorídrico.
- **Ataque para liga de titânio:**Ti-6Al-4V: parafusos/implantes ortopédicos: 96 mL de água destilada, 3 mL de ácido clorídrico e 1 mL de ácido sulfúrico: ferver por 5 minutos e atacar por 3 minutos aproximadamente.
- **Ataque para liga Ti-6Al-4V:** 85 mL de água destilada, 10 mL de ácido fluorídrico e 5 mL de ácido nítrico: tempo: 3 a 20 segundos (em geral: 5 segundos).
- **Ataque para liga Ti-46Al-2Cr-2Nb:** 90 mL de água destilada, 30 mL de ácido nítrico e 10 mL de ácido fluorídrico.
- **Ataque para ligas Ti-Nb:** 60 mL de ácido propiônico, 20 mL de ácido nítrico, 10 mL de ácido fluorídrico.
- **Outro ataque para ligas Ti-Nb:** 30 mL de ácido lático, 10 mL de ácido nítrico e 5 mL de ácido fluorídrico.
- **Ataque para liga Ti-35Nb:** 85 mL de água destilada, 10 mL de ácido fluorídrico e 5 mL de ácido nítrico, tempo: 10 a 20 segundos.
- **Ataque para liga Ti-35,5Nb-5,7Ta:** eletrolítico: 1.000 mL de etanol, 50 mL de ácido clorídrico e 15 mL de ácido nítrico.
- **Ataque para tungstênio:** Murakami: 80 mL de ácido fluorídrico e 20 mL de ácido nítrico, tempo: 3 a 5 segundos (praticamente "no olho").

13.1.7 Zinco e suas ligas

- **Carbeto de tungstênio (WC):** 97 mL de água destilada e 3 mL de peróxido de hidrogênio (água oxigenada: H_2O_2): tempo: 3 minutos.
- **Solução de Clark para remoção de óxidos superficiais em amostras fractográficas para MEV:** 1.000 mL de ácido clorídrico, 20 g de cloreto de estanho ($SnCl_2$) e 20 g de óxido de antimônio (Sb_2O_3).
- **Outra solução de Clark (modificada) para remoção de óxidos superficiais em amostras fractográficas para MEV:** 1.000 mL de ácido clorídrico, 50 g de cloreto de estanho ($SnCl_2$) e 20 g de óxido de antimônio (Sb_2O_3).

REFERÊNCIAS BIBLIOGRÁFICAS

[1] FAZANO, C. A. T. V. *A prática metalográfica.* São Paulo: Hemus, 1980.

[2] EDYVEAN, R. G. J.; HAMMOND, C. The metallurgical work of Henry Clifton Sorby and an annotated catalogue of his extant metallurgical specimens. *Journal of the Historical Metallurgy Society,* v. 31, n. 2, p. 54-85, 1997.

[3] COLPAERT, H.; COSTA E SILVA, A. L. V. *Metalografia dos produtos siderúrgicos comuns.* 4. ed. São Paulo: Blucher, 2008.

[4] COUTINHO, T. A. *Análise e prática:* metalografia de não ferrosos. São Paulo: Blucher, 1980.

[5] VANDER VOORT, G. *Metallography:* principles and practice. Materials Park, ASM International, 1999.

[6] PETZOW, G. *Metallographic etching.* 2. ed. Materials Park, ASM International, 1999.

[7] WAINER, E. *Soldagem.* 19. ed. São Paulo: Associação Brasileira de Metais (ABM), 1983.

[8] GOLDSTEIN, J.; NEWBURY, D.; JOY, D.; LYMAN, C.; ECHLIN, P.; LIFSHIN, E.; SAWYER, L.; MICHAEL, J. *Scanning electron microscopy and x-ray microanalysis.* 3. ed. New York: Springer, 2003.

[9] YU, V. Traskin, rehbinder effect in tectonophysics. *Physics of the solid earth,* v. 45, n. 11, p. 952-963, 2009.

[10] Struers, Xmatic is a fully automated, end-to-end grinding and polishing solution. https://www.struers.com/en/Products/Grinding-and-Polishing/Grinding-and-polishing-equipment/Xmatic?utm_source=Agillic&utm_medium=email&utm_campaign=Corporate+22+Xmatic+launch#. Acesso em: 15 set. 2022.

[11] VANDER VOORT, G. F. Metallographi*c specimen preparation for electron backscatter diffraction, practical metallography,* v. 48, September, p. 1-30, 2011.

[12] VANDER VOORT, G. F. Specimen Preparation of Metals and Alloys for EBSD. *Microscopy and Microanalysis, v.* 17, suppl. 2, p. 416-417, 2011.

[13] BEILBY, F. P.; BOWDEN, F. P.; HUGHES, T. P. *Physical Properties of Surfaces.* IV. Polishing, Surface Flow and the Formation of the Beilby Layer, Proceedings of the Royal Society, London, Series A, v. 160, n. A903, p. 575-587,1937.

[14] JACQUET, P. A. Eletrolytic method for obtaining bright copper surfaces. *Nature,* v. 29, June, p 1076, 1935.

[15] JACQUET, P. A. Eletrolytic and chemical polishing. *Metallurgical Reviews,* v. 1 (2), p. 157-238, 1956.

[16] DHULL, D.; BACON, J. D. *Introduction to dislocations.* 5. ed. Kidlington: Butterworth-Heinemann, 2011.

[17] ASTM E3 – 11(Reapproved 2017). *Standard guide for preparation of metallographic specimens.* [https://store.astm.org/e0003-11r17.html.

[18] ASTM E407-23. *Standard practice for microetching metals and alloys.* https://store.astm.org/e0407-23.html.

[19] MANNHEIMER, W. A. *Microscopia dos materiais*. Rio de Janeiro: E-Papers, 2002.

[20] BRADBURY, S.; EVENNETT, P. *Contrast techniques in light microscopy*. Oxford, BIOS Scientific Publishers Limited, 1996.

[21] VANDER VOORT, G. F. *Applied metallography.* New York: Van Nostrand Reinhold Company, 1986.

[22] ROBINSON, P. C. *Qualitative polarized-light microscopy.* Oxford: Oxford University Press, Royal Microscopical Society, 1992.

[23] MODIN, H.; MODIN, S. *Metallurgical microscopy*. London: Butterworths, 1973.

[24] RUSS, J. C. *The image processing handbook*. 5. ed. Boca Raton: CRC Press, 2007.

[25] UNDERWOOD, E. E. *Quantitative stereology*. Reading: Addison-Wesley Publishing, 1970.